"十四五"职业教育国家规划教材

植物生产与环境

（第四版）

主　　编　　宋志伟

副主编　　黄卫华　　徐进玉　　张密勤

高等教育出版社·北京

内容提要

本书是"十四五"职业教育国家规划教材，在第三版基础上，根据"项目导向，任务驱动""做中学、做中教"等职业教育教学理念进行了修订。

本书采用"项目-任务"体例进行编写，全书分为 7 个项目，即植物生产与环境概述、植物的生长发育、植物生产与土壤培肥、植物生产与科学用水、植物生产与光能利用、植物生产与温度调控、植物生产与农业气象。各项目又分成若干任务，每一任务按任务目标、知识学习、能力培养和随堂练习等板块编写，与传统教材相比，加强了学生动手能力和综合职业素质的培养。为方便教学，本书配有二维码资源，同时配有学习卡资源。按照本书最后一页的"学习卡账号使用说明"进行操作，可获得相关教学资源。

本书适用于中等职业学校种植类专业的现代农艺技术、果蔬花卉生产技术、植物保护、设施农业生产、观光农业经营、种子生产与经营、茶叶生产与加工、蚕桑生产与经营、中草药种植、烟草生产与加工、园林绿化、园林技术、现代林业技术等专业及其专门化方向，也可作为专业对口升学指导用书，并适合新型农民、农村科技实用人才培训使用。

图书在版编目（CIP）数据

植物生产与环境／宋志伟主编. --4 版. --北京：高等教育出版社,2023.1（2024.12重印）

ISBN 978 - 7 - 04 - 057936 - 9

Ⅰ.①植… Ⅱ.①宋… Ⅲ.①植物-环境生态学-中等专业学校-教材 Ⅳ.①S314

中国版本图书馆 CIP 数据核字（2022）第 019355 号

策划编辑	方朋飞	责任编辑	方朋飞	封面设计	张雨微	版式设计	徐艳妮
插图绘制	李沛蓉	责任校对	马鑫蕊	责任印制	耿 轩		

出版发行	高等教育出版社	网 址	http://www.hep.edu.cn
社 址	北京市西城区德外大街4号		http://www.hep.com.cn
邮政编码	100120	网上订购	http://www.hepmall.com.cn
印 刷	山东韵杰文化科技有限公司		http://www.hepmall.com
开 本	889mm×1194mm 1/16		http://www.hepmall.cn
印 张	17.75	版 次	2002 年 7 月第 1 版
			2023 年 1 月第 4 版
字 数	370 千字		
购书热线	010-58581118	印 次	2024年12月第5次印刷
咨询电话	400-810-0598	定 价	40.00 元

第四版前言

本书是"十四五"职业教育国家规划教材。

《植物生产与环境》(第三版)自 2013 年出版以来,已使用多年,各校在试用过程中积累了不少教学经验。对职业教育改革系列文件的进一步落实,亟须对原有教材体例和内容进行修订,补充新知识、新方法,并纠错补遗。因此,我们在第三版教材的基础上进行了以下修订:

一是对接职教新政。紧紧围绕《国家职业教育改革实施方案》《关于在院校实施"学历证书 + 若干职业技能等级证书"制度试点方案》等文件对专业建设、课程建设提出的新要求,本次修订体现了现代职业教育体系新的教学改革精神,突出"德技并修、工学结合",落实立德树人根本任务,具有时代特征和职业教育特色。

二是融合各科内容。以基础知识"必需"、基本理论"够用"、基本技术"会用"为原则,打破植物学、植物生理学、土壤肥料学、农业气象学等学科界限,按"阐述植物生长发育现象、植物生长的基本原理和过程,控制植物生长的环境,达到调节植物的生长发育目的"的教学要求,删繁就简、重构体系,同时编写适应"1+X 证书"制度教学需要的教材。

三是创新编写体例。打破知识与技能的分割,实现"理实一体、教学做一体",使本书简练、实用,适应现代中职教学需要。按照项目-任务进行编写,由 7 个项目、20 个任务组成。每一项目含项目导入、任务内容、项目小结、项目测试、项目链接、考证提示等栏目,每一任务按任务目标、知识学习、能力培养和随堂练习等体例编写,使本书具有了"1+X 证书"教材特点。

四是突出技能训练。本书在强调基础知识、基本理论学习的基础上,突出职业岗位技能环节,较其他同类教材重视岗位知识的实践应用技能,每一任务的"能力培养"按照工作任务的环节或流程以表格任务单形式进行编写,突出操作环节和质量要求,并在每个项目后面设置"考证提示"栏目,体现教学与职业岗位的"零距离"对接。考虑到中职学校实训条件不同,本次修订将主要实训内容以二维码形式展现视频示范,方便学生学习实操训练。

五是技术引领示范。在保留第三版经典内容的基础上,本次修订及时将当前应用较多的新技术、新规范、新工艺融入教材中。如根据现代农业对化肥减量增效的要求,增加了"作物减肥增效技术"等内容,着重介绍作物测土配方施肥、作物水肥一体化、有机肥替代化肥等新技术。根据当前农业生产施用肥料现状,删减了施用较少的肥料品种,增加了"新型肥料及其科学施用""微生物肥料及其科学施用"等新的肥料知识;并把"真假化肥简易识别与鉴定"等生产实际应用较少的内容替换成"常用肥料的简易识别",并增加生物有机肥、新型水溶肥料等的识别,将"有机肥料的积制"修改为"有机物料腐熟剂在秸秆腐熟上的应用"等新技术。同时对原来的"信息链接"进行了知识更新。

六是提供数字化服务。本版通过封底下方的学习卡,按照本书最后一页的"学习卡账号使用说明"进行操作,可获得网上数字课程内容,并在纸质教材中设置二维码,通过动画、视频等形式将教学难点、实训过程进行展现,让学生随时随地进行学习,方便教师授课。

七是多元编写团队。本书编写人员体现多元性,来自学校、技术推广机构、生产企业等单位的人员参加修订,使教材内容更具前瞻性、针对性和实用性,更加体现生产实际需要,更具职教特色。

"植物生产与环境"课程共需160学时,具体安排见下表,仅供参考,各学时数可根据实际情况调整。

项目	内容	课堂讲授	实训	合计
项目1	植物生产与环境概述	8	2	10
项目2	植物的生长发育	30	12	42
项目3	植物生产与土壤培肥	24	8	32
项目4	植物生产与科学用水	8	4	12
项目5	植物生产与光能利用	10	4	14
项目6	植物生产与温度调控	8	4	12
项目7	植物生产与农业气象	20	6	26
	机动	—		12
	合计	108	40	160

第四版由宋志伟担任主编,黄卫华、徐进玉、张密勤担任副主编。参加编写的有杨首乐、郭永祥、陈桂英、段东梅、孟祥婵、陈友法。全书由宋志伟统稿。在编写过程中,得到河南农业职业学院、江苏省海门中等专业学校、武汉市农业学校、太原生态工程学校、山西省原平农业学校、舞钢市农业农村局、获嘉县土肥站、河南浩创生物科技有限公司等单位的大力支持,在此一并表示感谢。

作为新的尝试,本版在编写体例和内容组织上较《植物生产与环境》前三版,尤其是前两版有很大改变。由于编写者水平有限,加之编写时间仓促,疏漏之处在所难免,恳请广大师生批评指正,以便今后修改完善。读者意见反馈信箱:zz_dzyj@ pub.hep.cn。

编 者

2023 年 6 月

第三版前言

《植物生产与环境（第二版）》自 2006 年出版以来，已使用了 7 年，各校在使用过程中积累了不少教学经验。随着各校对教育部《关于进一步深化中等职业教育教学改革的若干意见》（教职成〔2008〕8 号）、《教育部中等职业教育改革创新行动计划（2010—2012 年）》等文件精神的进一步落实，亟待对原有教材体例和内容进行修订，同时根据需要补充新知识、新技术、新工艺、新方法，并纠错补遗。因此，受高等教育出版社委托，在第二版教材的基础上，修订编写了第三版《植物生产与环境》。其特点如下：

1. 根据学生学习认知规律和职业教育发展需要，为适应工学结合、项目教学，将单元顺序调整为植物生产与环境概述、植物的生长发育、植物生产与土壤培肥、植物生产与科学用水、植物生产与光能利用、植物生产与温度调控、植物生产与农业气象。

2. 本次修订体现了最新职业教育教学改革精神，突出"专业与产业对接，课程内容与职业标准对接，教学过程与生产过程对接，学历证书与职业资格证书对接，职业教育与终身学习对接"，具有时代特征和职业教育特色。

3. 修订后的教材以基础知识"必需"、基本理论"够用"、基本技术"会用"为原则，打破知识与技能的分割，实现"理实一体"、"教学做一体"，使第三版教材知识体现简练、实用，适应现代中职教学需要。全书按照单元—任务进行编写，由 7 个单元、19 个任务组成。每一单元设计了单元目标、任务内容、单元小结、综合测试、信息链接、考证提示等栏目，每一任务按任务目标、基础知识、能力养成和随堂练习等板块编写，较传统编写体例有重大突破。

4. 本教材在注重基础知识、基本理论与基本技能的基础上，充分反映当前植物与植物生理、土壤肥料、农业气象等领域的新知识、新技术、新工艺、新方法，体现了中等职业教育近年来的教学改革成果，通过设置"信息链接"栏目将每单元所涉及的相关知识体现出来，拓宽学生视野。

5. 本教材编写在强调基础知识、基本理论的基础上，突出职业岗位技能环节，更加重视岗位知识的实际应用，每一任务的能力养成按照工作任务的环节或流程，以表格任务单形式进行编写，突出操作环节和操作要求，并在每单元后面设置"考证提示"栏目，体现教学与职业岗位的对接。

第三版由宋志伟担任主编，郭淑云、黄卫华担任副主编。参加编写的有杨首乐、李宝玲、段东梅、孟祥婵、陈友法、赵园园、邓琴、赵旭东等。全书由宋志伟统稿。在编写过程中，得到高等教育出版社、河南农业职业学院、河北旅游职业学院、江苏省海门中等专业学校、武汉市农业学校、山东省济宁市高级职业学校、山西生态工程职业学校、山西省原平农业学校、苏州大学、新疆生产建设兵团第六师五家渠职业技术学校、黑龙江省五常市职教中心等单位的大力支持;本书使用过程中,山东省广饶县职业中专杨建波老师指出了本书的疏漏之处,在此一并表示感谢!

本版教材在编写体例和内容组织上较第一版和第二版有很大改变,但也仅仅是一种尝试。由于编写者水平有限,若书中有疏漏之处,恳请师生批评指正,以便今后修改完善。读者意见反馈信箱:zz_dzyj@pub.hep.cn。

编 者

2013 年 4 月

第二版前言

《植物生产与环境》教材自2002年出版以来,已使用4年,各校在试用过程中积累了不少教学经验。普遍认为本教材打破了传统教材的结构束缚,贴近职业岗位需求,知识表述较正确,难易程度适当。但由于科研和生产实践的不断发展,职业教育理念的更新,特别是"以服务为宗旨,以结业为导向"的职业教育办学方针的提出,促使本教材进一步完善,补充新知识、新技术、新成果,并纠错补遗。受高等教育出版社委托,在原教材的基础上,修订了第二版《植物生产与环境》。对以下章节内容进行了调整或新编:

1. 根据学生学习认知规律,将章节顺序调整为绪论、植物体的结构与功能、植物生长发育与环境条件、植物生产与土壤培肥、植物生产与科学用水、植物生产与温度调控、植物生产与光能利用、植物生产与合理施肥、植物生产与农业气象等。

2. 在具体章节内容修订中,突出"强化技能,重视实践;淡化理论,够用实用"的指导思想。"绪论"中增加了植物生产的特点和重要性、环境条件对植物生产的重要性等。调整了原教材"第1章"中的复合组织和组织系统,"第2章"中的植物生长调节剂的应用,"第3章"中高产肥沃土壤的培育,"第4章"中的提高水分利用率途径,"第7章"中的常见植物的营养元素缺素症诊断,"第8章"中的农业小气候和二十四节气与主要农事活动等。有的章节内容安排上作了一定的调整,如将原教材第1章中的"植物组织与功能"和第3章中"植物的呼吸作用"调整为一节,第7章中的原第二节调整为"化学肥料种类与合理施用"和"有机肥料种类与合理施用"两节,第8章原两节内容调整为"农业气象要素与气候"、"农业气候资源及其利用"、"农业气象灾害及其防御"三节内容。

3. 增加了教材的适用性和趣味性。为了方便学生学习,在每一章中增加了"内容提要"、"学习目标"、"自测练习"等栏目,每一节后面增加了"随堂练习"、"课外实践活动"等栏目;书后还配有助学助教光盘和学习卡资源。教学光盘中含课程教学基本要求,教学课件,动画、视频资料库,以及若干自测练习与对口升学试题;学习卡资源上除上述内容外,还有为教师备课提供的电子教案,以及为学生学习提供的答疑平台。师生可从光盘和高等教育出版社教学资源网查阅有关教学资料或进行自主学习。

第二版编写由宋志伟、张宝生任主编,高素玲任副主编。宋志伟(编写绪论、第1章、第2章)、刘松涛(编写第5、6章)、杨首乐(编写第3、7章)、高素玲(编写第4、8章)。高等教育出版社薛尧同志对全书编写进行了指导和审阅,河南省沁阳市职业中专董存国老师也提出了宝贵的修订意见。

  本书在修订过程中,得到了高等教育出版社、河南农业职业学院、河南省职业技术教育教学研究室、河北省教育厅职成教处、河北省职教所、山东省教学研究室等单位,以及河北科技师范学院、河南省农业经济学校、濮阳县职业技术学校、孟津县职业中专、藁城县职教中心、迁安县职教中心、南宫县职教中心等院校的大力支持。同时,参阅了大量相关书籍和文献资料,使本书的修订得以顺利进行,在此,向上述有关单位和人员表示衷心感谢!

  由于本书是一门综合性的专业通修课教材,在编写上有一定难度。加之编写时间短,水平有限,教材中不妥之处,敬请指正。

编 者
2006 年 4 月

第一版前言

《植物生产与环境》教材是根据教育部颁布的中等职业学校种植专业教学指导方案和植物生产与环境教学基本要求编写的。

作为新编教材,本书打破了传统学科的界限,使相关知识得以有机结合,体现了职教教材内容的综合性。本教材的编写方法及体例,旨在使学生掌握必需的植物生产与环境基本知识和基本技能,为学生提供可行的学习方法。书中"阅读资料"和"参观与实习"栏目的设立,目的是使学生走出课堂,开阔视野,接触生产实际,激发学习兴趣,提高创造性思维的能力。

植物生产与环境课程共需120学时。其中课堂讲授78学时,实验实训30学时,机动12学时。各单元必学参考学时如下:

单元	内容	课堂讲授	实验实训
绪论		1	0
第1章	植物体的结构与功能	11	6
第2章	环境因素对植物的影响	10	4
第3章	植物生产与光能利用	12	2
第4章	植物生产与温度调控	6	2
第5章	植物生产与科学用水	13	3
第6章	植物生产与土壤培肥	11	7
第7章	植物生产与合理施肥	10	4
第8章	植物生产与农业气象	4	2

本教材由张宝生任主编,宋志伟任副主编。由张宝生(编写绪论、第4章)、许良政(编写第1章)、王文颇(编写第2、8章)、张英(编写第3、5章)、宋志伟(编写第6、7章)共同编写。在送交全国中等职业教育教材审定委员会审定前,特邀请沈阳农业大学高东昌教授审阅。最后,还要感谢给予帮助并提供资料的相关单位和专家。

本教材已通过教育部全国中等职业教育教材审定委员会的审定,其责任主审为邹冬生,审稿人为王国槐、刘应迪,在此,谨向专家们表示衷心的感谢!

由于本书是一门综合性的专业课教材,是对植物与植物生理、农业气象、土壤肥料等课程整合,在编写上有一定难度。加之编写时间短,水平有限,教材中不妥之处,敬请指正。

编　者

2001 年 5 月

目　录

项目 1　植物生产与环境概述

项目 2　植物的生长发育

项目 3　植物生产与土壤培肥

项目4 植物生产与科学用水

项目5 植物生产与光能利用

项目 6 植物生产与温度调控

项目 7 植物生产与农业气象

项目 *1*

植物生产与环境概述

项目导入

新的学年,农艺班学子跟着老师参观校园。同学们神采飞扬、兴致盎然,有的俯身抚摸低矮安静的草坪,有的仰头欣赏高大挺拔的树木,有的伸手触摸身旁的红叶和果实……

老师:同学们! 走在美丽的校园中,最让你们赏心悦目的是什么?

同学:最养眼的当然是小草和大树了,有的绿,有的黄,有的红,有的树上还挂着好看的果子呢!

老师:是呀! 不管是小草、大树,还是地里的庄稼,它们都是不会自己移动的生物,但都可放出氧气净化空气。尽管它们形态各异,但有个共同的名字,大家知道吗?

同学:植物!

老师:自然界的植物,有的绚丽多彩、有的四季常青、有的寿命很长、有的只长一季。植物生长有哪些基本规律? 植物生产中又要哪些满足要素呢?

通过本项目的学习,我们可以知道植物生长的基本规律,了解植物生产的自然要素和农业生产要素,同时激发学习农业的兴趣,树立服务"三农"的意识。

本项目将要学习2个任务:(1) 植物生长与植物生产;(2) 植物生产的两大要素。

任务1.1 植物生长与植物生产

任务目标

知识目标:1. 理解植物生长和发育有关概念。

2. 了解植物生长的周期性和相关性。

3. 了解植物的极性、再生、休眠和衰老等现象。

4. 熟悉植物的春化作用、光周期现象、花芽分化等生理作用。

5. 了解植物生产的特点和作用。

能力目标：1. 掌握植物的春化作用、光周期现象等在农业生产上的应用。

2. 熟悉农业生产的基本调查方法。

 **知识学习**

植物是生命的主要形态之一,与动物相比,植物具有固着生活和自养的特点。植物分为高等植物和低等植物,高等植物指苔藓、蕨类和种子植物,低等植物指藻类、菌类和地衣类植物。现已知植物的总数有 30 余万种,它们的大小、形态结构、寿命、生活习性、生态适应性多种多样,共同组成了千姿百态、丰富多彩的植物世界。我国地域辽阔,幅员广大,从东到西地形变化复杂,从南到北气候条件多样,这种得天独厚的自然条件,为各种植物提供了适宜的生存环境。据统计,我国有高等植物 4 万余种,可供栽培的植物 7 000 种左右,数量之多,居世界前列,有些种类为世界罕见,如银杏、水杉、鹅掌楸、珙桐。

一、植物的生长

1. 植物的生长和发育

植物的生长是建立在新陈代谢的基础之上的。在植物的一生中,有两种基本生命现象,即生长和发育。**生长**是指由于细胞分裂和伸长引起的植物体积和质量上的不可逆增加,如根、茎、叶的增大、增重。**发育**是指植物在生长过程中,一些细胞发生变化,分别生成能执行各种不同生理功能的组织与器官的过程,也称形态建成,如花芽分化、幼穗分化。生长是发育的基础,发育是生长的必然结果,两者相辅相成,密不可分。

2. 植物的营养生长和生殖生长

植物的生长发育又可分为营养生长和生殖生长。植物的**营养生长**是指营养器官根、茎、叶的生长;植物的**生殖生长**是指生殖器官花、果实、种子的生长。当植物的营养生长进行到一定程度后,就会进入生殖生长阶段。花芽开始分化(穗分化)是生殖生长开始的标志。在植物生长发育进程中,营养生长和生殖生长是两个不同阶段,但两者相互重叠,不能截然分开,它们之间往往有一个过渡时期,即营养生长和生殖生长并进期。

二、植物生长的周期性

植物生长的周期性是指植株或器官生长速率随昼夜或季节变化发生有规律变化的现象。植物生长的周期性主要包括生长大周期、昼夜周期、季节周期。

1. 生长大周期

植物的根、茎、叶、花、种子和果实等器官以及一年生植物的整株植物,在生长过程中,初期生长缓慢,以后逐渐加快,生长达到高峰后,又逐渐减慢,以致生长完全停止,形成了"慢—

快—慢"的规律,称为植物的生长大周期。

以一年生植物的生物产量对生长时间作图,所得到的生长曲线呈"S"形(图1-1),即生长初期(形成期)细胞处于分裂期,增长比较缓慢;中期(对数生长期、直线生长期)以细胞伸长和增大为主,增长较快;后期(衰老期)则以分化成熟为主,增长变慢。

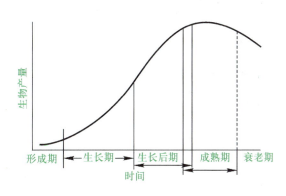

图1-1 植物生长曲线

在植物生产实践中,**任何促进或抑制植物生长的措施都必须在生长速率达到最高以前采用**,否则任何促控措施都将失去意义。农业生产上要求做到"**不误农时**"就是这个道理。

2. 昼夜周期

在自然条件下,温度变化表现出日温较高、夜温较低的周期性,因此植物的生长速度随昼夜温度变化而发生有规律变化的现象称为植物生长的昼夜周期或温周期。一般来说,在夏季,植物生长是白天生长较慢,夜间生长较快;而在冬季,植物生长则是白天生长较快,夜间生长较慢。

3. 季节周期

季节周期是指在一年四季中,植物生长随季节的变化而呈现一定的周期性。这是因为一年四季中,光照、温度、水分等因素发生有规律的变化。如温带树木的生长,随着季节的更替表现出明显的季节性:一般春季和初夏生长快,盛夏时节生长慢甚至停止生长,秋季生长速度又有所加快,冬季停止生长或进入休眠期。

三、植物生长的相关性

植物各部分的生长相互联系、相互制约、协调发展的现象称为植物生长的相关性,主要有地上部与地下部生长的相关性、主茎与侧枝生长的相关性、营养生长与生殖生长的相关性。

1. 地上部与地下部生长的相关性

地上部与地下部的生长是相互依赖的,它们之间不断进行着物质、能量和信息的交流。地下部的根从土壤中吸收水分、矿物质,并合成少量细胞分裂素等有机物供地上部利用;而根生长所必需的糖类、维生素等则由地上部供给。地上部与地下部之间还存在类似于动物神经系统那样的信息传递系统。一般而言,植物根系发达,地上部才会长得好,所谓"根深叶茂""本固枝荣"就是这个道理。

地上部与地下部的生长还存在相互竞争的一面,主要表现在对水分和营养的竞争上,可通过根冠比反映出来。**根冠比**是指地下部分根系的总重与地上部分茎叶等的总重的比值,它受土壤水分、温度、光照和植株营养状况等因素影响。

环境条件、栽培技术对地下部分和地上部分植物生长影响不一致。土壤水分缺乏时,植物生长受到抑制,地下部分生长较地上部分快,根冠比增加;土壤水分较多时,根冠比下降。水稻生产上出现"旱生根、水长苗"现象就是这个道理。氮素营养充足时根冠比下降,缺乏则增大。低温可使根冠比增加。光照增强常使根冠比增加。农业生产上,常用水肥措施来调控植物的根冠比,促进收获器官的生长,达到增产目的。

2. 主茎与侧枝生长的相关性

主茎与侧枝生长的相关性主要表现为顶端优势。**顶端优势**是指由于植物顶端的生长占优势而抑制侧枝或侧根生长的现象。草本植物,如向日葵、麻类、玉米、高粱、甘蔗顶端优势非常明显;木本植物,如杉树、桧柏顶端优势也较明显;水稻、小麦等植物顶端优势较弱或没有。

在生产上,有时需保持和利用顶端优势,如桧柏、松树、杉树等用材树,麻类、烟草、玉米、甘蔗、高粱等作物。有时则需要打破顶端优势,促进侧枝发育,如果树的整形修剪、棉花的摘心整枝、番茄的打顶、香椿与茶树的去顶。

3. 营养生长与生殖生长的相关性

营养生长是生殖生长的基础,生殖生长所需的养料大多是由营养器官提供的;而生殖器官在生长过程中也会产生一些激素类物质,刺激营养器官的生长。

营养生长和生殖生长之间还存在相互制约的关系。营养生长过旺会消耗较多养分,影响生殖器官的生长发育,如果树、棉花的枝叶徒长,就会造成不能正常开花结果或落花落果。相反,生殖器官的生长也会抑制营养器官的生长。

营养生长和生殖生长并进阶段两者矛盾大。在生殖生长期,营养生长仍在进行,要注意控制,促进植物高产。如果树生产上,可采取疏花疏果等措施,调节营养生长与生殖生长之间的矛盾,克服"大小年"现象,达到年年丰产的目的。

四、植物的极性与再生

1. 植物的极性

植物的极性是指植物某一器官的上下两端,在形态和生理上有明显差异,通常是上端生芽、下端生根的现象。根据这个原理,在生产实践中进行扦插繁殖时,不要倒插而要顺插才易成活(图1-2正)。在嫁接中极性也很重要,如截取的枝条断面与砧木截面在生理上是同样方向,

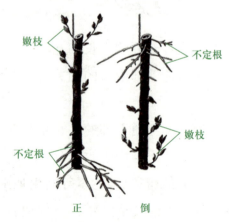

图 1-2　柳枝的极性

嫁接容易成活;如把茎段颠倒过来嫁接,则不能成活(图 1-2 倒)。

2. 植物的再生

植物的再生是指与植物体分离了的部分具有恢复其余部分的能力。植物的再生是以植物细胞的全能性为基础的。例如,葡萄、柳的扦插繁殖和甘薯育苗就是利用植物的再生功能。

五、植物的休眠与衰老

1. 植物的休眠

植物的**休眠**是指植物生长极为缓慢或暂时停顿的现象,是植物在长期进化中形成的一种对环境变化的主动适应性。通常将休眠分为强迫休眠和生理休眠。由于环境条件不适宜而引起的休眠称为强迫休眠。因植物本身原因引起的休眠称为生理休眠,也称真正休眠。

2. 植物的衰老

植物的衰老是指一个器官或整个植株生理功能逐渐恶化,最终自然死亡的过程,是一个普遍规律。对整株植物来说,衰老首先表现在叶片和根系。开花后,植株生长速度变慢,呼吸作用也随叶龄的增大而下降,衰老器官内有机物合成变慢,分解加快,落叶前大部分有机养分和无机盐都转移到正在生长的部位。

六、植物的成花过程及影响因素

植物的成花过程一般包括三个阶段:成花诱导、花芽分化和花器官的形成。植物成花诱导的最敏感的因素是低温(春化作用)和适宜的光周期(光周期现象)。因此花的状态、低温和适宜的光周期是控制植物成花的三个非常重要的因素。

1. 春化作用

许多秋播植物(如冬小麦、油菜)在其营养生长期必须经过一段时间的低温诱导,才能转为生殖生长(开花结实)的现象称为**春化作用**,简称春化。

根据植物对春化作用中低温范围和时间要求的不同,可分为冬性植物、半冬性植物和春性植物三类。**冬性植物**春化必须经历低温,春化时间也较长,如果没有经过低温,则植物不能进行花芽分化和抽穗开花;一般为晚熟品种或中晚熟品种。**半冬性植物**春化对低温要求介于冬性与春性之间,春化时间相对较短;一般为中熟或早中熟品种。**春性植物**春化对低温要求不严格,春化时间也较短;一般为极早熟、早熟和部分早中熟品种。

现将不同类型小麦通过春化所需温度和天数列于表 1-1。

春化作用在农业生产上的应用:

(1)人工春化处理。春播前对植物进行春化处理,可以提早成熟,避开后期的"干热风";冬小麦春化处理后可以春播或补种小麦;育种上可以繁殖加代。

表 1-1 不同小麦类型的春化温度、所需天数

小麦类型	春化温度/℃	所需天数/d
冬性	0~5	30~70
半冬性	3~15	20~30
春性	5~20	2~15

（2）调种引种时重点考虑。由于我国各地区气温条件不同，在引种时首先要考虑所引品种的春化特性，考虑该品种在引种地能否顺利通过春化。例如冬小麦北种南引，由于南方气温高，不能满足春化的要求，植物只营养生长，不开花结实，需酌情进行低温处理，使其花芽分化。

（3）控制花期。花卉种植可以通过春化或去春化的方法提前或延迟开花，以控制开花时间。通过去春化处理还可以促进营养生长，延缓开花。例如越冬贮藏的洋葱鳞茎，在春季种植前用较高温处理以解除春化，防止在生长期抽薹开花，以获得较大的鳞茎，增加产品产量，改善质量。

2. 光周期现象

许多植物在开花之前有一段时期，要求每天有相对长度的昼夜交替影响才能开花的现象，称为**光周期现象**。

根据植物开花对光周期反应不同，可将植物分成三种类型：一是**短日照植物**，是指在短日照（每天连续日照时数少于约 12 h）条件下才能开花或开花受到促进的植物。如果适当延长黑暗、缩短光照时数，可促使短日照植物提早开花；相反，延长日照时数则延迟开花，或不能进行花芽分化。大豆、晚稻、烟草、玉米、棉花、甘薯等属于短日照植物。二是**长日照植物**，是指在长日照（每天连续日照时数多于约 14 h）条件下才能开花或开花受到促进的植物。如果延长光照、缩短黑暗时数，可促使长日照植物提早开花；而延长黑暗时数则延迟开花或花芽不能分化。小麦、燕麦、油菜属于此类植物。三是**日中性植物**，是指在任何日照条件下都能开花的植物。日照条件只需使植物达到一定的营养生长量，四季均可开花，如荞麦、番茄、黄瓜。

光周期现象在农业生产中的应用：

（1）指导引种。引种时要考虑两地的日照时数是否一致及作物对光周期的要求。同纬度地区间引种容易成功；不同纬度地区间引种要考虑品种的光周期特性。在我国，春夏季的长日照南方比北方要来得晚，而夏秋季的短日照南方比北方要来得早，因此，短日照植物：北种南引，日照时数缩短，开花期提早，如收获果实和种子，应引晚熟品种；南种北引，日照时数增加，开花期延迟，应引早熟品种。长日照植物：北种南引，日照时数缩短，开花期延迟，引早熟品种；南种北引，日照时数增加，开花期提早，引晚熟品种。同样，若以收获营养器官为主，短日照植

物南种北引,可以推迟成花、延长营养期、提高产量。

（2）加速育种。通过人工光周期诱导,可以缩短育种年限,如南繁北育（异地种植）、温室加代。

（3）控制花期。在花卉栽培中,可用缩短或延长光照时数,来控制开花时期,使它们在需要的时节开花。如菊花一般在秋季开花,经遮光处理,可提前至"五一"开花;延长光照或夜间用间断光照处理,可推迟至春节开花。对山茶、杜鹃延长光照或夜间闪光,可提前开花。

（4）调节营养生长和生殖生长。以收获营养器官为主的作物,可控制其光周期抑制开花。利用间断光照处理,可抑制甘蔗开花,从而提高产量。短日照植物麻类,南种北引可推迟开花,使麻秆生长期延长,提高纤维产量和质量。

3. 花芽分化

植物经过一定时期的营养生长,就能感受到外界信号（如低温和光周期）调节产生成花刺激物,植物茎生长点花原基形成,花芽各部分分化与成熟,这一过程称为**花芽分化**。

在花芽分化过程中,顶端分生组织从无限生长变成有限生长,也是顶端分生组织的最后一次活动。花原基在分化成花的过程中,如果一朵花中的雄蕊和雌蕊都分化并发育,则形成两性花;如果其中的雄蕊或雌蕊不分化或分化后败育,则形成单性花。

水稻、小麦和玉米等禾本科植物的花序形成,一般称为**穗分化**。小穗的分化,先在基部分化出颖片原基,然后在小穗轴的两侧自上而下地分化形成小花。小花的分化依次为外稃、内稃各 1 片,浆片 2 片、雄蕊 3 枚、雌蕊 1 枚。每小穗原基能产生 3~5 朵小花,其基部的 2~3 朵发育完全,能正常结实,但在其顶端尚有几朵不育的小花。由颖片、小花构成小穗,多个小穗和总花序轴共同组成复穗状花序。

一般日照短促使短日照植物多开雌花,长日照植物多开雄花;而日照长则促使长日照植物多开雌花,短日照植物多开雄花。温度升高,则花芽分化加快,温度主要影响光合作用、呼吸作用等过程,从而间接影响花芽分化。在雌、雄蕊分化期和减数分裂期对水分要求特别敏感,如果此时土壤水分不足,则花的形成减缓,引起颖花退化。土壤氮供给不足,花分化慢且花的数量明显减少;土壤氮过多,引起贪青徒长,养料消耗过度,花分化推迟,且花发育不良。此外,微量元素缺乏,也会引起花发育不良。生长素类植物激素和乙烯利可促进黄瓜雌花的分化,而赤霉素类则促进雄花的分化。

花芽分化后,植物进入花器官形成阶段。

七、植物生产

植物生产是以植物为对象,以自然环境条件为基础,以人工调控植物生长为手段,以社会经济效益为目标的社会性产业。

1. 植物在自然界中的作用

植物在自然界中具有重要作用,表现为:第一,转贮能量,为生命活动提供能源。通过光合作用,把简单的无机物、水和二氧化碳合成为人类、动物等所需的复杂有机物质,并把太阳能转化为化学能,贮存在这些物质之中。第二,促进物质循环,维持生态平衡。自然界中的各种物质循环,植物在其中起着非常重要的作用,如氧的平衡,碳、氮的循环都需要植物参与。

2. 植物生产的特点

植物生产以土地为基本生产资料,受自然条件的影响较大,生产周期较长,与其他社会物质生产相比,具有以下特点:

(1) 植物生产的复杂性。植物生产受自然和人为等多种因素的影响和制约,是一个有序列、有结构的复杂系统。植物生产的每个周期内,各个环节之间相互联系,互不分离,上一茬植物与下一茬植物、上一年生产与下一年生产、上一个生产周期与下一个生产周期,都是紧密相连和相互制约的。

(2) 植物生产的季节性。植物生产是依赖于大自然的产业。因一年四季的光、热、水等自然资源的状况不同,所以植物生产不可避免地受到季节的强烈影响。

(3) 植物生产的地域性。地区不同,其纬度、地形、地貌、气候、土壤、水利等自然条件不同,其社会经济、生产条件、技术水平等也有差异,从而构成了植物生产的地域性。所以,才有了"江南为橘子,江北为枳";而地方特产,如龙井茶、沁州小米,移种别处就逊于原风味了。

3. 植物生产的作用

(1) 生活资料的重要来源。"民以食为天",人们维持生活所需的粮食、水果、蔬菜均由植物生产提供,植物生产还供给畜牧业、渔业所需的饲料,间接供给生活所需的肉食,是人们生活不可或缺的资料。

(2) 工业原料的重要来源。目前,我国约40%的工业原料、70%的轻工业原料来源于农业生产。我国服装原料的大部分来自植物生产,随着人类生活水平的提高,资源可持续利用和环境安全意识的加强,人们将会越来越喜欢可以再生的、经济的植物纤维。随着我国工业的发展和人民消费结构的变化,以农产品为原料的工业产值在工业总产值中的比例会有所下降,但有些轻工业,如制糖、卷烟、造纸、食品等产业的原料只能来源于农业,且主要来自植物生产,所以农产品在我国工业原料中占有较大比例的局面短期内不会改变。

(3) 农业的基础产业。农业是由种植业、畜牧业、林业和渔业组成的。畜牧业和渔业的发展很大程度上依赖于种植业即植物生产的发展。在我国,种植业所占比重最大,是农业的基础,具有举足轻重的地位和作用。

(4) 农业现代化的组成部分。实现农业现代化是我国社会主义现代化的重要内容和标志,是体现一个国家社会经济发展水平和综合国力的重要指标。植物生产是农业的基础,没有现代化的植物生产,就没有现代化的农业和现代化的农村。

 能力培养

农业生产基本情况调查

(1)调查准备。通过网络查询、期刊查询、图书借阅等途径,了解我国农业生产基本情况:现代农业包括哪些产业?农业生产的基础条件是什么?

(2)调查活动。在查阅资料的基础上,进一步通过走访当地农业管理部门、农业技术人员、种植大户等,了解以下情况:

① 当地现代农业有哪些主导产业?

② 当地植物生产在农业生产中有何重要作用?

③ 当地种植的植物主要有哪些种类?

④ 当地特色植物生产有哪些?试说出其典型生产技术。

(3)问题处理。请用不少于500字的篇幅,写出你所了解的农业生产并描述其发展前景。在教师的组织下与同学们交流。

随堂练习

1. 请解释:植物的生长和发育;植物的营养生长和生殖生长;极性现象;春化作用;光周期现象;花芽分化。

2. 植物生长的周期性规律有哪些?植物生长的相关性主要表现在哪些方面?

3. 举例说明植物的极性现象,并说明植物的再生应用有哪些?

4. 举例说明春化作用和光周期现象在农业生产上的具体应用。

5. 总结植物生产的特点和作用。

任务 1.2 植物生产的两大要素

任务目标

知识目标:1. 掌握植物生产的自然要素及其重要作用。

2. 掌握植物生产的农业生产要素及其重要作用。

能力目标：1. 熟悉植物生产自然要素的基本调查方法。

2. 熟悉植物生产农业生产要素的基本调查方法。

🔖 知识学习

植物生产属于商品生产,具有两大要素,即自然要素和农业生产要素,两者缺一不可。

一、植物生产的自然要素

植物生产的自然要素指直接决定植物生长发育的因素,主要有生物、光、热、水、空气、养分、土壤。缺少其中一种,植物就不能生存。

1. 生物

生物包括动物、植物和微生物,这三大类生物组成的生物圈使地球呈现出勃勃生机。三大类生物既相互依存,又相互制约,形成动态平衡的生态系统。动物对植物生产既有利又有害,有些动物对植物生产有破坏作用,如践踏、吃食、危害植物,造成植物减产甚至绝收;而有些动物对植物生产具有益处,可消灭害虫、松动土壤,促进植物生产,如虎甲、蚯蚓。植物对植物生产也有双面影响,一方面作为作物,是农业生产的主要产品,另一方面又作为杂草,影响作物、果树、蔬菜、园林植物的正常生长。微生物可促进土壤团粒结构形成,以影响土壤养分转化、提高土壤有机质含量,固氮,降解土壤毒性等,从而改善植物生长的土壤条件,促进植物生长发育。

2. 光

光照是绿色植物进行光合作用、合成生命所需有机物不可缺少的条件。只有在光照条件下,植物才能正常生长、开花和结实;同时光也影响植物的形态建成和地理分布。植物开花要求一定的光照强度和时数,这种特征与其在原产地生长季节的光周期有关。一般短日照植物起源于低纬度地区,长日照植物则起源于高纬度地区;在中纬度地区,各种光周期类型的植物均可生长,只是开花季节不同而已。

3. 热

热量不仅影响植物的生长发育,也影响植物的地理分布和数量。热量一般用温度表示。农业生产中,常用有效积温、极端温度、最适温度和节律性变温等概念来表达环境热量对植物生产的影响。**积温**指在规定期间,符合特定条件的各月平均温度总和。植物生育期内有效温度的总和称**有效积温**。有效温度指对植物生长发育起积极有效作用的那部分温度。例如,某农作物生物学最低温度为 10 ℃,而某天平均气温为 15 ℃,则该日的有效温度为 5 ℃。植物的生长发育与有效积温有极大的关系。当植物正常发育所需的有效积温不能满足时,它们就不能发育成熟,甚至导致植物的死亡。**极端温度**是指植物生存温度极限,超过该极限植物就会死亡。极端温度包括最高温度和最低温度。不同植物所能忍受的高温、低温的极限是不同的。每种植物都有自己生长的**最适温度**。在最适温度条件下,植物生长发育较为迅速,生命力较强。

一年内有四季温度变化,一天内昼夜温度也不一样,自然界中这种规律性的温度变化叫作**节律性变温**。各种植物长期适应这种节律性变温而能协调地生活着。例如在温带地区,大多数植物春季发芽、生长,夏季抽穗开花,秋季果实成熟,秋末低温条件下落叶,随后进入休眠期。植物这种从发芽、生长、开花到结实、成熟、休眠的从始至终的时期叫作**物候期**。作物的物候期同耕作管理有密切关系。

4. 水

植物的生长发育需要一定的水。细胞的分裂和增殖都受水分亏缺的抑制,因为细胞主要靠吸收水分来增加体积,并维持生命活动。水对植物是通过不同形态、数量和持续时间三个方面起作用的。水的不同形态是指固、液、气三态;数量是指降水量和降水特征(强度和变率等)和空气湿度高低;持续时间是指降水、干旱、水淹等的持续日数。以上三方面的变化都能对植物的生长发育产生重要作用,进而影响植物的产量和品质。降水量或降水特征通过影响空气湿度、土壤含水量而影响植物的生长发育、产量品质;空气湿度对植物的生长发育有重要作用。**空气湿度**指空气的干湿程度。空气偏干燥时,湿度降低,使植物的蒸腾作用增强,如果植物不能从空气或土壤中吸收足够水分来补偿蒸腾损失,则会引起植物凋萎。如在植物花期,则会使柱头干燥,不利于花粉发芽,影响授粉受精;相反,若空气湿度过大,则不利于传粉,使花粉很快失去活力。空气湿度还影响植物的呼吸作用。空气湿度越大,植物的呼吸作用越强,新陈代谢越旺盛,不利于农产品的贮藏保鲜。此外,空气湿度大,有利于真菌、细菌和昆虫的繁殖,易引起病虫害的发生而影响植物产量和贮藏。

5. 空气

空气中影响植物生长发育的因素主要是氧气和二氧化碳。

氧气是植物进行呼吸作用不可或缺的成分。植物呼吸时吸收氧气,分解复杂的有机物,最后生成二氧化碳放出,同时释放贮藏的能量,以满足植物生命活动的需要。氧还参与土壤母质、土壤、水所发生的各种氧化反应,从而影响植物生长。大气含氧量相当稳定,如果种植密度适宜,植物的地上部一般不会缺氧,但土壤在过分板结或含水太多时,会造成缺氧,阻碍种子、根系和土壤微生物的代谢作用。土壤缺氧,根系无法深入土中生长,将妨碍植物根系对水分和养分的吸收。豆科植物根系入土深而具根瘤,对下层土壤缺氧更为敏感。土壤长期缺氧还会形成一些有毒物质,从而影响植物的生长发育。

二氧化碳是植物进行光合作用的主要原料,它对光合作用速率有较大影响。大气中二氧化碳含量不能充分满足植物光合作用的需要,特别是高产田更感不足,已成为增产的主要矛盾。研究发现,当太阳辐射强度是全太阳辐射强度的 30% 时,大气中二氧化碳的平均浓度已成为提高植物光合强度的限制因子。因此,人为提高空气中二氧化碳浓度,常能促进植物新陈代谢,促其生长。但在通气不良的土壤中,因根部呼吸引起的二氧化碳大量积聚,不利于根系生长。

6. 养分

养分是指植物生长发育所必需的化学营养元素,主要有**大量元素**(碳、氢、氧、氮、磷、钾、硫、钙、镁)和**微量元素**(铁、锰、锌、铜、钼、硼、氯)。土壤中的养分数量有限,不能完全满足植物生长需要,要想达到高产优质的目的,必须投入人工养分,即肥料。而无土栽培则是将植物所需养分配成溶液以维持植物生长需要的人工栽培措施。

7. 土壤

土壤在植物生长和农业生产中有以下不可替代的重要作用:一是营养库作用。植物需要的大量元素和微量元素主要来自土壤。土壤中所含有的植物生长发育所需的大量元素和微量元素为**土壤养分**。土壤养分有限,不足以满足植物生产的需要,故需人工施加养分,称**施肥**。二是雨水涵养作用。土壤具有的多孔结构,使其有很强的吸水和持水能力,可接纳和存蓄雨水。三是生物的支撑作用。绿色植物通过根系在土壤中伸展和穿插,获得土壤的机械支撑,稳定地直立于大自然之中。四是稳定和缓冲环境变化的作用。土壤处于大气圈、水圈、岩石圈及生物圈的交界面,这种特殊的空间位置,使得土壤具有缓冲外界温度、湿度、酸碱性、氧化还原性变化的能力;对进入土壤的物质能通过土壤生物进行代谢、降解、转化,消除或降低毒性,起着"过滤器"和"净化器"的作用。

从地表向下所挖出的垂直切面称为**土壤剖面**,分自然土壤剖面和农业土壤剖面。二者的主要区别是是否经过耕种。

自然土壤剖面一般可分为四个层次:**腐殖质层**、**淋溶层**、**淀积层**、**母质层**(包括母质岩和母岩)(图1-3)。由于自然条件和发育时间、程度的不同,土壤剖面构型差异很大,有的可能不具有以上所有的土层,其组合情况也可能各不相同。如发育初期的土壤类型,剖面中只有 A—C 层(A 层为淋溶层,B 层为淀积层,C 层为母质层),或 A—AC—C 层;受侵蚀地区表土冲失,A 层缺失,剖面为 B—BC—C 层;只有发育时间很长、成土过程亦很稳定的土壤才有可能出现完整的 A—B—C 层剖面。有的在 B 层中还有 BG 层(潜育层)、BCa 层(碳酸盐聚积层)、BS 层(硫酸盐聚积层)等。

农业旱地土壤剖面一般也分为四层:**耕作层**(表土层)、**犁底层**(亚表土层)、**心土层**及**底土层**(图1-4、表1-2)。

一般**农业水田土壤剖面**可分为:**耕作层**(淹育层)、**犁底层**、**斑纹层**(潴育层)、**青泥层**(潜育层)(图1-4,表1-3)。

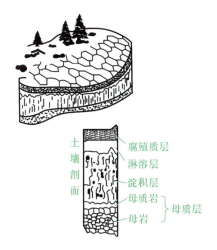

图 1-3　自然土壤剖面示意图

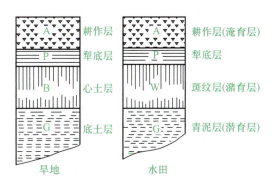

图 1-4　农业土壤剖面示意图

表 1-2　农业旱地土壤剖面结构

层次	代号	特征
耕作层	A	又称表土层或熟化层,厚 15~20 cm;受人类耕作生产活动影响最深,有机质含量高,颜色深,疏松多孔,理化与生物学性状好
犁底层	P	厚约 10 cm;受农机具影响常呈片状或层状结构,通气透水不良,有机质含量显著下降,颜色较浅
心土层	B	厚度为 20~30 cm;土体较紧实,有不同物质淀积,通透性差,根系少量分布,有机质含量极低
底土层	G	一般在地表 50~60 cm 以下;受外界因素影响很小,但受降雨、灌排和水流影响仍很大

表 1-3　农业水田土壤剖面构造

层次	代号	特征
耕作层（淹育层）	A	水稻土的耕作层,长期在水耕熟化和旱耕熟化交替条件下进行,有机质积累增加,颜色变深,在根孔和土壤裂隙中有棕黄色或棕红色锈斑
犁底层	P	受农机具影响常呈片状或层状结构,可起到托水托肥作用
斑纹层（潴育层）	W	干湿交替、淋溶淀积作用活跃,土体呈棱柱状结构,裂隙间有大量锈纹锈斑淀积
青泥层（潜育层）	G	长期处于铁、铝氧化物等还原条件下,土层呈蓝灰色或黑灰色,土体分散成糊状

二、植物生产的农业生产要素

农业生产要素是指从事以商品交换为目的的农业生产所需要的土地、劳动力、资本、科技、管理等要素。农业生产要素可以通过组装、改善植物生产中自然要素,充分发挥其作用,可以促使农业全面持续增产增收,提高生产力与经济效益。

1. 土地

土地是人类生息、发展和进行生产活动所不可缺少的物质基础,也是植物生长发育及农业生产难以替代的平台。土地作为农业生产要素,具有三个特点:① 土地数量的有限性,人类不能无限复制土地。② 土地空间位置的固定性,不能移动,不能置换。这一特点要求植物生产必须因地制宜、扬长避短。③ 土地生产的可持续性。只要合理使用和养育,就会成为永久性的生产资料。

2. 劳动力

劳动力是对农业生产起决定性作用的要素,没有劳动力的参与,其他要素就无法形成社会生产力。其主要作用有:第一,植物生产过程体现为通过劳动把自然和人工要素转化为人们可以直接利用的产品,在这一过程中,劳动力是主导力量和能量要素,决定其生产效率的高低。第二,劳动力要素是其他农业要素的使用者、创新者和发展者。第三,劳动力是植物生产系统结构与功能的调节者,决定了系统的生产力、经济力与生态力。

3. 资本

资本的出现是人类在改造自然方面的重大进步,在农业现代化过程中具有不可替代的重要作用。资本是物质性要素,是促进农业发展的最活跃的要素。在经济不发达地区,资本属于稀缺要素,增加资本投入是提高植物生产效率,促进农村发展、农民脱贫致富的关键。

4. 科学技术

科学技术可以改善各种农业要素的质量与功能,如改良生产工具、改善农业装备水平、变革生产工艺、提高劳动者素质;科学技术可以扩大劳动对象的种类和范围,通过新技术使原来不能利用的资源可以被人们利用、使原来的未知领域变为可知领域;科学技术还可以改造传统产业、产品、农作制度,促进农业现代化。

5. 管理

管理涉及土地所有制、农业组织形式、规模、经营、流通、市场、专业化、劳动力管理、农业政策法律等方面。农业生产管理的主体是农户、企业,或者是政府、社团和集体。管理能够整合农业各种要素,充分发挥其作用,以提高生产力;农业主体将生产与经营联系起来,以提高生产效率并增加经济效益;通过宏观管理可以将众多的生产主体联系起来,从而协调、改善、提高总体的生产力与经济力,促进农业现代化与农业的可持续发展。

能力培养

一、当地某村植物生产自然要素调查

（1）调查准备。通过网络查询、期刊查询、图书借阅等途径，了解当地某村的土壤养分、生物、光、热、水、空气等资源的基本情况。

（2）实践活动。在查阅资料的基础上，进一步通过走访群众、农业生产部门技术人员等，完成表 1-4。

表 1-4　某村植物生产自然要素基本情况

自然要素	基本情况	生产优势	存在问题
土壤养分			
生物			
光			
热			
水			
空气			

（3）问题处理。请用不少于 600 字写出你所了解的某村植物生产的自然要素基本情况，并在教师的组织下与同学们交流。

二、当地某村农业生产要素调查

（1）调查准备。通过网络查询、期刊查询、图书借阅等途径，了解当地某村的土地、劳动力、资本、科技和管理等农业生产要素的基本情况。

（2）调查活动。在查阅资料的基础上，进一步通过走访群众、农业生产部门技术人员等，选择一个以种植农作物为主的自然村和一个以种植蔬菜为主的自然村，在教师指导下，完成表 1-5。

（3）问题处理。请用不少于 600 字写出你所了解的两个村的农业生产要素基本情况，并在教师的组织下与同学们交流。

表 1-5　农业生产要素调查

村别	人口/人	劳动力/人	土地面积/hm²	耕地面积/hm²	灌溉面积/hm²	每公顷耕地动力/kW	每公顷化肥投入/kg	每公顷资金投入/元	每公顷产量/kg
以种植农作物为主的村									
以种植蔬菜为主的村									
政策	落实的农业政策有：								
科技	推广的农业先进技术有：								

随堂练习

1. 请解释：植物生产的自然要素；农业生产要素。
2. 植物生产的自然要素有哪些？对植物生长有什么重要作用？
3. 植物生产的农业生产要素有哪些？对植物生产有什么重要作用？

项　目　小　结

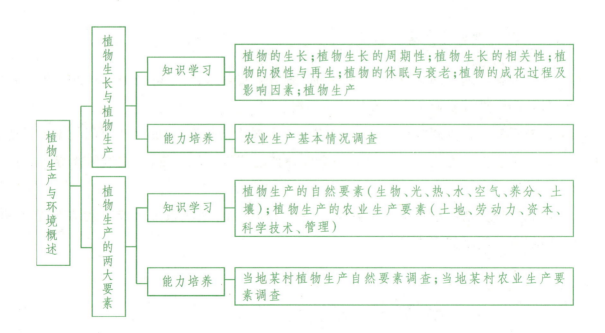

项 目 测 试

一、名词解释

植物生长的周期性;植物生长的相关性;根冠比;顶端优势;植物的休眠;春化作用;光周期现象;土壤剖面;植物生产。

二、单项选择题(请将正确选项填在括号内)

1. 目前,我国可供栽培的植物有(　　)种。

A. 100　　　　　　　　B. 6 000~7 000　　　　C. 400 000~500 000　　D. 1 000 000

2. 茎的伸长过程可称为(　　)。

A. 生长　　　　　　　　B. 发育　　　　　　　　C. 分化　　　　　　　　D. 生殖生长

3. 植物生殖生长开始的标志(　　)。

A. 开花授粉　　　　　　B. 花芽分化　　　　　　C. 受精结实　　　　　　D. 籽粒灌浆

4. 关于植物生长大周期的叙述,错误的是(　　)。

A. 初期生长缓慢　　　　　　　　　　　　　　　B. 中期生长较快

C. 后期生长较慢　　　　　　　　　　　　　　　D. 各个时期生长速度相同

5. 一般植物的生长速率表现为(　　)。

A. 夏季白天快　　　　　　　　　　　　　　　　B. 冬季夜晚快

C. 夏季夜晚快　　　　　　　　　　　　　　　　D. 冬季白天慢

6. 植株的再生是以(　　)为基础的。

A. 花芽分化　　　　　　　　　　　　　　　　　B. 细胞的全能性

C. 细胞的极性　　　　　　　　　　　　　　　　D. 细胞结构的完整性

7. 将杨树的枝条倒插于土中,则其形态学下端可能会(　　)。

A. 生根　　　　　　　　　　　　　　　　　　　B. 生芽

C. 生根或生芽　　　　　　　　　　　　　　　　D. 既生根又生芽

8. 通常所说的"根深叶茂"是指植物的(　　)生长相关性。

A. 地上部与地下部　　　　　　　　　　　　　　B. 主茎与侧枝

C. 营养生长与生殖生长　　　　　　　　　　　　D. 都不是

9. (　　)促使植物根冠比提高。

A. 增加水分　　　　　　　　　　　　　　　　　B. 提高温度

C. 增加氮肥　　　　　　　　　　　　　　　　　D. 增强光照

10. 下面植物顶端优势不明显的是(　　)。

A. 玉米　　　　　　　　B. 柏树　　　　　　　　C. 水稻　　　　　　　　D. 向日葵

11. 下面说法错误的是（　　）。

A. 一般把根、茎、叶的生长称为营养生长

B. 在温带,盛夏时树木生长速度最快

C. 植物再生是指植物体分离部分具有恢复其他部分的能力

D. 衰老是指生理功能逐渐丧失,最终自然死亡的过程

12. 影响植物成花诱导的最敏感环境因素是（　　）。

A. 低温和肥料　　　B. 低温和光周期　　　C. 光周期和肥料　　　D. 肥料和水分

13. 冬性强的品种一般是（　　）品种。

A. 晚熟或中晚熟　　　B. 早熟　　　C. 中熟　　　D. 特早熟

14. 属于长日照植物的是（　　）。

A. 黄瓜　　　B. 燕麦　　　C. 玉米　　　D. 大豆

15. 属于短日照植物的是（　　）。

A. 油菜　　　B. 小麦　　　C. 水稻　　　D. 黄瓜

16. （　　）是日中性植物。

A. 番茄　　　B. 小麦　　　C. 水稻　　　D. 玉米

17. 一般长日照植物由北向南引种,则生育期会（　　）。

A. 延长　　　B. 缩短　　　C. 不变　　　D. 缩短或延长

18. 一般短日照植物由北向南引种,则生育期会（　　）。

A. 延长　　　B. 缩短　　　C. 不变　　　D. 缩短或延长

19. 下面叙述错误的是（　　）。

A. 营养生长和生殖生长并进阶段两者矛盾大　　　B. 衰老首先表现在叶片和根系

C. 烟草、棉花均属于长日照植物　　　D. 小麦、水稻的顶端优势较弱

20. 玉米、水稻等由南向北引种,则生育期会（　　）。

A. 延长　　　B. 缩短　　　C. 不变　　　D. 缩短或延长

21. 下面措施能达到效果的是（　　）。

A. 为推迟菊花开花,可在夜间给予强闪光　　　B. 玉米北种南引,促使枝叶繁茂

C. 栽培黄瓜时提高温度,促进雌花分化　　　D. 增加氮肥,促进开花

22. 下面说法错误的是（　　）。

A. 短日照促进短日照植物多开雌花

B. 在春化作用处理初期给予高温,可能使春化处理效果解除

C. 花、果实、种子的生长可称为生殖生长

D. 植物生产一定要破除植物顶端优势

23. 下列条件均属于农业生产要素的一组是（　　）。

A. 土地 、劳动力、资本、技术　　　　　　B. 生物、光、热、水

C. 土壤、生物、养分　　　　　　　　　　D. 科学技术、劳动力、生物、空气

24. 被称为第一生产力的农业生产要素是(　　　)。

A. 土地　　　　　　B. 劳动力　　　　　　C. 资本　　　　　　D. 科学技术

25. (　　　)是植物生长发育及农业生产难以替代的平台。

A. 土地　　　　　　B. 劳动力　　　　　　C. 资本　　　　　　D. 科学技术

26. (　　　)不仅影响植物的生长发育,也影响植物的分布和数量。

A. 劳动力　　　　　B. 温度　　　　　　　C. 资本　　　　　　D. 空气

27. 农业旱地土壤的耕作层一般为(　　　)。

A. 5~10 cm　　　　B. 15~20 cm　　　　C. 20~30 cm　　　　D. 30~50 cm

28. 在农业水田土壤中,起托水托肥作用的是(　　　)。

A. 淹育层　　　　　B. 犁底层　　　　　　C. 斑纹层　　　　　D. 青泥层

29. 短日照植物起源于(　　　)地区,长日照植物起源于(　　　)地区。

A. 低纬度　　　　　B. 中纬度　　　　　　C. 高纬度　　　　　D. 都可以

30. 高产田(　　　)不足已成为增产的主要矛盾。

A. 氧气　　　　　　B. 二氧化碳　　　　　C. 氮气　　　　　　D. 有毒气体

三、判断题(正确的在题后括号内打"√",错误的打"×")

1. 植物的生长速度总表现为白天生长快,夜间生长慢。　　　　　　　　　　(　　　)

2. 在果树和茶树生产中,常需要打破植物的顶端优势以获得更高的经济价值。　(　　　)

3. 土壤水分缺乏、低温、光照增强时均可使植物生长受到抑制,增加根冠比。　(　　　)

4. 无论是短日照植物还是长日照植物,对日照时数要求在其一生中都非常严格。

(　　　)

5. 在花芽分化过程中,顶端分生组织由无限生长变为有限生长。　　　　　　(　　　)

6. 冬性越强的小麦品种,春化要求的温度越低,持续的时间也越长。　　　　(　　　)

7. 在光周期现象中,日中性植物是指这类植物每天所需的日照时数介于短日照植物与长日照植物之间。　　　　　　　　　　　　　　　　　　　　　　　　　　　　　(　　　)

8. 氮素过多或过少都不利于花芽分化。　　　　　　　　　　　　　　　　　(　　　)

9. 根、茎、叶、花、种子和果实等器官以及一年生植物的整株植物,在生长过程中,形成了"慢—快—慢"的规律。　　　　　　　　　　　　　　　　　　　　　　　　　(　　　)

10. 花的状态、低温和适宜的光周期是控制植物成花的三个非常重要的因素。　(　　　)

11. 动物对植物生长既有利又有害,有些动物对植物生长具有破坏作用,而有些动物对植物生长具有益处,可通过消灭害虫、松动土壤等促进植物生长。　　　　　　　　　(　　　)

12. 在中纬度地区,各种光周期类型的植物均可生长,只是开花季节不同而已。　(　　　)

13. 在经济不发达地区,资本、劳动力属于稀缺要素。   (   )

14. 土地是对农业生产起决定性作用的要素,没有它的参与,其他要素就无法形成社会生产力。   (   )

15. 大气中二氧化碳含量对植物光合作用是不充分的,而大气中的氧气含量比较稳定,植物地上部分一般不会缺氧。   (   )

四、简答题

1. 简述植物营养生长与生殖生长的关系。

2. 植物生长的周期性和相关性表现在哪些方面?

3. 举例说明在农业生产上怎样应用春化作用和光周期现象。

4. 植物生产有何特点和作用?

5. 植物生长的自然要素有哪些?植物生长的农业生产要素有哪些?

五、能力应用

根据任务中的能力培养训练情况设计一个调查当地植物生产种植情况的调查表格。

项 目 链 接

植 物 工 厂

植物工厂,以蔬菜为例,是通过高精度的环境控制,实现蔬菜周年连续生产的高效农业系统,是利用计算机、电子传感系统、农业设施对植物生育的温度、湿度、光照、CO_2 浓度以及营养液等环境条件进行自动控制,使植物生育不受或少受自然条件制约的省力型生产。植物工厂的共同特征:一是有固定的设施;二是利用计算机和多种传感装置对植物生长发育所需的温度、湿度、光照强度、光照时间和 CO_2 浓度进行自动化、半自动化调控;三是采用营养液栽培技术;四是产品的数量和质量大幅度提高(图1-5)。

图1-5 某地的植物工厂

　　植物工厂一般要求有一个等级不同的洁净栽培空间,室内外空气交换通过带有空气过滤装置的空调来实现,温度、湿度、CO_2浓度数据都可通过室内外的监视器获得。植物工厂一般分为育苗和栽培两部分。植物工厂以节能 LED 植物生长灯为光源,采用制冷-加热双向调温控湿、光照-二氧化碳耦联光合与气肥调控、营养液在线检测与控制等相互关联的控制子系统,可实时对植物工厂的温度、湿度、光照、气流、CO_2浓度以及营养液等环境要素进行自动监控,实现智能化管理。通常情况下,叶用莴苣类植物工厂的昼夜温度控制在 18~23 ℃,湿度控制在 65%~75%。CO_2浓度根据不同蔬菜的不同需求,一般在 400~1 200 mg/L。

　　植物工厂采用循环流动的营养液来满足植物的生长需求,营养液栽培的基本原理是将植物所需养分配置成科学合理的离子态营养液,输送至培养池(管),满足栽培植物的需求。植物工厂的营养液配置、灭菌、输送、回收都由专门的设施装置、电子仪器来完成,可实现营养液定量、自动供应,可实时监控营养液浓度、成分、酸碱度变化,通过自动补液,始终为蔬菜创造最优的营养液环境;营养液的流动速度和温度都保持在蔬菜需要的适宜水平,以保证蔬菜的最佳生长势头。

　　光照管理是植物工厂高效生产和成本降低的关键因素之一。在高精度环境控制的植物工厂中,LED 照明作为新一代植物光源,具有光量、光质可调整,冷却负荷低、允许提高单位面积栽培量等特点。因此,植物工厂中 LED 照明已成为蔬菜生产过程中光环境调控的主要工具。为了更好地促进蔬菜的生长发育,以及提高产量、品质等特殊指标,通过定制的光配方来实现植物工厂内的光环境精准调控。根据不同蔬菜的生长环境区别设计,选取对光合作用贡献最大的光,往往在提高光能利用效率和增产的同时更节能。更为理想的"光配方"则是在一个完全封闭的环境中,像工业生产一样去种植蔬菜,定制的"光配方"意味着更快的生长速度、更高的产量和更优秀的品质。

考 证 提 示

　　获得农业技术员、农作物植保员中级资格证书,需具备以下知识和技能:

　　◆ 知识点:植物生长发育有关概念和规律;植物的成花生理和生殖生理;植物生产的特点和作用;植物生产的自然要素和农业生产要素。

　　◆ 技能点:植物的春化作用及光周期现象的应用。

项目 2

植物的生长发育

项目导入

秋收季节,同学们在老师的带领下走进一望无际的田野,饱满的玉米、金黄的谷穗、雪白的棉花频频向大家招手示意,红红的苹果挂在枝头,大大的甘薯撑破了地皮……

老师:果实得来不容易,大家采集标本时要尽量小心,不要破坏别的植株啊。

很快,A组同学掰到了整株的玉米,B组同学收到了谷子,C组同学摘到了大豆,D组同学摘了一棵棉花……

老师:同学们! 你们手中的植株长得一样吗?

同学:不一样,长相差远了!

老师:是呀! 那大家仔细看看,玉米、谷子、大豆、棉花有没有共同特征呢?

A组同学抢了先:它们有茎和叶,长大了会开花结果。

B组同学不甘示弱:它们都有根长在地下。

老师:同学们,多数植物都有根、茎、叶、花、果实、种子,尽管植物形态各异,但它们都有共同的基本组成单位,大家知道吗?

善思的李静开了口:老师! 是细胞吧?

老师兴奋地伸出了大拇指:就是细胞! 多姿多彩的植物体都是由一个个细胞组成的。

在本项目中,我们重点学习和观察植物的细胞、组织,以及根、茎、叶等营养器官和花、种子、果实等生殖器官,了解植物的生长物质。由植物与环境的适应性,逐渐感悟要积极适应生活环境,并利用现有学习资源,不断提升自我。

本项目将要学习5个任务:(1) 植物的细胞;(2) 植物的组织;(3) 植物的营养器官;(4) 植物的生殖器官;(5) 植物的生长物质。

任务 2.1　植物的细胞

 任务目标

知识目标:1. 了解细胞的形状、大小及细胞生命活动的物质。

2. 熟悉细胞的基本结构、常见细胞器的结构与功能。

3. 理解细胞的无丝分裂、有丝分裂和减数分裂等繁殖方式。

能力目标：1. 能识别显微镜的各个部件，了解其作用，掌握显微镜的使用方法。

　　　　　2. 能借助显微镜观察细胞的基本结构，并能进行生物绘图。

 知识学习

一、植物细胞概述

1. 什么是细胞

细胞是构成生物体结构和功能的基本单位。植物的生长、发育和繁殖都是植物细胞不断地进行生命活动的结果。

2. 植物细胞的形状

植物细胞的形状是多种多样的(图 2-1)，有球形或近球形的，如单细胞的衣藻；有多面体形的，如根尖和茎尖的生长锥细胞；有长筒形的，如输导水分、无机盐和同化产物的导管和筛管；有长纺锤形的，如起支持作用的纤维细胞；此外还有长柱形的、星形的等不规则形状。细胞形状的多样性，反映了细胞形态与其功能相适应的规律。

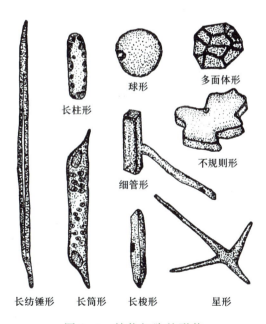

长柱形　　　　球形　　多面体形

细管形　　　不规则形

长纺锤形　长筒形　长梭形　星形

图 2-1　植物细胞的形状

3. 植物细胞的大小

植物细胞的大小差异悬殊。最小的支原体细胞直径为 0.1 μm，用电子显微镜才能看到；比较大的细胞，如西瓜成熟的果肉细胞，直径达 1 mm；苎麻茎的纤维细胞可长达 550 mm，肉眼

能看到。绝大多数的细胞直径在 0.01~0.2 mm 之间。细胞体积小、表面积大,有利于和外界进行物质、能量、信息的迅速交换,对植物生活具有特殊意义。

二、植物细胞的基本结构

虽然植物细胞的形状、大小差异很大,却有着相同的基本结构,即细胞壁、细胞膜、细胞质和细胞核(图 2-2),其中细胞膜、细胞质和细胞核总称为**原生质体**。

1. 细胞壁

细胞壁由原生质体分泌的物质所构成,位于植物细胞最外层,是植物细胞所特有的结构,也是区别动物细胞的显著特征。细胞壁的作用是:支持和保护原生质体,并使细胞保持一定形状;参与植物组织的吸收、运输和分泌等生理活动;在细胞生长调控、细胞识别等重要生理活动中也有一定作用。

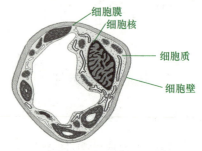

图 2-2　植物细胞结构

细胞壁分为胞间层、初生壁和次生壁三层(图 2-3)。**胞间层**是相邻两个细胞之间共有的一层,也是细胞壁最外的一层,其主要成分为果胶,容易被分解。**初生壁**是细胞在停止生长前,原生质体分泌物质形成的细胞壁层,位于胞间层内侧,主要成分为纤维素、半纤维素和果胶;初生壁一般较薄,厚 1~3 μm,有弹性,能随细胞生长而扩大。**次生壁**是细胞停止生长后,某些特殊细胞在初生壁内侧继续沉积物质形成的,主要成分为纤维素,此外还含有大量的木质素、木栓质等;次生壁较厚,为 5~10 μm,包括 S_3、S_2、S_1 三层,即外层、中层、内层,可以增加细胞机械强度和抗张能力。

细胞在形成次生壁时,并不是均匀地增厚,在不增厚的部位只有胞间层和初生壁,形成许多较薄的区域,这种区域称为**纹孔**。相邻细胞壁的纹孔往往相对而生,两个细胞的细胞质呈细丝状并通过纹孔相连,这种丝状物质称为**胞间连丝**(图 2-4)。由于纹孔和胞间连丝的存在,细胞之间可以更好地进行物质交换,从而将各个细胞连接成为一个整体。

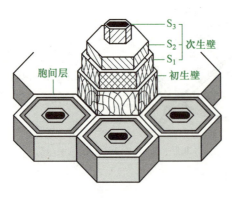

图 2-3　细胞壁分层

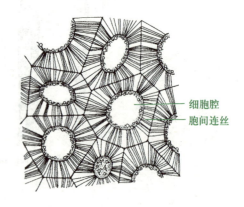

图 2-4　柿胚乳细胞(示胞间连丝)

次生壁形成时常有其他物质填入,使细胞壁发生角质化、木栓化、木质化、矿质化和黏液化等,以适应一定的生理机能。**角质化**是指角质覆盖于细胞壁外表面,形成角质膜,不透水、不透气,但可透光,可增强细胞壁的保护作用。**木栓化**是指木栓质覆盖于初生壁内表面,使细胞因不透水、不透气而死亡,增强保护作用。**木质化**是指木质素渗入细胞壁,使细胞壁变硬,机械支持作用加强。**矿质化**是指矿物质渗入细胞壁,使细胞壁硬度增大,抗病性增强。**黏液化**是指细胞壁中的果胶质和纤维素化作黏液或树胶,多见于果实和种子的表面。

2. 细胞膜

植物细胞的细胞质外侧都有一层与细胞壁紧密相连的透明薄膜,称为细胞膜,又称质膜、原生质膜。细胞膜主要由脂类物质和蛋白质组成。

细胞膜除包被在细胞原生质外,还是细胞核和各种细胞器与外界隔离的屏障,这些膜统称为生物膜。除核膜、质体膜和线粒体膜是双层膜外,其他细胞器的膜都是单层膜。

细胞膜的作用是:细胞膜起着屏障作用,维持稳定的胞内环境;**细胞膜具有半渗透性**,能有选择地允许某些物质进出细胞,从而保障细胞代谢正常进行;细胞膜能接受外界信息,引起细胞内一系列代谢和功能的改变,以调节细胞的生命活动。

细胞膜具有胞饮作用、吞噬作用和胞吐作用,即细胞膜能向细胞内凹陷,吞食外围的液体或固体小颗粒,或由胞内向胞外排出物质。吞食液体的过程叫**胞饮作用**(图 2-5),吞食固体的过程叫**吞噬作用**(图 2-6),细胞膜还参与胞内物质向胞外排出,称为**胞吐作用**(图 2-7)。

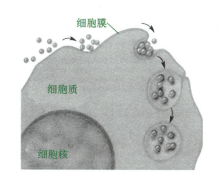

图 2-5　胞饮作用

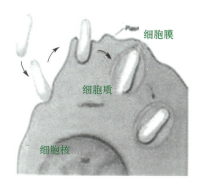

图 2-6　吞噬作用

3. 细胞核

细胞核内的重要组成部分是遗传物质脱氧核糖核酸(DNA),它控制着蛋白质的合成,控制着细胞的生长发育,细胞核是细胞的控制中心。细胞核由核膜、核仁和核质三部分组成(图 2-8)。

核膜为双层膜,膜上有许多小孔,称为核孔。核膜作为细胞质和细胞核之间的界膜,保证细胞核的形状和核内成分的稳定;核膜还可调节细胞质和细胞核之间的物质交换。

核仁为球状,无膜包被,常有一个或几个核仁。核仁是细胞核内形成核蛋白亚单位的部位。

核仁以外、核膜以内的物质是**核质**,由染色质和核液组成。经适当药剂处理后,核内易着色的部分是染色质,由大量的 DNA、组蛋白、少量的核糖核酸(RNA)和非组蛋白组成;不易着色的部分是核液,是充满核内空隙的无定形基质,染色质悬浮在其中。

图 2-7 胞吐作用　　　　　　图 2-8 细胞核

细胞核的作用是:储存和复制遗传物质 DNA,合成和向细胞转运 RNA;形成细胞质的核糖体亚单位;控制植物体的遗传性状,通过指导和控制蛋白质的合成而控制细胞的发育。

4. 细胞质

细胞膜以内、细胞核以外的部分统称为细胞质。细胞质可分为胞基质和细胞器。

胞基质又称基质、透明质等,存在于细胞器的外围,由水、无机盐、溶于水中的气体、糖类、氨基酸、核苷酸等小分子,以及蛋白质、核糖核酸、酶类、多糖等一些大分子化合物构成。细胞核和各种细胞器都包埋在胞基质中。胞基质是细胞器之间物质运输和信息传递的介质,也是细胞代谢的重要场所,不断为各类细胞器行使功能提供必需的营养和原料。

细胞质内具有一定形态、结构和功能的小单位,称为**细胞器**。在光学显微镜下可以看到液泡、质体和线粒体等细胞器,在电子显微镜下可以看到内质网、核糖体、高尔基体、溶酶体、圆球体、微粒体和微管等细胞器(表 2-1)。

表 2-1　植物细胞器的结构与功能

细胞器	结构	功能
质体	绿色植物特有的一种细胞器,通常呈颗粒状分布在胞基质里;质体具有双层膜;成熟质体分为白色体、叶绿体和有色体三种(图 2-9)	叶绿体是植物进行光合作用的场所,被喻为"养料加工厂"和"能量转换站"
线粒体	呈颗粒状或短杆状,是由内外两层膜包裹的囊状细胞器	主要功能是进行呼吸作用,被称为细胞能量的"动力站"
内质网	由单层膜构成的网状管道系统;内质网可和核膜的外层膜相连,并延伸到细胞边缘与细胞膜相连,也可通过胞间连丝和相邻细胞的内质网相连,构成复杂的网状管道系统	合成、包装与运输代谢产物;作为某些物质的集中、暂时贮藏的场所;是许多细胞器的来源;可能与细胞壁分化有关

续表

细胞器	结构	功能
高尔基体	由一叠扁囊组成,扁囊由平滑的单层膜围成;从囊的边缘可分离出许多小泡——高尔基小泡	物质集运;生物大分子的装配;参与细胞壁的形成;分泌物质;参与溶酶体与液泡的形成
液泡	由单层膜围成的细胞器,由液泡膜与细胞液组成;细胞液为成分复杂的混合液体,使细胞具有酸、甜、涩、苦等味道;中央液泡的形成,标志着细胞已发育成熟	与细胞吸水有关,使细胞保持一定的形态;贮藏各种养料和生命活动产物;参与分子物质更新中的降解活动,赋予细胞不同的颜色
溶酶体	由单层膜围成的泡状结构,内含 60 多种水解酶;溶酶体的形状多样	主要功能是消化作用
圆球体	又称油体,是单层膜围成的球形小体,内含合成脂肪的酶	合成脂肪;贮藏油脂
微体	由单层膜包围的细胞器,膜内含过氧化氢、乙醇酸氧化酶和尿酸氧化酶;呈球状或哑铃形	过氧化物酶体与光呼吸有密切关系;乙醛酸循环体与脂肪代谢关系密切
核糖体	分布在粗糙内质网表面或游离于胞基质中,是非膜系统细胞器,为球形或长圆形小颗粒	是合成蛋白质的主要场所,称为"生命活动的基本粒子"
微管	中空长管状纤维,主要由微管蛋白组装而成	保持细胞形态;影响细胞运动;对染色体的转移起作用;在细胞壁建成时,控制纤维素微纤丝的排列方向

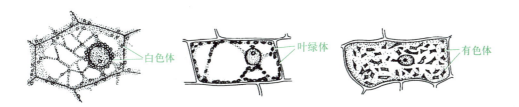

图 2-9　含有不同类型质体的细胞

5. 后含物

后含物是原生质体新陈代谢的产物,是细胞中无生命的物质。后含物一部分是贮藏的营养物质,一部分是不能利用的废物。细胞中的后含物种类很多,有糖类、蛋白质、脂类、无机盐结晶及其他有机物,如丹宁、树脂、生物碱。

三、植物细胞的繁殖

植物的生长是依靠自身细胞的繁殖和细胞体积的增大来实现的。细胞繁殖的方式有无丝分裂、有丝分裂、减数分裂等。

1. 无丝分裂

无丝分裂也称直接分裂。分裂时,核仁首先一分为二,接着细胞核拉长,中间凹陷,最后缢断为两个新核,同时细胞质也分裂为两部分,并在中间产生新的细胞壁,形成两个新细胞。无丝分裂过程比较简单,**分裂过程中没有染色体的变化,没有纺锤丝出现,故称无丝分裂**。植物不定根、不定芽的产生,竹笋、小麦节间的伸长,胚乳的发育和愈伤组织的形成等都是无丝分裂的结果(图 2-10)。

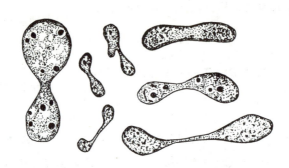

图 2-10   棉花胚乳游离核时期细胞核的无丝分裂

2. 有丝分裂

有丝分裂也称间接分裂,是植物营养细胞最普遍的一种分裂方式。植物的根尖、茎尖以及形成层细胞,都以这种方式进行繁殖。由于**分裂过程中有纺锤丝出现,故称有丝分裂**。有丝分裂过程比较复杂,是一个连续的过程,为叙述方便,人为地将它划分为间期、前期、中期、后期和末期(图 2-11)。

间期为细胞分裂前的准备时期,主要特征是细胞核变大,核内的染色质变为细长的染色丝,进而出现核糖核酸(RNA)的合成和脱氧核糖核酸(DNA)的复制等,同时蓄积细胞分裂所必需的原料和能量。

前期主要特征为细胞核内的染色质形成染色体,核膜、核仁消失;细胞两极出现纺锤丝,开始形成纺锤体;核膜解体是前期结束的标志。

中期特征为纺锤体完全形成,染色体着丝点两侧附着纺锤丝,牵引着染色体有规律地排在赤道面上,此时可辨认染色体的形态和数目。

后期特征是染色体的着丝粒分裂,两条染色单体分开,在纺锤丝牵引下分别由赤道面移向细胞的两极;当子染色体到达两极时,后期结束。

末期的特征是形成两个子核,胞质一分为二,形成两个新细胞。核膜、核仁重新出现。

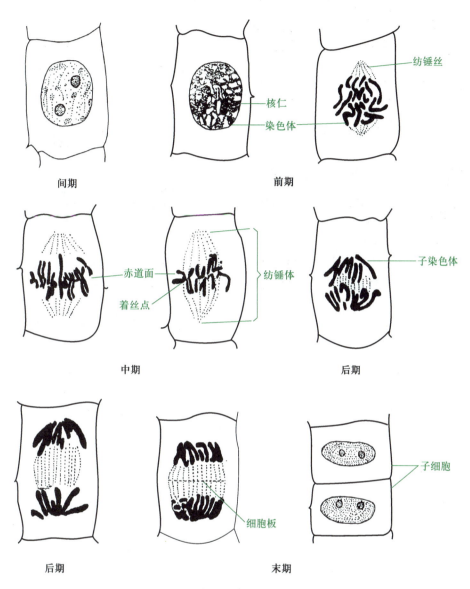

图 2-11　洋葱根尖细胞的有丝分裂

3. 减数分裂

减数分裂又称成熟分裂,它是有丝分裂的一种特殊的形式,是植物在有性生殖过程中形成新细胞时进行的细胞分裂。其过程与有丝分裂基本相似,所不同的是,**减数分裂包括了连续两次的分裂,但染色体只复制一次,**这样,一个母细胞经过减数分裂可以形成四个子细胞,每个子细胞染色体数目只有母细胞的一半,因此称为减数分裂(图 2-12)。

减数分裂与有丝分裂有许多共同之处,但也有显著差别(表 2-2)。

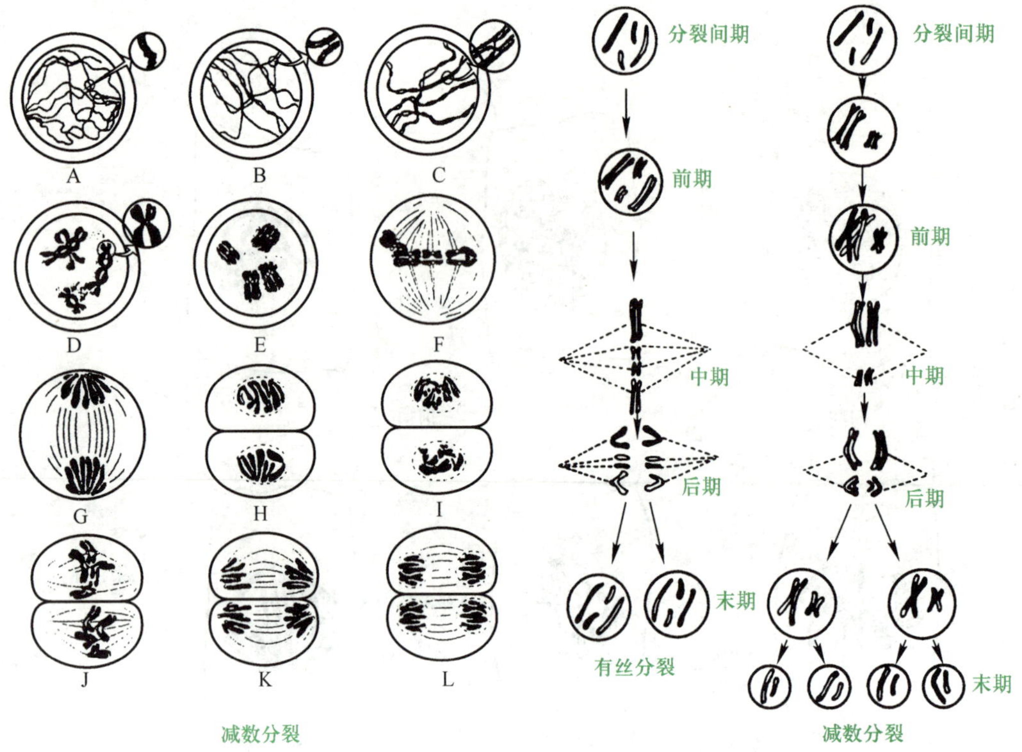

A. 细线期 B. 偶线期 C. 粗线期 D. 双线期 E. 终变期 F. 第一次减数分裂中期

G. 第一次减数分裂后期 H. 第一次减数分裂末期 I. 第二次减数分裂前期

J. 第二次减数分裂中期 K. 第二次减数分裂后期 L. 第二次减数分裂末期

图 2-12 减数分裂过程及与有丝分裂的比较

表 2-2 减数分裂与有丝分裂的比较

繁殖方式		有丝分裂	减数分裂	
			减数第一次分裂	减数第二次分裂
发生部位		各组织器官	花药、胚囊	
发生时期		从受精卵开始	性成熟后开始	
分裂起始细胞		体细胞	原始的生殖细胞	
子细胞	数目	2个	4个	
	类型	体细胞	配子	
	染色体数	与亲代细胞相同	比亲代细胞减半	
	染色体组成	完全相同	不一定相同	
细胞分裂次数		1次	2次	
染色体复制次数		1次	1次	
细胞周期		有	无	

续表

繁殖方式		有丝分裂	减数分裂	
			减数第一次分裂	减数第二次分裂
同源染色体	有无	有	有	无
	行为	无联会等	有联会、四分体,同源染色体分离,非同源染色体自由组合	无
中期赤道板位置的变化		着丝点排在赤道板上,两侧连纺锤丝	四分体排在赤道板上,一侧连纺锤丝	着丝点排在赤道板上,两侧连纺锤丝
后期着丝点变化及其染色单体行为		着丝点一分为二,染色单体变成子染色体,两者分离	着丝点不分裂,同源染色体分离	着丝点一分为二,染色单体变成子染色体,两者分离
联系		减数分裂是一种特殊方式的有丝分裂		

 能力培养

一、显微镜结构的认识与使用

（1）训练准备。准备显微镜（图 2-13）、载玻片、擦镜纸、乙醇。

（2）操作规程。根据显微镜实物,对照图 2-13 结构示意图,认识显微镜的各个部位,并熟悉显微镜的使用方法（表 2-3）。

显微镜结构的认识与使用演示

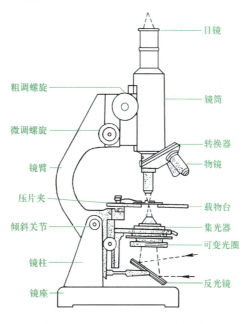

图 2-13 显微镜结构示意图

表 2-3　显微镜结构的认识与使用

操作环节	操作规程	操作要求
认识显微镜	（1）认识显微镜的机械部分：镜座、镜柱、镜臂、镜筒、转换器、载物台、对焦螺旋（粗调、微调螺旋）等 （2）认识显微镜的光学部分：反光镜、可变光圈、集光器、物镜、目镜等	了解显微镜部件的作用
显微镜的使用	（1）取镜与安放：安放显微镜要选择临窗或光线充足的地方；桌面要清洁、平稳，使用时先从镜箱中取出显微镜，右手握镜臂，左手托镜座，轻放桌上，镜筒向前，镜臂向后，然后安放目镜和物镜 （2）对光：扭转转换器，使低倍镜正对通光口，打开聚光器上的光圈，然后左眼对准目镜，右眼睁开，用手翻转反光镜，对向光源，光强时用平面镜，光较弱时用凹面镜。这时从目镜中可以看到一个明亮的圆形视野，只要视野中光亮程度适中，光就对好了 （3）放片：把玻片标本放在载物台上，使盖玻片朝上并将观察的部位居中，用压片夹压住玻片 （4）低倍物镜的使用：转动粗调节螺旋，同时要从侧面看着物镜下降，再用左眼接近目镜进行观察，并转动粗调节螺旋，使镜筒缓慢上升，直至看到物像（显微镜下的物像是倒像），再转动微调节螺旋，直至物像清晰 （5）高倍物镜的使用：首先用低倍物镜按步骤找到观察的材料，并将要观察的部分移至视野的中央，然后转换高倍物镜便可粗略看到映像，再转动微调节螺旋，直到物像清晰为止 （6）还镜：盖上绸布或纱布，把显微镜放回箱内	（1）取镜后要检查各部分是否完好，用纱布擦拭镜身机械部分；用擦镜纸或绸布擦拭光学部分，不可随意用手指擦拭镜头，以免影响观察效果 （2）对光时要同时用手调节反光镜和集光器（或光圈盘孔），使视野内亮度适宜 （3）转动粗调节螺旋不能碰触盖玻片 （4）使用完毕，须把显微镜擦干净，各部分转回原处，并使两个物镜跨于透光孔的两侧，再下降镜筒，使物镜接触到载物台为止 （5）显微镜是精密仪器，使用时一定要严格遵守操作规程；要随时保持显微镜清洁 （6）观察显微镜时，坐姿要端正，双目张开，用左眼观察目镜，右眼兼顾作图
显微镜的保养	（1）目镜与物镜部分不要用手指或粗布揩擦，一定要用擦镜纸轻轻擦拭 （2）镜头上如沾有树胶或油类物质，可用擦镜纸蘸上少许乙醇擦拭干净，再换干净的擦镜纸擦拭一遍 （3）箱内放置一袋蓝色硅胶干燥剂；不用时镜头用清洁的软纸包好，置于干燥器内保存，雨季潮湿，要注意检查和擦拭镜头	（1）显微镜各部分零件不要随便拆开，也不要随意在显微镜之间调换镜头或其他附件 （2）保养显微镜要做到防潮、防尘、防热、防剧烈震动，保持镜体清洁、干燥和转动灵活

（3）问题处理。训练结束后,完成以下问题:

① 如何正确使用显微镜?

② 保养显微镜应注意哪些问题?

③ 通过网络、书刊查询,了解各种光学显微镜和电子显微镜。

二、植物细胞基本结构的观察

植物细胞基本结构的观察演示

（1）训练准备。选择洋葱表皮、番茄或西瓜果肉;准备显微镜、载玻片、盖玻片、镊子、滴管、培养皿、刀片、剪刀、解剖针、吸水纸、蒸馏水、I_2-KI 染液等。

（2）操作规程。根据学校实际情况,选择相应样本,制作临时装片,观察细胞的基本结构,并进行生物绘图训练(表 2-4)。

表 2-4 植物细胞基本结构的观察

操作环节	操作规程	操作要求
制作临时装片	（1）擦载玻片和盖玻片:方法是用左手拇指和食指夹住盖玻片的边缘,右手将纱布折成两层,并使其接触盖玻片的上、下两面,然后用右手拇指与食指相对移动纱布,均匀用力轻轻地擦拭,擦载玻片也用这种方法 （2）放置观察物:用滴管吸取清水,在洁净的载玻片中央滴一小滴,以加盖玻片后没有水溢出为宜;用镊子将洋葱鳞叶或其他植物的叶表皮撕下,剪成 3~5 mm² 的小片,平整置于载玻片的水滴中(注意表皮外面应朝上) （3）盖上盖玻片:用镊子轻轻夹取盖玻片,先使盖玻片的一边与水滴边缘接触,再慢慢放下,以免产生气泡。若水分过多,材料和盖玻片易浮动,则可用吸水纸从盖玻片的一边吸去一些	（1）盖玻片很薄,擦拭时应特别小心;若盖(载)玻片太脏,可先用纱布蘸些水或无水乙醇进行擦拭,再用干净纱布擦净,放在洁净的玻璃皿中备用 （2）如果盖玻片内有很多小气泡,可从盖玻片一侧滴入少许清水,将气泡驱除,即可进行观察 （3）为更清楚地观察细胞,装片时可在载玻片上滴一滴碘液,将表皮放入碘液中观察
洋葱表皮细胞结构的观察	（1）将装好的临时装片,置显微镜下,先用低倍镜观察洋葱表皮细胞的形态和排列情况:细胞呈长方形,排列整齐,紧密 （2）从盖玻片的一边加上一滴 I_2-KI 染液,同时用吸水纸从盖玻片的另一侧将多余的染液吸出 （3）细胞染色后,在低倍镜下,选择一个比较清楚的区域,把它移至视野中央,再转换高倍镜仔细观察植物细胞的典型结构:细胞壁、细胞质、细胞核等	（1）细胞壁:细胞壁由于是无色透明的结构,所以观察时细胞上面与下面的平壁不易看见,只能看到侧壁 （2）细胞核:幼嫩细胞,核居中央;成熟细胞,核偏于细胞的侧壁,多呈半球形或纺锤形 （3）细胞质:在较老的细胞中,细胞质是一薄层紧贴细胞壁,在细胞质

续表

操作环节	操作规程	操作要求
洋葱表皮细胞结构的观察	◆ 细胞壁:洋葱表皮每个细胞周围都有明显界限,被 I_2-KI 染液染成淡黄色,即为细胞壁 ◆ 细胞核:在细胞质中可看到有一个圆形或卵圆形的球状体,被 I_2-KI 染液染成黄褐色,即为细胞核;细胞核内有一至多个染色较淡且明亮的小球,即为核仁 ◆ 细胞质:细胞核以外,紧贴细胞壁内侧的无色透明的胶状物,即为细胞质,I_2-KI 染色后,呈淡黄色,但比细胞壁要浅一些 ◆ 液泡:为细胞内充满细胞液的腔穴,在成熟细胞里,可见一个或几个透明的大液泡,位于细胞中央 (4)生物绘图:使用显微镜观察标本时,要求双眼睁开,左眼看镜,右眼看图	中还可以看到许多小颗粒,是线粒体、白色体等 (4)液泡:观察液泡应注意在细胞角隅处观察,把光线适当调暗,反复旋转微调节螺旋,能区分出细胞质与液泡间的界面 (5)生物绘图时,应注意:第一,应注意保证所绘图案形态、结构的准确性;第二,图的大小及其在纸上分布的位置要适当;第三,用削尖的绘图铅笔,轻轻勾画出图形的轮廓,确认无误时,再画出线条;第四,图的阴暗及颜色的深浅应用细点表示;第五,整个图形要保持准确、整齐、美观,图注一律用铅笔正楷书写
果肉离散细胞的观察	(1)用解剖针挑取少许成熟的番茄或西瓜果肉,制成临时装片,置低倍镜下观察,可以看到圆形或卵圆形的离散细胞,与洋葱表皮细胞形状和排列形式皆不相同 (2)在高倍镜下观察一个离散细胞,可清楚地看到细胞壁、细胞核、细胞质和液泡,其基本结构与洋葱表皮细胞相同	由于细胞之间的胞间层溶解,可以看到每个细胞的细胞壁,还可以看到有色体,为橙红色的圆形小颗粒

(3)问题处理。训练结束后,完成以下问题:

① 如何制作一张好的临时装片?

② 如何正确观察植物细胞的基本结构?试绘制生物简图。

③ 生物绘图时应注意什么?

④ 比较番茄或西瓜果肉细胞与洋葱表皮细胞的异同。

随堂练习

1. 请解释:细胞;细胞壁;细胞质;细胞核;细胞膜;细胞器;无丝分裂;有丝分裂。

2. 简单描述植物细胞的基本结构，并用简图表示。

3. 细胞壁包括哪些？次生壁常发生哪些变化？

4. 植物细胞的细胞器主要有哪些？有什么生理功能？

5. 有丝分裂和减数分裂有什么区别和联系？

6. 简单描述显微镜的使用方法。

任务 2.2　植物的组织

任务目标

知识目标：1. 了解分生组织的特点及类型。

　　　　　2. 熟悉 5 种成熟组织的特点及作用。

　　　　　3. 了解复合组织和组织系统等基本知识。

能力目标：1. 借助显微镜能识别各种分生组织的结构。

　　　　　2. 借助显微镜能识别成熟组织的结构。

知识学习

植物器官是由若干组织组成的。**植物组织**是指在个体发育中，具有相同来源、同一类型或不同类型的细胞群组成的结构和功能单位。可分为分生组织和成熟组织两大类。

一、分生组织

凡是能永久地或较长时间地保持细胞分裂能力，能产生新细胞的细胞群均称为**分生组织**。分生组织位于植物体的生长部位。分生组织细胞代谢活跃，有旺盛的分裂能力；细胞体积小，排列紧密，无细胞间隙；细胞壁薄，不特化；细胞质浓厚，无大液泡；细胞核较大，并位于细胞中央。

按照分生组织在植物体中的分布位置不同，可分为顶端分生组织、侧生分生组织和居间分生组织三种（图 2-14）。

1. 顶端分生组织

顶端分生组织位于根、茎主轴和侧枝的顶端。顶端分生组织的分裂可使根、茎不断伸长，并在茎上形成分枝和

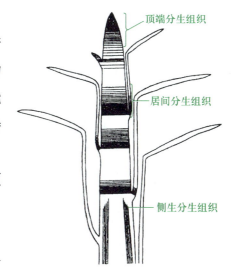

图 2-14　茎纵切（示分生组织部位）

叶,使植物体扩大营养面积;当植物转入生殖生长时,也形成花和花序。

2. 侧生分生组织

侧生分生组织位于根与茎的侧方的周围部分,靠近器官边缘,与所在器官的长轴平行排列。它包括维管形成层和木栓形成层。维管形成层的活动能使根和茎不断增粗,增强植物的机械支持能力;木栓形成层的活动可以在长粗的根、茎表面和受伤的器官表面产生新的保护组织——周皮。

3. 居间分生组织

居间分生组织位于已分化成熟的组织之间,常见于禾本科植物的节间基部和叶或叶鞘的基部。居间分生组织的活动可以使器官纵向急剧伸长,但活动时间较短,很快完全分化,变为成熟组织。

二、成熟组织

分生组织分裂产生的大部分细胞,经过生长、分化,逐渐丧失分裂能力,形成各种具有特定形态结构和稳定生理功能的组织,称为**成熟组织**,也称永久组织。按其功能可分为保护组织、薄壁组织、机械组织、输导组织和分泌结构。

1. 保护组织

保护组织是覆盖于植物体表面起保护作用的组织,具有防止体内水分过度散失,避免虫、菌侵害和机械损伤等作用。按其来源可分为初生保护组织(表皮)和次生保护组织(周皮)。

(1)表皮。又称表皮层,覆盖于幼嫩的根和茎、叶、花、果实等的外表面,由一层生活细胞组成。细胞排列紧密,无细胞间隙,不含叶绿体,液泡较大,其细胞外壁常角化加厚形成角质层(图 2-15),有的还再覆盖一层蜡质。表皮上常分布有气孔和表皮毛。

图 2-15 表皮细胞及其角质层

气孔是植物与外界进行气体交换的通道,由 2 个保卫细胞和它们之间的胞间隙共同组成;有些植物还具有副卫细胞(图 2-16)。

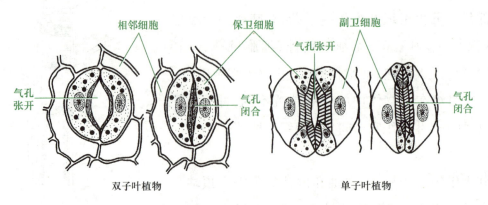

图 2-16 植物气孔复合体

表皮毛是表皮上具有的各种单细胞或多细胞的毛状附属物,具有保护和防止失水的作用,有些还可以分泌出芳香油、黏液等物质。

（2）周皮。周皮是取代表皮的次生保护组织,由木栓形成层形成。木栓形成层向外分裂形成大量的木栓层、向内分裂形成少量的薄壁细胞即栓内层,木栓形成层、木栓层和栓内层共同组成**周皮**（图 2-17）。

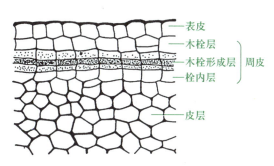

图 2-17　棉茎横切（示周皮结构）

在已经形成周皮的茎上,通常肉眼可以看到一些褐色或白色的圆形、椭圆形、方形或其他形状的突起斑点,称为**皮孔**。皮孔是周皮形成后,植物与外界环境进行气体交换的通道。

2. 薄壁组织

薄壁组织又称营养组织,由生命力较强、直径相近的细胞群组成。其细胞壁薄,细胞质中含叶绿体或质体,有大的液泡。薄壁组织根据其主要功能有吸收、同化、贮藏、通气等组织类型（图 2-18）。

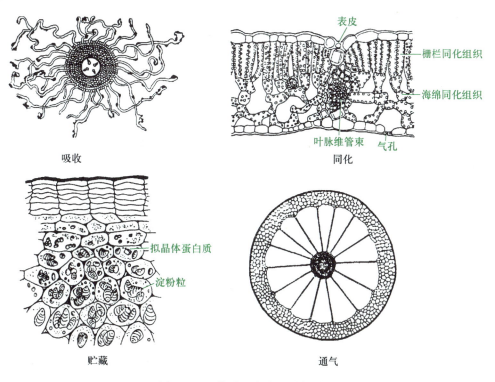

图 2-18　薄壁组织的不同功能

（1）吸收组织。能从外界吸收水和营养物质,如幼根外表皮下的薄壁组织。

（2）同化组织。分布在植物体的一切绿色部分,含有大量的绿色体,能进行光合作用。

（3）贮藏组织。主要存在于各类贮藏器官,如种子、块茎、块根、鳞茎、球茎,可贮藏养分。

（4）通气组织。这类薄壁组织细胞间隙发达,充满空气,如水生植物的根、茎或叶细胞。

3. 机械组织

机械组织是对植物起主要支持作用的组织,具有加厚的细胞壁,很强的抗压、抗张和抗曲的能力,广泛分布于根、茎、叶柄等处,有时也存在于果实中。可分为厚角组织和厚壁组织两种。

（1）厚角组织。是生活的细胞,常含叶绿体,其细胞壁在角隅处加厚。存在于幼茎和叶柄内,既可进行光合作用,又具支持的功能(图2-19)。

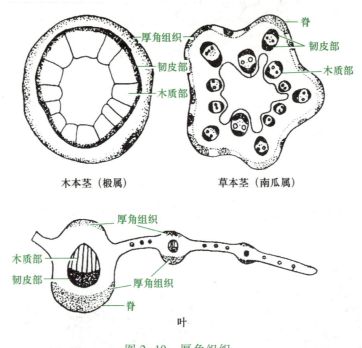

图 2-19 厚角组织

（2）厚壁组织。细胞成熟后,细胞壁均匀加厚,并木质化,细胞腔很小,是没有原生质体的死细胞。又分为纤维和石细胞。

纤维细胞狭长,末端尖锐,细胞壁明显增厚,细胞腔狭小;可分为韧皮纤维和木纤维(图2-20)。

石细胞形状多为等径的,或稍细长,或呈星芒状。细胞壁强烈增厚,壁上可见同心层纹或纹孔道。多存在于植物的茎、叶、果实和种子中(图2-21)。

4. 输导组织

输导组织常和机械组织一起组成束状,上下贯穿在植物体各个器官中,是植物体中担负物质长途运输的主要组织。根据其结构和功能的不同,可分两类:一类是导管和管胞;另一类是筛管和伴胞。

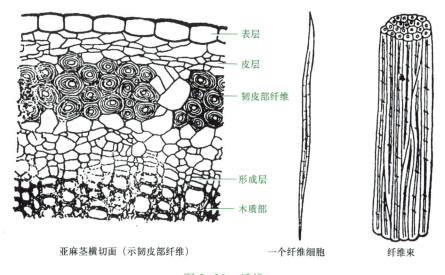

亚麻茎横切面（示韧皮部纤维）　　一个纤维细胞　　纤维束

图 2-20　纤维

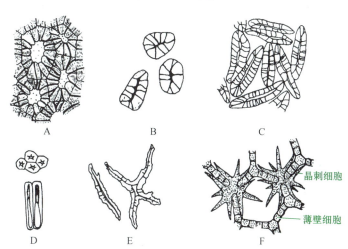

A. 核桃内果皮　B. 梨果肉中　C. 椰子内果皮　D. 菜豆种皮　E. 山茶叶柄中　F. 萍蓬草叶柄中

图 2-21　石细胞

（1）导管和管胞。主要功能是输导水分和无机盐。导管是由许多导管细胞上下相连而成的，其细胞壁增厚并木质化，发育成熟后为死细胞，形成了具各种纹路的导管（图 2-22）。管胞由一个狭长的细胞构成，两端狭长，细胞壁增厚并木质化，原生质体消失，为死细胞，运输能力不如导管。导管、管胞、木薄壁细胞、木纤维构成**木质部**。

（2）筛管和伴胞。主要功能是输导有机物。筛管由一些上下相连的管状细胞组成，为活细胞，但核消失，许多细胞器退化，细胞之间的横壁常形成有许多筛孔的筛板，有利于物质运输。伴胞是活细胞，具有浓厚的细胞质、明显的细胞核和丰富的细胞器，与筛管相邻的侧壁有胞间连丝与筛管贯通（图 2-23）。筛管、伴胞、韧皮薄壁细胞、韧皮纤维构成**韧皮部**。

5. 分泌结构

植物体的分泌结构由一类能产生分泌物质的细胞组合而成，常可产生一些特殊物质，如蜜汁、黏液、挥发油、树脂、乳汁、生物碱、抗生素。分泌结构可分为外分泌结构和内分泌结构两大类。

（1）外分泌结构。位于植物器官的外表，其分泌物直接分泌到体外，常见的有腺毛、腺鳞、蜜腺、排水器等（图2-24）。

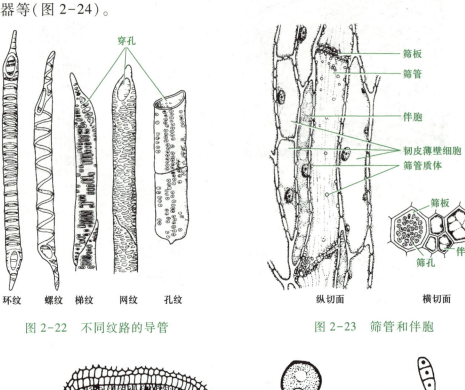

图 2-22　不同纹路的导管

环纹　螺纹　梯纹　网纹　孔纹

穿孔

筛板
筛管
伴胞
韧皮薄壁细胞
筛管质体

筛板
伴胞
筛孔

纵切面　横切面

图 2-23　筛管和伴胞

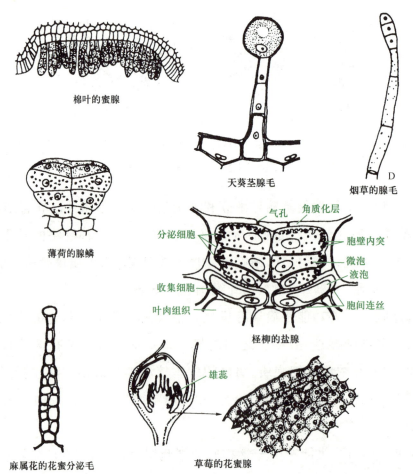

棉叶的蜜腺

天葵茎腺毛

烟草的腺毛

薄荷的腺鳞

气孔　角质化层
分泌细胞
胞壁内突
微泡
液泡
收集细胞
叶肉组织
胞间连丝

柽柳的盐腺

麻属花的花蜜分泌毛

雄蕊

草莓的花蜜腺

图 2-24　外分泌组织

（2）内分泌结构。埋藏在植物的薄壁组织内,分泌物存在于围合的细胞间。常见的有分泌细胞、分泌腔、分泌道和乳汁管(图 2-25)。

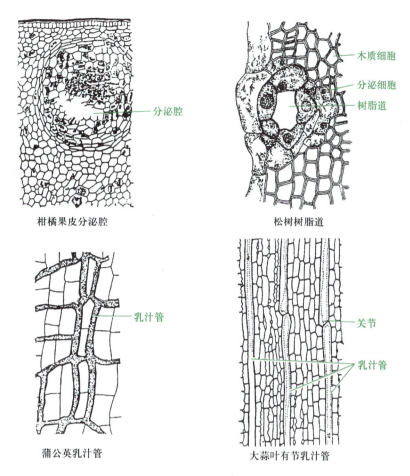

柑橘果皮分泌腔　　　　　　　　松树树脂道

木质细胞
分泌细胞
树脂道

乳汁管

关节

乳汁管

蒲公英乳汁管　　　　　　　大蒜叶有节乳汁管

图 2-25　内分泌结构

三、组织系统

植物体内的各种组织不是孤立存在的,它们彼此紧密配合,共同执行着各种机能,从而使植物体成为有机统一体。通常将植物体或植物器官中由一些复合组织进一步在结构和功能上组合而成的复合单位称为组织系统。维管植物有三种组织系统,即皮组织系统、维管组织系统和基本组织系统,简称皮系统、维管系统和基本系统。

（1）皮系统包括表皮和周皮。

（2）维管系统包括木质部和韧皮部。

木质部和韧皮部常紧密结合,形成束状的维管束。维管束具有输导、支持等作用,贯穿于根、茎、叶、花、果实等各器官中,形成一个复杂的维管束系统。双子叶植物、裸子植物的维管束为无限维管束,有形成层;单子叶植物的维管束则为有限维管束,无形成层(图 2-26)。

（3）基本系统包括薄壁组织和机械组织。

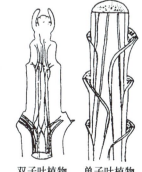

双子叶植物　单子叶植物

图 2-26　茎维管束系统

 能力培养

一、植物分生组织的观察

（1）训练准备。准备洋葱根尖纵切片、水稻茎尖切片、椴树茎横切片等材料；显微镜、镊子、解剖针等用具。

（2）操作规程。先熟悉显微镜的使用要领，然后根据各学校实际情况，进行植物分生组织观察（表2-5）。

植物分生组织的观察演示

表 2-5 植物分生组织的观察

操作环节	操作规程	质量要求
显微镜的使用	复习显微镜的各个部件，进行取镜、对光、放片、低倍物镜的使用、高倍物镜的使用、还镜等显微镜使用环节	熟悉显微镜各部件的使用方法
顶端分生组织的观察	取洋葱根尖纵切片和水稻茎尖切片，在显微镜下观察根生长点的细胞，注意根尖（或茎尖）分生组织细胞的特点	可以观察到顶端分生组织的细胞排列紧密，无细胞间隙，细胞壁薄，细胞质丰富，细胞核大并位于细胞的中央
侧生分生组织的观察	取椴树茎横切片置显微镜下，观察木栓形成层和维管形成层的位置，分析各自的结构和特点	（1）在维管束中可见几层染色较浅的扁平细胞，排列整齐，细胞壁很薄，这就是维管形成层 （2）在茎的外方有几层扁平砖形细胞，排列紧密整齐，常被染成棕红色，就是木栓层 木栓层内方有一层形状相似的细胞，着色较浅而细胞核明显，就是木栓形成层
生物绘图	观察顶端分生组织和侧生分生组织的同时进行生物绘图	要求双眼睁开，左眼看镜，右眼看图。绘图时要注意细胞形态、结构的准确性及整个图形的美观性

（3）问题处理。训练结束后，完成以下问题：

① 如何正确观察植物的顶端分生组织和侧生分生组织？

② 洋葱的顶端分生组织和椴树的侧生分生组织有什么特点？

二、植物成熟组织的观察

植物成熟组织的观察演示

（1）训练准备。准备小麦根尖压片、马铃薯块茎切片、棉叶横切片、水稻老根横切片、薄荷茎横切片、椴树茎横切片、南瓜茎纵切片、梨果肉压片、松树枝条、蚕豆叶等材料；

显微镜、镊子、解剖针、双面刀片、载玻片、盖玻片、蒸馏水、滴管等用具。

（2）先熟悉显微镜的使用要领，然后根据各学校实际情况，进行植物薄壁组织、机械组织、输导组织、保护组织等植物成熟组织的观察（表2-6）。

表 2-6　植物成熟组织的观察

操作环节	操作规程	质量要求
薄壁组织的观察	（1）吸收组织观察。取小麦根尖压片置显微镜下，观察根毛的形态和结构特点 （2）贮藏组织观察。取马铃薯块茎切片置显微镜下，观察淀粉贮藏细胞的结构特点 （3）同化组织的观察。取棉叶横切片置显微镜下，观察上下表皮之间的栅栏组织和功能特点 （4）通气组织的观察。取水稻老根横切片置显微镜下观察	（1）可见小麦根尖的吸收组织细胞壁较薄，细胞核常在先端 （2）可见马铃薯细胞中贮藏许多淀粉粒，并注意细胞的形状、排列及细胞壁厚薄等特征 （3）可见棉叶细胞内含许多叶绿体，注意观察细胞的排列、细胞间隙及细胞中叶绿体的分布情况 （4）可见水稻老根薄壁组织中有许多大型的细胞间隙，即气腔
机械组织的观察	（1）厚角组织的观察。取薄荷茎横切片置显微镜下观察厚角组织。注意在表皮下方细胞壁角隅处是否有加厚的细胞存在 （2）厚壁组织的观察。取椴树茎横切片置显微镜下观察厚壁组织 （3）石细胞的观察。取梨果肉石细胞压片观察，将梨的果肉切一薄片，注意聚集成团的石细胞团	（1）薄荷茎横切片在四个角的紧靠表皮以内的数层细胞没有细胞间隙，细胞壁在三四个细胞相邻的角上加厚，这些角隅加厚的细胞群即厚角组织 （2）椴树茎横切片中可以看到在韧皮部的外侧，有成束的纤维细胞，细胞狭长、两端尖、细胞壁厚。这一细胞群即厚壁细胞 （3）注意聚集成团的石细胞团，每团之中有许多石细胞，石细胞被染成红色，而果肉细胞不起变化，这是细胞壁木质化的显著标志，在石细胞的厚壁上还可以看到沟纹
输导组织的观察	（1）管胞的观察。切取少许松树枝条。选取用组织离析法处理好的材料，用镊子选取少量材料，放在载玻片上用解剖针挑散，加一滴番红染色加盖玻片，在盖玻片一边滴加清水，在相对的一边用滤纸条吸水，洗去浮色，用纱布将装片擦干以后，置显微镜下观察 （2）导管的观察。取南瓜茎纵切片观察五种不同类型的导管	（1）可以看到许多两端尖的长形细胞，这就是管胞，在每个管胞上可以看到许多圈圈。每个大圈中套有小圈，这便是缘纹孔 （2）导管是被子植物主要输水组织，根据其木质化增厚情况不同，其纹路有环纹、螺纹、梯纹、网纹和孔纹

续表

操作环节	操作规程	质量要求
输导组织的观察	（3）筛管的观察。取南瓜茎纵横切片在低倍镜下观察，首先分清维管束中的木质部和韧皮部，筛管在韧皮部	（3）注意南瓜茎为双韧维管束，具内外韧皮部。选择一个较清楚的筛管进行观察，两筛管细胞间有筛板，筛板有许多小孔叫作筛孔。相连两细胞的原生质通过筛孔彼此相连，形成联络索。筛管侧面有一薄壁细胞相邻，即为伴胞
保护组织的观察	（1）双子叶植物表皮观察。撕取蚕豆叶下表皮一小块，置载玻片上用水合氯醛透化，放在显微镜下观察，可以看到表皮细胞、气孔、表皮毛等。观察气孔是张开的还是关闭的，注意观察保卫细胞与表皮细胞的颜色有何不同，保卫细胞中有无叶绿体 （2）禾本科植物叶表皮观察。取小麦叶表皮制片观察，仔细比较双子叶植物和单子叶植物叶表皮细胞和气孔的形态结构特征 （3）周皮和皮孔观察。取椴树茎横切片置显微镜下观察其周皮和皮孔	（1）表皮细胞结合紧密，没有细胞间隙，细胞壁边缘呈波纹状互相嵌合，细胞核位于细胞壁边缘，细胞质无色透明，不含叶绿体。在表皮细胞间，可见半月形的成对细胞，为保卫细胞，两个保卫细胞以凹面相向，内壁较厚，外壁较薄，两细胞之间的胞间隙为气孔。烟草叶表皮细胞上有单细胞表皮毛，长而尖，也有腺毛，腺毛较短，顶端膨大 （2）小麦叶表皮细胞形状较规则，成行排列，包括相间排列的长短两种细胞，不含叶绿体，气孔由两个哑铃形的保卫细胞和两个副卫细胞组成，排列成行 （3）椴树茎的木栓层有些地方已破裂，向外突起，裂口中有薄壁细胞填充，这就是皮孔。木栓层、木栓形成层、栓内层三者组成周皮
生物绘图	（1）绘制双子叶植物叶气孔结构图，并注字说明 （2）绘制3种导管结构图，并注字说明	边观察，边绘图。要求双眼睁开，左眼看镜，右眼看图。绘图时要注意细胞形态、结构的准确性及整个图形的美观性

（3）问题处理。训练结束后，完成以下问题：

① 根据观察结果，要求绘双子叶植物叶气孔结构图和3种不同类型的导管结构图，并加注文字说明。

② 根据观察材料，比较单子叶植物与双子叶植物叶表皮在形态结构上的特点。

③ 绘制蚕豆表皮细胞图，并注明各部分。

④ 在教师指导下分组讨论，列表比较各种成熟组织的细胞形态、特征、功能和在植物体中的分布等方面的异同（表2-7）。

表 2-7　植物各种成熟组织的比较

成熟组织	类型	特点	功能	在植物体中分布
薄壁组织				
保护组织				
机械组织				
输导组织				
分泌结构				

📖 随堂练习

1. 解释:组织;分生组织;成熟组织。
2. 举例说明三种不同的分生组织,并用简图表示。
3. 成熟组织有哪些类型?
4. 举例说明几种组织类型。

任务 2.3　植物的营养器官

任务目标

知识目标:1. 掌握植物根、茎、叶等营养器官的基本形状和类型;认识常见营养器官的变态。

2. 熟悉双子叶植物和单子叶植物的根、茎、叶等营养器官的基本结构及区别。

能力目标:1. 能够识别植物根系类型和根的变态,借助显微镜能认识根尖结构,区别单子叶植物和双子叶植物根的结构异同。

2. 能够识别植物茎的基本形态、各种芽的类型、茎的生长习性、茎的常见变态,借助显微镜区别单子叶植物和双子叶植物茎的结构异同。

3. 能够识别植物叶的形态、单叶和复叶、叶脉和叶序、叶的变态,借助显微镜观察单子叶植物和双子叶植物叶的结构异同。

📖 知识学习

器官由动、植物体的组织构成,具有一定的形态特征和特定的生理功能。高等植物器官为根、茎、叶、花、果、种子(实),其中**根、茎、叶是植物的营养器官,花、果实、种子是植物的生殖器官**。器官之间虽然在结构组成和生理功能上有明显的差异,但彼此又密切联系、相互协调,体现了植物的整体性。

一、植物的根

1. 根与根系

种子萌发时,胚根先突破种皮向地生长,便形成根。

(1)根的类型。根据其来源可分为**主根和侧根**。由种子的胚根生长发育而成的根称为主根。主根产生的各级大小分支称为侧根。

根据发生部位可分为**定根和不定根**。主根和侧根生长于植物体的一定部位,属于定根。许多植物除产生定根外,还可从茎、叶、老根或胚轴长出根,这些根称为**不定根**。

(2)根系。一株植物所有根的总体称为根系。根系常有一定的形态,按其形态的不同可分为直根系和须根系两大类(图 2-27)。

直根系的主根发达,一般垂直向地生长,而主根上生出的各级侧根则细小。绝大多数双子叶植物和裸子植物的根系为直根系,如棉花、油菜、大豆、番茄、桃、苹果、梨、柑橘、松、柏。直根系植物的根常分布在较深土层中,属深根性。

须根系的主根不发达或早期停止生长,由茎的基部生出的不定根组成。单子叶植物的根为须根系,如水稻、小麦、玉米、竹、棕榈、葱、蒜、百合。须根系往往分布在较浅的土层中,属浅根性。

2. 植物的根尖

根尖是指从根的顶端到着生根毛的部分。其长度一般为 0.5~1 cm。根尖是根的生命活动中最活跃的部分,是根进行吸收、合成、分泌等作用的主要部位。根的伸长、根系的形成以及根内组织的分化也都是在根尖进行的。根尖从顶端起依次可分为根冠、分生区、伸长区和成熟区(开始长根毛的区域)四个部分(图 2-28)。

根冠在外层,像帽子一样套在分生区外侧,起保护作用;分生区位于根冠的内侧,是分裂产生新细胞的区域;伸长区位于分生区上方,其细胞逐渐停止分裂,纵向迅速伸长,该区细胞迅速伸长是根尖深入土层的主要推动力;成熟区位于伸长区上方,细胞停止生长,分化成熟,外面密生根毛,可以扩大吸收面积,因此根毛区是吸收能力最强的部位。根毛寿命从几天到几个星期。根毛区以上根的部分起固着和运输功能。

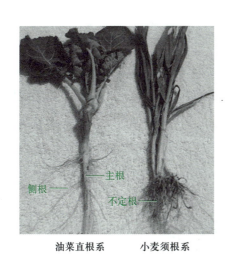

图 2-27 植物的根系

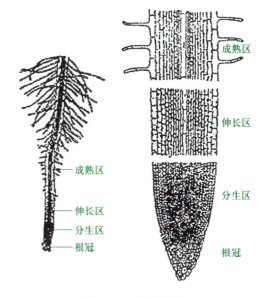

图 2-28 根尖纵切

3. 双子叶植物根的结构

双子叶植物根的结构有初生结构和次生结构。

（1）双子叶植物根的初生结构。在根尖的成熟区，由成熟组织共同形成了**根的初生结构**，由外向内依次为表皮、皮层和中柱（图 2-29）。

表皮是根最外面的一层细胞，从横切面上观察，细胞为砖形，排列整齐紧密，无胞间隙，外切向壁上具有薄的角质膜，有些表皮细胞外壁向外延伸形成根毛。

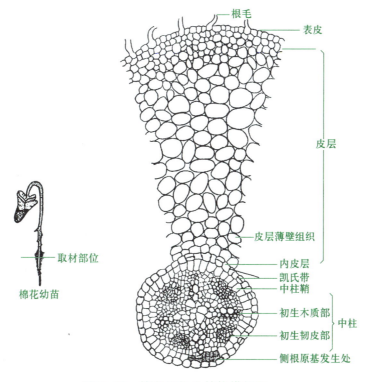

图 2-29 棉花根初生结构横切面

表皮之内中柱之外的多层薄壁细胞构成**皮层**。皮层的细胞较大并高度液泡化,排列疏松,有明显的胞间隙,有内皮层和外皮层之分。

内皮层以内的部分称为中柱,包括中柱鞘和维管束,有些植物的中柱中央还有髓。

(2)双子叶植物根的次生结构。多数双子叶植物的根在初生结构形成后,由于形成层和木栓形成层的发生和活动,不断产生新的组织,使根得以增粗,由这些组织所形成的结构称为**根的次生结构**。根的次生结构形成后,从外到内依次为:周皮(木栓层、木栓形成层和栓内层)、皮层(有或无)、韧皮部(初生韧皮部、次生韧皮部)、形成层、木质部(次生木质部、初生木质部)和射线(图 2-30)。

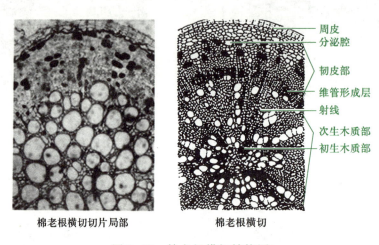

棉老根横切切片局部　　　　　棉老根横切

图 2-30　棉老根横切结构图

4. 单子叶植物根的结构

禾本科植物为单子叶植物,其根的基本结构也是表皮、皮层、中柱三个部分,但有其特点,特别是不产生维管形成层和木栓形成层,不能进行次生生长(图 2-31)。

禾本科植物根的表皮是根的最外一层细胞,寿命较短,当根毛枯死后,往往解体而脱落。禾本科植物根的皮层中靠近表皮的三至数层细胞为外皮层,内皮层在发育后期细胞壁呈五面加厚,只有外切向壁不加厚。中柱最外的一层薄壁细胞组成中柱鞘,为侧根发生之处。

5. 植物的侧根

侧根起源于中柱鞘,后形成侧根原基,并逐渐分化为生长点和根冠,最后穿过母根的皮层和表皮成为侧根。侧根伸出母根后,各种组织相继分化成熟,侧根维管组织也与母根的维管组织连接起来,扩大了根的吸收面积,增强了整个根系的吸收和固着能力。农业增产措施上的移植、假植、中耕、施肥等均能促进侧根的发生。

6. 根瘤与菌根

有些土壤微生物能侵入植物根部,与宿主建立互助互利的共存关系,称为**共生**。根瘤和菌根就是高等植物的根部所形成的共生结构。

(1)根瘤。根瘤是由固氮细菌、放线菌侵染宿主根部细胞而形成的瘤状共生结构。通常所讲的根瘤主要是指由根瘤细菌等侵入宿主根部后形成的瘤状共生结构。根瘤菌的最大特点是具有固氮作用(图2-32)。

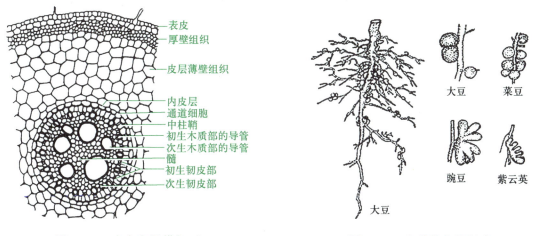

图2-31 小麦老根横切面　　　　图2-32 几种植物的根瘤

(2)菌根。植物的根与土壤中的真菌结合而形成的共生体称为菌根。根据菌丝在根中生长分布的部位不同,可将菌根分为外生菌根和内生菌根。外生菌根的真菌菌丝大部分包被在植物幼根的表面,形成白色丝状覆盖层(图2-33A、B),如马尾松、云杉、山毛榉等木本植物的根。内生菌根的真菌菌丝通过细胞壁大部分侵入到幼根皮层的活细胞内,呈盘旋状态(图2-33C)。如柑橘、核桃、葡萄、李及兰科植物的根。

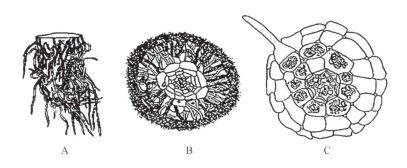

图2-33 外生菌根(A、B)和内生菌根(C)

7. 根的功能

植物根的主要生理功能有:一是**支持与固定作用**。植物庞大的根系足以支持繁茂的茎叶系统,并把植株牢牢固定在陆生环境中。二是**吸收作用**。植物一生中所需的水分和养分主要由根吸收获得。三是**输导作用**。植物根把所吸收的水分、矿物质以及其他物质运送到地上部分,供给茎、叶、花、果的生长发育需要;同时又可接受地上部分合成的营养物质,供根生长发育。四是**合成作用**。植物根能合成与转化多种有机物,如氨基酸、生物碱及激素、有机氮磷化合物。五是**分泌作用**。已知根能分泌近百种物质,包括糖类、氨基酸、有机酸、脂肪酸、生物素和维生素等。六是**贮藏作用**。如块根作物(萝卜、甘薯等)是贮藏有机养料的贮藏器官。七是**繁殖作用**。具有营养繁殖能力,如甘薯利用块根产生的不定芽进行繁殖。

根的经济用途有食用(如甘薯、胡萝卜、萝卜)、药用(如人参、当归、大黄、甘草)、工业原料(如甜菜制糖,甘薯制淀粉、酒精)等经济用途。某些乔木、藤本植物的根可制作工艺品;在自然界中,根还有护坡地、堤岸和防止水土流失的生态作用。

二、植物的茎

茎是联系根、叶,输送水、无机盐和有机养料的主要结构,除少数生于地下外,一般都生长在地上。

1. 茎的形态

一般种子植物的茎多数呈圆柱形,也有为三棱形(如莎草)、方柱形(如蚕豆)、扁平形(如仙人掌)的。

如图 2-34C,茎上着生叶的部位称为**节**,相邻两节之间的部分称为**节间**,叶片与枝条之间的夹角称为**叶腋**。多年生落叶乔木和灌木,当叶脱落时,在枝条上留下的疤痕称为**叶痕**。叶痕中的小突起是叶柄和茎间维管束断离后的痕迹,称为**叶迹**。

着生叶和芽的茎称为枝或枝条。在木本植物中,节间显著伸长的枝条称为**长枝**;节间短缩,各个节间紧密相连,甚至难以分辨节间的枝条称为**短枝**(图 2-34A、B)。一般果树上的长枝是营养生长的枝条;短枝是开花结实的枝条,又称**花枝或果枝**。

2. 芽

芽是未发育的枝或花和花序的原始体。

根据芽在茎、枝条上着生的位置,可将芽分为定芽与不定芽。定芽又分为顶芽和腋芽。如图 2-34C,**顶芽**是生在主干或侧枝顶端的芽;**侧芽**是生在枝条叶腋内的芽,也称腋芽。着生位置不在枝顶或叶腋内的芽称为**不定芽**,如甘薯、刺槐生在根上的芽。农、林、园艺生产上常利用不定芽进行营养繁殖。

包在芽的外面,起保护作用的鳞片状变态叶,称为芽鳞。按芽鳞的有无可分为鳞芽和裸芽。芽的外面有鳞片包被的称为鳞芽,也称被芽;外面没有鳞片包被的芽称为裸芽。春季顶芽萌发时,芽鳞脱落留下的痕迹称为**芽鳞痕**,常环绕于茎,一般顶芽的芽鳞痕比较易辨别,因此,根据芽鳞痕可以辨别枝条的年龄和当年生长长度。

按芽所形成的器官可分为枝芽、花芽和混合芽。以后发展为枝或叶的芽称为**枝芽**,也称叶芽;发展为花或花序的芽称为**花芽**,一个芽含有枝芽和花芽组成部分的称为混合芽。

3. 茎的生长方式

茎的生长方式有四种(图 2-35):直立茎(如红杉)、缠绕茎(如菜豆、忍冬)、攀缘茎(如丝瓜、黄瓜、爬山虎、旱金莲)和匍匐茎(如甘薯、草莓)。

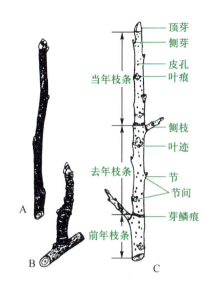

A. 苹果的长枝　B. 苹果的短枝　C. 核桃枝条的外形

图 2-34　枝条的形态

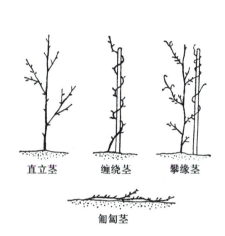

图 2-35　茎的生长方式

攀缘茎可以以卷须（如丝瓜）、气生根（如常春藤）、叶柄（如旱金莲）、钩刺（如猪殃殃）、吸盘（如爬山虎）等方式攀缘。有缠绕茎和攀缘茎的植物统称**藤本植物**。

4. 分枝与分蘖

分枝是植物生长时普遍存在的现象，主干的伸长、侧枝的形成，是顶芽和腋芽分别发育的结果。侧枝和主干一样，还可继续产生侧枝，并且有一定的规律性。种子植物的分枝方式，一般有单轴分枝（也称总状分枝，如杨树、水杉、桧柏、松树）、合轴分枝（如马铃薯、番茄、桃树、苹果）和假二叉分枝（如丁香、茉莉、接骨木、石竹）三种类型（图 2-36）。

分蘖是指植株的分枝主要集中于主茎的基部的一种分枝方式。其特点是主茎基部的节较密集，节上生出许多不定根，分枝的长短和粗细相近，呈丛生状态。典型的分蘖常见于禾本科作物，如水稻、小麦的分枝方式（图 2-37）。

5. 双子叶植物茎的结构

双子叶植物茎有初生结构和次生结构。

（1）双子叶植物茎的初生结构。双子叶植物幼茎的顶端分生组织经细胞分裂、伸长和分化所形成的结构，称为初生结构。把幼嫩的茎做一横切，自外向内分为表皮、皮层和中柱（也称维管柱）三部分（图 2-38）。

表皮是幼茎最外面的一层细胞，在横切面上表皮细胞为长方形，排列紧密，没有间隙，细胞外壁较厚形成角质层，表皮有气孔。

皮层位于表皮内方，主要由薄壁组织组成，细胞排列疏松，有明显的胞间隙，靠近表皮的几层细胞常分化为厚角组织。

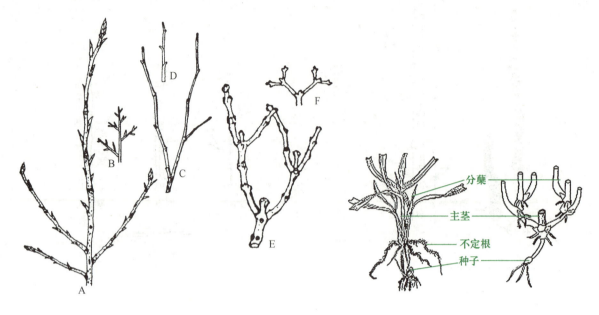

A、B. 单轴分枝 C、D. 合轴分枝 E、F. 假二叉分枝

图 2-36　分枝类型

图 2-37　小麦分蘖示意图

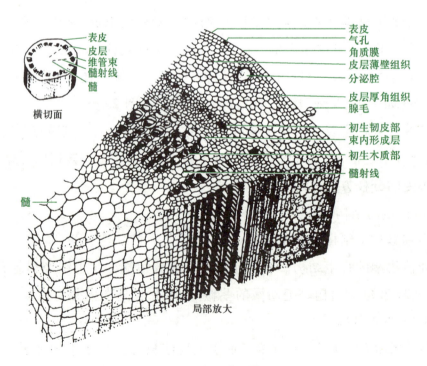

图 2-38　棉花幼茎横切面

中柱是皮层以内的部分,多数双子叶植物的中柱包括维管束、髓和髓射线三部分。维管束是由初生木质部、束内形成层和初生韧皮部共同组成的分离的束状结构。

（2）双子叶植物茎的次生结构。双子叶植物茎的初生结构形成后不久,内部便出现形成层和木栓形成层,由于形成层细胞分裂、生长和分化,便产生次生结构(图 2-39)。双子叶植物茎的次生结构自外向内依次是:周皮(木栓层、木栓形成层、栓内层)、皮层(有或无)、初生韧皮部、次生韧皮部、形成层、次生木质部、初生木质部、髓等。

6. 单子叶植物茎的结构

单子叶植物主要是禾本科植物,如小麦、玉米、水稻,它们的茎在形态上有明显的节和节间,其内部结构有以下特点(图 2-40):禾本科植物的茎多数没有次生结构;表皮细胞常硅质化,有的还有蜡质覆盖,如甘蔗、高粱;禾本科植物茎的皮层和中柱之间没有明显的界线,维管束分散排列于茎内,每个维管束由韧皮部和木质部组成,没有形成层。

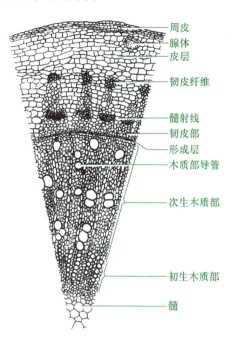

图 2-39　棉花老茎横切面

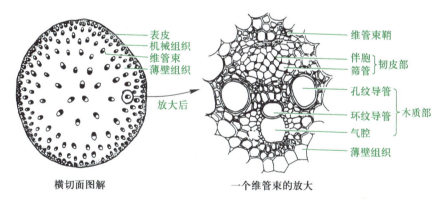

图 2-40　玉米茎横切面

7. 茎的功能

茎是植物的营养器官之一,其生理功能主要是支持和输导作用。有些植物的茎可部分或全部地特化为变态器官,从而具有繁殖、攀缘、保护等特殊功能。

茎的经济用途通常有:一是作为木材被广泛用于建筑、桥梁、家具、工艺雕刻等多种行业领域。二是可作编织的原料,如藤、柽柳。三是用作纺织、麻绳、麻袋等的原料,如苎麻、黄麻、亚麻。四是用作化工原料,如橡胶、生漆、树胶、糖料、淀粉均可从茎中提取获得。五是食用、药用,如莴苣、芹菜可食用,桂枝、厚朴、黄连可药用。六是可作观赏、艺术品,有些植物的茎由于其形态奇异、色彩斑斓或经雕琢可用于观赏。

三、植物的叶

叶是植物制造有机养料的重要器官,也是进行光合作用的主要场所。

1. 叶的组成

植物的叶一般由叶片、叶柄和托叶三部分组成(图2-41)。叶片是叶的主要部分,多数为绿色的扁平体;叶柄是叶的细长柄状部分;托叶是叶柄基部两侧所生的小叶状物。

具有叶片、叶柄和托叶三部分的叶为**完全叶**,如梨、桃的叶;有些叶只有一个或两个部分,称为**不完全叶**,如茶、白菜的叶。

禾本科植物的叶是单叶,由叶片和叶鞘组成。叶片扁平狭长,呈线形或狭带形,具有纵向的平行脉序,并有叶舌和叶耳(图2-42)。叶片和叶鞘相接处的腹面内方有一膜质向上突出的片状结构,称为叶舌;叶舌两侧的片状、爪状或毛状伸出的突出物,称为叶耳。

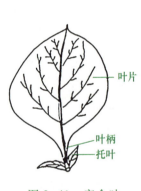

图2-41　完全叶

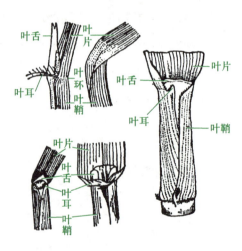

图2-42　禾本科植物的叶

2. 叶的形态

叶片的形状多种多样,大小不同,形状各异。

(1) 叶的类型。叶有单叶和复叶之分。一个叶柄上只生一片叶称为**单叶**,生有两片以上叶称为**复叶**。复叶根据小叶排列方式可分为四种类型:羽状复叶(如月季、槐树)、三出复叶(如橡胶树、苜蓿)、掌状复叶(如七叶树)和单身复叶(如橙)(图2-43)。

(2) 叶形。常见叶的形状有针形(如松树)、线形(如水稻、韭菜)、披针形(如柳树、桃树)、椭圆形(如樟树)、卵形(如向日葵)、菱形(如菱)、心形(如紫荆)、肾形(如冬葵)等。

(3) 叶尖。叶尖主要有渐尖(如菩提树)、急尖(如荞麦)、钝形(如厚朴)、截形(如鹅掌楸)、具短尖(如树锦鸡儿)、具骤尖(如吴茱萸)、微缺(如苜蓿)、倒心形(如酢浆草)。

(4) 叶缘。叶缘即叶的边缘形状,主要有全缘(如女贞、玉兰)、波状(如胡颓子)、皱缩状(如羽衣甘蓝)、齿状(如猕猴桃)、缺刻(如蒲公英、梧桐、铁树)。

| 羽状复叶 | 三出复叶 | 掌状复叶 | 单身复叶 |

图 2-43 复叶类型

（5）脉序。叶脉的分布规律称为脉序。脉序主要有网状脉、平行脉和叉状脉三种类型（图 2-44）。平行脉各叶脉平行排列，其中各脉由基部平行直达叶尖，如单子叶植物水稻、小麦；网状脉具有明显的主脉，并向两侧发出许多侧脉，侧脉又分出许多侧脉，组成网状，如桃、棉花；叉状脉是各脉作二叉分枝，如银杏。

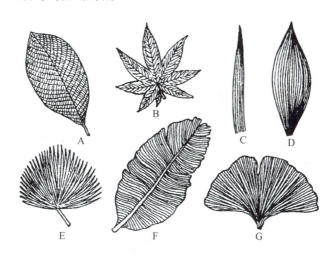

A. 羽状网脉　B. 掌状网脉　C~F. 平行脉　G. 叉状脉

图 2-44 叶脉类型

（6）叶序。叶在茎上按一定规律排列的方式叫叶序。叶序基本上有四种类型：互生、对生、轮生和簇生（图 2-45）。互生叶是每节上只生一叶，交互而生，如白杨、法国梧桐；对生叶是每节上生两片叶，相对排列，如女贞、石竹；轮生叶是每节上生三片叶或三片叶以上，作辐射排列，如夹竹桃、百合。簇生叶是从同一基部长出多片单叶，如铁角蕨、吉祥草。

3. 叶的结构

双子叶植物和单子叶植物叶的结构有所不同。

（1）双子叶植物叶的结构。双子叶植物的叶由表皮、叶肉和叶脉三部分组成（图 2-46）。表皮覆盖于叶片的上下表面，由一层排列紧密、无细胞间隙的活细胞组成。叶肉位于上下表皮层之间，由许多薄壁细胞组成，细胞内富含叶绿体，有栅栏组织和海绵组织之分。叶脉是叶片中的维管束，包括木质部、韧皮部和形成层三部分。

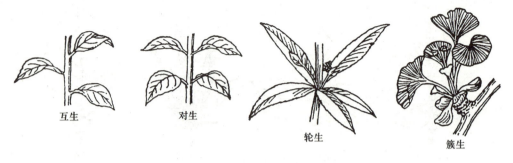

互生　　　　对生　　　　轮生　　　　簇生

图 2-45　叶序类型

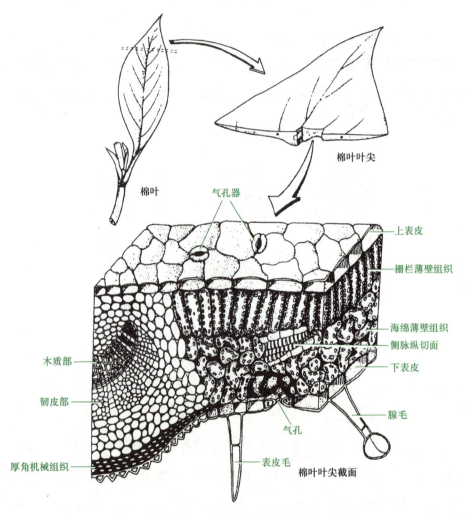

棉叶　　气孔器　　棉叶叶尖

上表皮

栅栏薄壁组织

海绵薄壁组织

侧脉纵切面

下表皮

木质部

腺毛

韧皮部

气孔

厚角机械组织

表皮毛

棉叶叶尖截面

图 2-46　棉叶中脉横切面

（2）禾本科植物叶片的结构。禾本科植物叶片也分为表皮、叶肉和叶脉三部分（图 2-47）。表皮细胞在正面观察时呈长方形，外壁角质化并含有硅质，故叶比较坚硬而直立。禾本科植物的叶肉没有栅栏组织和海绵组织的分化，为等面叶。叶脉由木质部、韧皮部和维管束鞘组成，木质部在上，韧皮部在下，维管束内无形成层，在维管束外面有维管束鞘包围，叶脉平行地分布在叶肉中。

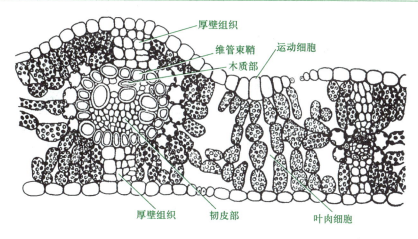

图 2-47　小麦叶横切面

4. 叶的功能

叶的主要生理功能是进行光合作用和蒸腾作用,同时还具有吸收、繁殖等功能,如叶面施肥、喷洒农药均是通过叶片吸收而进入植物体内的。

叶的经济用途有食用(如叶菜类蔬菜白菜)、药用(如洋地黄、薄荷)、作为工业原料(如留兰香的叶可提取香精、剑麻的叶可造纸),以及生产肥料(如绿肥植物)、饲料(如饲料作物)、饮料(如茶叶)等。

四、植物营养器官的变态

植物的营养器官(根、茎、叶)由于长时期适应周围环境,其器官在形态结构及生理功能上发生变化,成为该种植物的遗传特性,这种现象称为变态。

1. 根的变态

根的变态主要有贮藏根、气生根和寄生根等。

(1)贮藏根。为适应贮藏大量营养物质的根称为**贮藏根**。可分为肉质直根(如萝卜、胡萝卜、甜菜)和块根(如甘薯)两种。

(2)气生根。凡露出地面,生长在空气中的根均称为**气生根**。可分为支柱根(如玉米)、攀缘根(如常青藤)和呼吸根(如榕树)三种。

(3)寄生根。有些寄生植物如菟丝子、列当的茎缠绕在寄生茎上,它们的不定根形成吸器,侵入寄主体内,称为**寄生根**(图 2-48)。

2. 茎的变态

茎的变态可以分为地上茎变态和地下茎变态两种类型。

(1)地上茎变态。有五种变态:茎刺(茎转变为刺)、茎卷须(攀缘植物的茎不能直立,变成卷须)、叶状茎(茎转变成叶片状)、小鳞茎(大蒜的花序内常产生小球体,具肥厚的小鳞片)和小块茎(秋海棠的腋芽常变成肉质小球,类似块茎)(图 2-49)。如山楂的茎刺,南瓜、黄瓜的茎卷须,天门冬的叶状茎,大蒜的小鳞茎和秋海棠的小块茎。

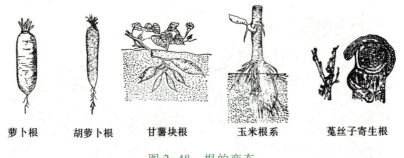

萝卜根　　胡萝卜根　　甘薯块根　　玉米根系　　菟丝子寄生根

图 2-48　根的变态

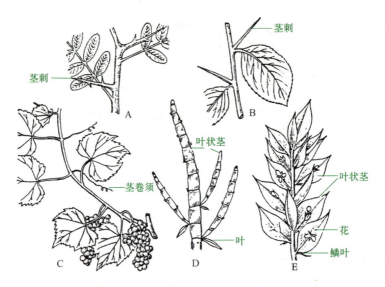

A. 皂荚的茎刺　B. 山楂的茎刺　C. 葡萄的茎卷须　D. 竹节蓼的叶状茎　E. 假叶树的叶状茎

图 2-49　地上茎的变态

（2）地下茎变态。主要有根状茎（横卧地下，形较长，像根的变态茎）、块茎（根状茎的先端膨大、积累养料所形成的）、鳞茎（由许多肥厚的肉质鳞叶包围的、扁平或圆盘状的地下茎）、球茎（球状的地下茎）等类型（图 2-50）。其中根状茎有竹、莲、芦苇等，鳞茎有洋葱、百合等，球茎有荸荠、芋等，块茎有马铃薯等。

图 2-50　地下茎的变态

3. 叶的变态

常见叶的变态有鳞叶(叶的功能特化或退化成鳞片状)、苞叶(生在花下面的变态叶)、叶刺(由叶或叶的部分变成刺)、叶卷须(由叶的一部分变成卷须状)、捕虫叶(具有捕食小虫功能的变态叶)和叶状柄(叶柄转变为扁平的片状,并具有叶的功能)等(图 2-51)。如洋葱、百合的鳞叶,玉米的苞叶,刺槐、仙人掌的叶刺,豌豆的叶卷须,猪笼草的捕虫叶,相思树的叶状柄。

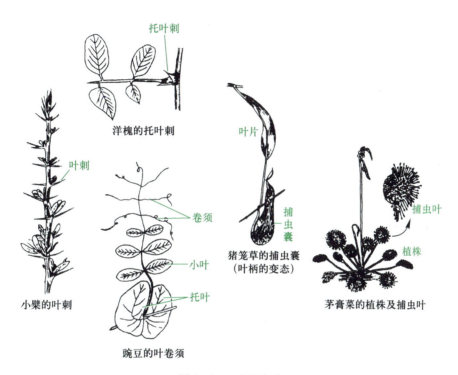

图 2-51 叶的变态

✍ 能力培养

一、植物根的形态与结构观察

(1)训练准备。准备葱根、小麦根、桔梗根、萝卜根、胡萝卜根、甘薯块根、玉米根、石斛或吊兰、菟丝子、桑寄生、常春藤或凌霄、浮萍、大豆或花生根、马尾松根表皮、葡萄及兰科植物的根等新鲜标本。

(2)操作规程。选择当地种植农作物、蔬菜、果树、花卉等地块,观察植物的根及其生长情况,并准备不同类型的根标本,如果没有新鲜标本,也可选取本校制作好的样本或图片,进行如表 2-8 的操作。

植物根的形态与结构观察演示

表 2-8　植物根的形态及结构观察

操作环节	操作规程	操作要求
制作根徒手切片	（1）将植物根切成宽0.5 cm、厚0.5 cm、长1～2 cm的长方条 （2）取上述一个长方条，用左手拇指和食指夹住材料，使材料露出手指1～2 mm，并以无名指顶住材料。用右手拿着刀片的一端 （3）把材料上端和刀刃先蘸些水，并使材料成直立方向，刀片成水平方向，自外向内把材料上端切去少许，使切口成光滑的断面，并在切口蘸水，接着按同法把材料切成极薄的薄片（越薄越好）	（1）切时要用臂力，不要用腕力或指力，刀片切割方向由左前方向右后方拉切；拉切的速度宜快，不要中途停顿；注意安全，避免刀片误伤手指 （2）把切下的切片用小镊子或解剖针拨入表面皿的清水中，切片时材料的切面经常蘸水，起润滑作用 （3）如需染色，可把薄片放入盛有染色液的表面皿内，染色约1 min，轻轻取出放入另一盛清水的表面皿内漂洗，之后，即可装片观察。也可以在载玻片上直接染色，即先把薄片放在载玻片上，滴1滴染色液；约1 min后，倾去染色液，滴几滴清水清洗后，再滴1滴清水，盖上盖玻片，便可镜检
根尖及其分区的观察	（1）材料培养：训练前5～7 d将玉米粒浸水吸胀，置于垫有潮湿滤纸的培养皿内并加盖；同时要放在恒温箱中，待幼根长到2～3 cm时即可作为观察材料 （2）根尖外部形态观察：选择生长良好而直的玉米幼根，用刀片截取端部1 cm，放在载玻片上（片下垫一黑色纸）用放大镜观察它的外形和分区 （3）根尖内部结构观察：再取玉米根尖纵切片，在显微镜下观察，由根尖处向上分为根冠、分生区、伸长区和成熟区	（1）培养皿要维持一定湿度，玉米粒不可被水淹没，以免影响其呼吸而腐烂；恒温箱温度以20～25 ℃为宜 （2）根冠在外层，保护根尖；分生区位于根冠的上方，细胞分裂，数目增加；伸长区紧靠分生区之上，细胞伸长；成熟区在伸长区的上方，生长停止，分化开始，产生根毛 （3）根冠由许多着色较淡的薄壁细胞组成帽状结构；分生区由体积较小、排列整齐紧密的细胞组成，细胞壁薄、核大质浓，有强烈分生能力；伸长区可以看见一些宽而长的成串细胞。成熟区各种组织已分化成熟
双子叶植物根初生结构的观察	（1）低倍镜观察：取蚕豆根的根毛区横切片（或用新鲜蚕豆幼根做徒手切片，制成临时切片），先在低倍镜下区分出表皮、皮层和中柱三部分 （2）高倍镜观察：再转至高倍镜下由外到内观察各结构，如皮层（外皮层、中皮层和内皮层）、中柱（中柱鞘、维管束，内含初生木质部、初生韧皮部）	（1）表皮：在根的最外层，由排列紧密的较小细胞组成，横切面上呈近方形 （2）皮层：是表皮以内由数层排列疏松的薄壁细胞组成的，占横切面的大部分；紧靠表皮的为外皮层，皮层最内排列较整齐的一层细胞为内皮层 （3）中柱：由中柱鞘、初生木质部、初生韧皮部和薄壁细胞组成；紧靠内皮层的一层薄壁细胞为中柱鞘；初生木质部呈辐射状排列，初生韧皮部位于两个初生木质部之间的外侧 （4）大多数双子叶植物根中没有髓

续表

操作环节	操作规程	操作要求
单子叶植物根初生结构的观察	（1）低倍镜观察：取玉米根尖纵切片（或用新鲜玉米根尖制作徒手切片，加1滴番红溶液），先在低倍镜下区分出表皮、皮层和中柱三部分 （2）高倍镜观察：再转至高倍镜下由外到内观察各结构：皮层（外皮层、中皮层和内皮层），中柱（中柱鞘、维管束，内含初生木质部、初生韧皮部和髓）	（1）表皮：最外一层细胞，老根的根毛残破不全 （2）皮层：可分为外皮层、皮层薄壁细胞和内皮层；外皮层由内外两层薄壁细胞夹着一层厚壁细胞组成，皮层薄壁细胞由许多放射状的薄壁细胞组成，内皮层是皮层最内一层细胞，其细胞壁除外切向壁未增厚外，其余五面均增厚并栓化，横切面为马蹄形 （3）中柱：由中柱鞘、初生木质部、初生韧皮部、薄壁细胞和髓组成；中柱鞘为排列比较密的一层细胞，初生木质部为多元型，靠近中央常有大导管，初生韧皮部由筛管和伴胞组成，薄壁细胞常被染成绿色 （4）髓：多数单子叶植物根中有髓，由薄壁细胞组成
根系的观察	（1）直根系观察：观察桔梗的根系，区别主根、侧根 （2）须根系观察：观察葱、麦冬的根系有无主根，其根系是怎样形成的，有何特点	（1）直根系有明显的主根和侧根；绝大多数的双子叶植物和裸子植物的根系为直根系 （2）须根系没有明显的主根或主根不发达，由不定根组成；单子叶植物的根系多为须根系
根的变态观察	仔细观察萝卜根、胡萝卜根、甘薯块根、玉米根、石斛或吊兰、菟丝子、桑寄生、常春藤或凌霄、浮萍等样本，区分出肉质直根、块根、支持根、攀缘根、呼吸根、寄生根	根的变态有贮藏根、气生根和寄生根三种，要求能进一步正确归类

（3）问题处理。训练结束后，完成以下问题：

① 植物根尖分几区？各区细胞结构有什么特点？并绘制根尖分区轮廓图。

② 比较单子叶植物和双子叶植物根的结构，有何异同？

③ 植物的直根系和须根系有什么区别？举例说明。

④ 结合当地种植植物的类型，列举各种根的变态。

二、植物茎的形态与结构观察

（1）训练准备。准备苹果、梨、核桃、杨树或金钱松三年生枝条，悬铃木或刺槐芽、甘薯或蒲公英的根芽、榆树的枝芽、苹果或梨的芽、向日葵茎、黄瓜或葡萄茎、常青藤茎、猪殃殃茎、爬山虎茎、草莓或甘薯茎、山楂茎、天门冬茎、大蒜鳞茎、竹或芦苇、马铃薯、洋葱、荸荠等新鲜标本。

植物茎的形态与结构观察演示

　　（2）操作规程。选择当地种植农作物、蔬菜、果树、花卉等地块，观察植物的茎及其生长情况，并准备不同类型的茎标本。如果没有新鲜标本，也可选取本校制作好的样本或图片，进行如表 2-9 的操作。

表 2-9　植物茎的形态及结构观察

操作环节	操作规程	操作要求
制作茎徒手切片	（1）将植物茎切成 0.5 cm 见方，1~2 cm 长的长方条 （2）取上述一个长方条用左手的拇指和食指拿着，使长方条上端露出 1~2 mm 高，并以无名指顶住材料；用右手拿着刀片的一端 （3）把材料上端和刀刃先蘸些水，并使材料成直立方向，刀片成水平方向，自外向内把材料上端切去少许，使切口成光滑的断面，并在切口蘸水，接着按同法把材料切成极薄的薄片（越薄越好）	同根的徒手切片
茎的基本形态观察	取三年生木本植物（苹果、梨、核桃、杨树或金钱松）的枝条，观察其形态特征；区分节与节间、顶芽与侧芽、叶痕与叶迹及皮孔等	（1）节间长为长枝，节间短为短枝，苹果、梨、棉花有明显的长枝与短枝之分 （2）皮孔为茎表面突起的裂缝状小孔，是通气结构，其形状、大小、色泽随植物种类而异，是木本植物冬态的鉴别特征
芽、分枝、分蘖的观察	（1）芽的观察：观察悬铃木或刺槐芽、甘薯或蒲公英的根芽，明确定芽与不定芽类型；观察悬铃木芽和黄瓜或棉花的芽，明确鳞芽和裸芽类型；观察榆树的枝芽、苹果或梨的芽、芽鳞痕，明确枝芽、花芽和混合芽的类型 （2）分枝和分蘖的观察：现场观察松树或杨树、番茄或桃树、石竹或丁香等，了解其分枝的方式；取进入分蘖期的小麦植株，观察其分蘖情况	（1）从芽的着生位置、结构、生理状态来判断枝条上芽的类型；纵剖其中三种芽，辨别芽的性质 （2）分枝有单轴分枝、合轴分枝和假二叉分枝等类型；根据提供的枝条辨别分枝形式 （3）分蘖是禾本科植物分枝的一种形式
茎的生长习性观察	观察向日葵茎、黄瓜或葡萄茎、常青藤茎、猪殃殃茎、爬山虎茎、草莓或甘薯茎等，了解直立茎、缠绕茎、攀缘茎和匍匐茎等的生长习性	注意观察攀缘茎的卷须、气生根、叶柄、钩刺、吸盘等

续表

操作环节	操作规程	操作要求
双子叶植物茎的初生结构观察	取向日葵(或棉花)幼茎做一横切片(或制片)置于显微镜下,观察幼茎的初生结构,可见下列各部分:表皮、皮层和中柱(维管束、髓和髓射线)三部分	(1)表皮是茎最外面的一层细胞,细胞较小,排列紧密 (2)皮层位于表皮以内,中柱以外;靠近表皮有几层比较小的细胞为厚角组织,其内是数层薄壁组织,有小型分泌腔 (3)中柱是皮层以内所有部分的总称,由维管束、髓射线、髓组成;维管束多呈束状,在横切面上许多维管束排成一环,每个维管束都是由初生韧皮部、束内形成层和初生木质部组成的;髓位于中心;髓射线是位于两个维管束之间的薄壁细胞
单子叶植物茎的初生结构观察	(1)实心茎观察:取玉米茎做一横切面(或制片),置于显微镜下观察:表皮、基本组织(厚角组织和薄壁组织)、维管束三部分 (2)空心茎观察:取小麦幼茎的横切片置于显微镜下观察,注意与玉米茎结构进行比较	(1)表皮:在最外层,细胞排列紧密、整齐,外壁有较厚的角质层,其间有保卫细胞构成的气孔器 (2)基本组织:主要包括厚壁组织和薄壁组织,在靠近表皮处,有1~3层的厚壁细胞,里面是薄壁组织 (3)维管束:在薄壁组织中,有许多散生的维管束 (4)空心茎和实心茎的主要区别在于其茎中央有髓腔,节间维管组织由内外两圈维管束组成
茎的变态观察	观察山楂茎、天门冬茎、大蒜鳞茎,以及竹或芦苇、马铃薯、洋葱、荸荠等植物,能说明茎的各种变态:茎刺、茎卷须、叶状茎、鳞茎、根状茎、块茎、球茎等	茎的变态有地上茎变态和地下茎变态,能正确区分

(3)问题处理。训练结束后,完成以下问题:

① 能正确区分茎的基本形态中各部位名称。

② 绘制双子叶植物茎初生结构轮廓图。

③ 绘制单子叶植物茎初生结构轮廓图。

④ 能正确区分芽、分枝与分蘖的类型和性质。

⑤ 单子叶植物和双子叶植物茎的初生结构比较,有什么特点?

⑥ 结合当地种植植物的类型,列举各种茎的变态。

三、植物叶的形态与结构观察

(1)训练准备。梨树或桃树叶、白菜叶、小麦或水稻叶、月季或刺槐叶、苜蓿或橡胶树叶、七叶树叶、棉花叶、银杏叶、悬铃木或白杨树叶、女贞或石竹叶、夹竹桃或百合叶、吉祥草叶、洋葱、玉米苞、洋槐树叶、豌豆叶、猪笼草叶等新鲜标本。

(2)操作规程。选择当地种植农作物、蔬菜、果树、花卉等地块,观察植物的叶及生长情况,并准备不同类型的叶标本。如果没有新鲜标本,也可选取本校制作好的样本或图片,进行如表 2-10 的操作。

(3)问题处理。训练结束后,完成以下问题:

① 双子叶植物和单子叶植物叶的结构有什么区别?

② 单叶和复叶有什么区别?复叶有哪些类型?

③ 举例说明当地种植植物的叶脉和叶序名称。

④ 举例说明当地种植植物叶的变态有哪些。

植物叶的形态与结构观察演示

表 2-10 植物叶的形态及结构观察

操作环节	操作规程	操作要求
制作叶徒手切片	(1)将植物叶片切成 0.5 cm 宽的窄条,夹在切成长方条的支持物(胡萝卜、萝卜、马铃薯)中 (2)取上述一个长方条用左手的拇指和食指拿着,使长方条上端露出 1~2 mm 高,并以无名指顶住材料;用右手拿着刀片的一端 (3)把材料上端和刀刃先蘸些水,并使材料成直立方向,刀片成水平方向,自外向内把材料上端切去少许,使切口成光滑的断面,并在切口蘸水,接着按同样的方法把材料切成极薄的薄片(越薄越好)	同根的徒手切片
植物叶的形态观察	(1)叶的基本形态观察:观察梨树或桃树的叶、白菜的叶、小麦或水稻的叶,鉴别叶柄、托叶和叶片,叶鞘、叶舌、叶耳等部位,并知道哪些是完全叶,哪些是不完全叶 (2)复叶的观察:观察月季或刺槐、苜蓿或橡胶树、七叶树等植物的叶,区别各种复叶的类型特点	(1)植物的叶一般由叶片、叶柄和托叶组成,三者都有为完全叶,只有其一或其二为不完全叶;禾本科植物叶由叶片和叶鞘组成 (2)复叶是一个叶柄上生有两片以上的叶,有羽状复叶、三出复叶、掌状复叶和单身复叶

续表

操作环节	操作规程	操作要求
植物叶的形态观察	（3）叶脉的观察：观察桃树或棉花、水稻或小麦、银杏等植物的叶脉，区分网状脉、平行脉和叉状脉 （4）叶序的观察：观察悬铃木或白杨树、女贞或石竹、夹竹桃或百合、吉祥草等植物的叶序，明确互生、对生、轮生和簇生等不同叶序的区别	（3）叶脉有网状脉（有明显主脉，并分出许多侧脉成网状）、平行脉（叶脉平行排列）和叉状脉（脉有二叉分枝） （4）叶序有互生（每节一叶，交互排列）、对生（每节两叶，相对排列）、轮生（每节三叶或三叶以上，相对排列）和簇生（同一基部多片单叶）
双子叶植物叶片的结构观察	（1）制作切片：取棉花或其他双子叶植物叶片，切取近叶尖部位（包括主脉在内）长 5～6 cm、宽 1.5 cm 的一小块，夹在支持物（如萝卜、胡萝卜根、马铃薯块茎）中切片 （2）结构观察：水稻叶横切制片（或用新鲜的叶做徒手切片），置于显微镜下观察，可看到表皮、叶肉和叶脉三部分	（1）表皮有上下表皮之分，下表皮有较多的气孔器 （2）叶肉分栅栏组织和海绵组织 （3）叶脉由木质部（在上）和韧皮部（在下）组成，在主脉上可看到形成层
单子叶植物叶片的结构观察	用水稻叶横切片（或做徒手切片），在显微镜下观察，可看到表皮、叶肉和叶脉三部分。注意与双子叶植物叶片的结构比较	上下表皮中气孔器差不多；叶肉栅栏组织和海绵组织分化不明显；主叶脉内无形成层
叶的变态观察	观察洋葱、玉米苞、洋槐、豌豆、猪笼草等植物的变态叶，能区分不同的变态叶类型	叶的变态有鳞叶、苞叶、叶刺、叶卷须、捕虫叶等

随堂练习

1. 请解释：植物器官；芽；营养器官的变态。

2. 植物的根与根系有哪些类型？二者有何区别？

3. 单子叶植物与双子叶植物根的结构有何异同？

4. 举例说明植物的侧根、根瘤与菌根。

5. 以苹果枝条为例指出节、节间、叶腋、叶痕、芽。

6. 植物的分枝与分蘖有何异同？

7. 单子叶植物与双子叶植物茎的结构有何异同？

8. 叶的组成有哪些？举例说明叶脉与叶序的类型。

9. 单子叶植物与双子叶植物叶的结构有何异同？

10. 举例说明植物根、茎、叶等营养器官的变态有哪些。

11. 如何制作植物根、茎、叶的徒手切片？

任务 2.4   植物的生殖器官

任务目标

知识目标：1. 了解花的组成，认识双子叶植物花与单子叶植物花的区别，熟悉花序的类型，了解花的发育、开花、传粉与受精。

2. 熟悉果实的类型；了解果实的发育，区别真果与假果的结构异同。

3. 了解种子的发育，熟悉种子结构与类型；了解果实和种子的传播。

能力目标：1. 能够识别花的形态、花序的类型，区分双子叶植物花与单子叶植物花。

2. 能熟练区分真果与假果，了解常见果实的类型。

3. 能够识别种子的不同类型。

知识学习

被子植物在经过一定时期的营养生长后，在植株的一定部位形成花芽，转入生殖生长，经过开花、传粉、受精，形成果实和种子。花、果实和种子与植物的有性生殖有关，被称为生殖器官。

一、植物的花

花是被子植物所特有的有性生殖器官，由花芽发育而成，是形成雌性生殖细胞和雄性生殖细胞，并进行有性生殖的场所。

1. 花的组成

花由花芽发育而成。一朵典型的花由花梗（或花柄）、花托、花萼、花冠、雄蕊群、雌蕊群组成，其中花萼、花冠、雄蕊群、雌蕊群由外至内依次着生于花柄顶端膨大的花托上。构成花萼、花冠、雄蕊群、雌蕊群的组成单位分别是萼片、花瓣、雄蕊和心皮，它们均为变态叶（图2-52）。通常把具有花萼、花冠、雄蕊和雌蕊的花称为完全花。缺少其中任何一部分或几部分，则称为不完全花。

（1）花梗与花托。花梗或称花柄，是着生花的小枝，主要起支持花的作用，也是茎向花输送养料和水分的通道。花梗的顶端膨大的部分称为花托；花的其他部分按一定方式着生于花托上。

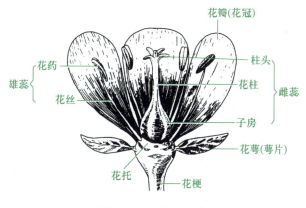

图 2-52　花的组成

（2）花萼与花冠。花萼和花冠合称花被,具有保护雌蕊和雄蕊的作用。

花萼位于花的最外轮,由若干个萼片组成,形似叶,通常呈绿色,具有保护幼花、幼果作用,并兼具光合作用。根据萼片的离合程度,花萼有离萼和合萼之分。

花冠位于花萼的内面,由若干花瓣组成。根据花瓣的离合情况,分为离瓣花(如李、杏、亚麻)和合瓣花(如南瓜、牵牛花)。

（3）雄蕊群。位于花冠之内,是一朵花内所有雄蕊的总称。每枚雄蕊由花药和花丝两部分组成(图 2-52)。花药是花丝顶端膨大成囊状的部分,内有 4 个花粉囊,成熟的花药内有大量的花粉粒。

（4）雌蕊群。位于花的中央,是一朵花内所有雌蕊的总称,由心皮卷合发育而成;心皮是适应生殖的变态叶,它是组成雌蕊的基本单位。

每个雌蕊由柱头、花柱和子房三部分组成。柱头是雌蕊顶端膨大的部分,可接受花粉;花柱连接柱头和子房,是花粉粒在柱头萌发后花粉管进入子房的通道;子房是雌蕊基部膨大的部分,由子房壁、胎座、胚珠组成,胚珠是种子的前身。

2. 禾本科植物的花

禾本科植物的花与一般花的形态不同。禾本科植物无花萼和花冠,而是变为浆片。花由 2 枚浆片、3 或 6 枚雄蕊和 1 枚雌蕊组成;花及其外围的内稃和外稃组成小花;1 至多朵小花、2 枚颖片和它们着生的小穗轴组成小穗。禾本科植物即以小穗为单位组成各种花序(图 2-53)。

3. 花序

花在花轴上排列的次序称为花序。根据花轴分枝形式和开花顺序,可将花序分为无限花序和有限花序。

（1）无限花序。又称总状类花序或向心花序。其花轴为单轴分枝,能继续生长和向外扩大;开花顺序是花轴基部的花先开,渐及上部,若花轴很短,则由边缘向中央依次开花。

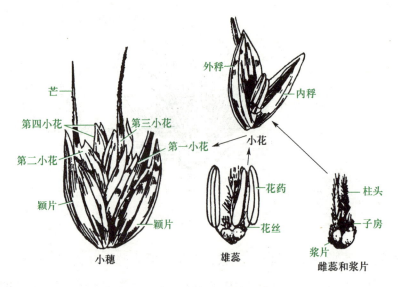

图 2-53   小麦小穗的组成

无限花序的类型有总状花序（如白菜、萝卜的花序）、伞房花序（如梨、山楂的花序）、伞形花序（如葱、樱桃的花序）、穗状花序（如车前、马鞭草的花序）、柔荑花序（如杨、柳的花序）、头状花序（如向日葵、三叶草的花序）、隐头花序（如无花果、榕树的花序等）和圆锥花序（玉米雄花、水稻的花序）（图 2-54）。

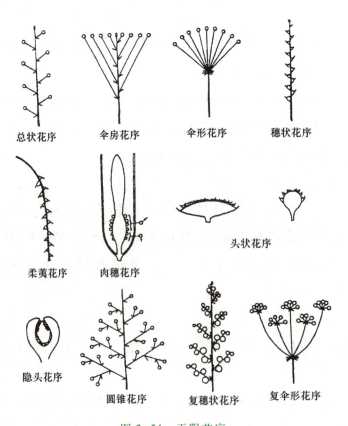

图 2-54   无限花序

（2）有限花序。又称聚伞类花序或离心花序。其花轴为合轴分枝,凭侧枝向上生长;开花顺序与无限花序相反,是顶端或中心的花先开,然后由上向下或由内向外逐渐开放。其类型有单歧聚伞花序(如萱草、附地菜)、二歧聚伞花序(如石竹、卷耳)和多歧聚伞花序(如泽漆、藜)(图 2-55)。

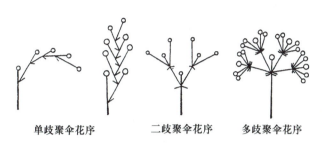

单歧聚伞花序　　二歧聚伞花序　　多歧聚伞花序

图 2-55　有限花序

4. 花的发育

花的发育包括雄蕊的发育和雌蕊的发育。

（1）雄蕊的发育。花芽分化过程中,雄蕊原基形成后不断生长分化,使其顶端膨大发育为花药,基部伸长形成花丝。开花时,花丝以居间生长的方式迅速伸长,将花药送出花外,以利于花粉撒播。

花药是雄蕊的重要部分,通常有 4 个花粉囊,分成左右两半,中间由药隔相连,药隔中央有维管束,与花丝维管束相通。花粉囊是产生花粉粒的场所,花粉粒成熟时,花药壁开裂,花粉粒由花粉囊内散出进行传粉(图 2-56)。

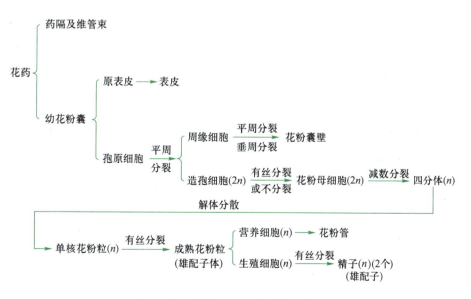

图 2-56　花药结构及花粉粒的发育

（2）雌蕊的发育。雌蕊中最重要的部分是子房。

子房是雌蕊基部肥大的部分,由子房壁、胚珠、胎座等组成。子房内分一至数室,每室含有一个或几个胚珠,**胚珠**是形成雌性生殖细胞的地方,常着生在子房壁的心皮腹缝线上。胚珠着生的部位称为**胎座**。受精后子房发育成果实,子房壁发育成果皮,胚珠发育成种子(图 2-57)。

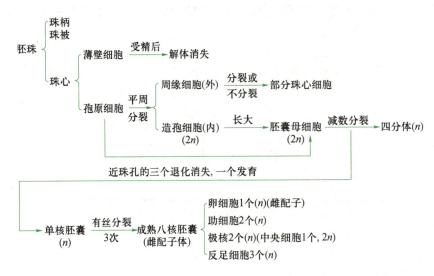

图 2-57　胚珠结构及胚囊的发育

5. 开花、传粉和受精

开花、传粉和受精是被子植物由花芽发育为种子和果实的一个重要过程。

(1) 开花。当花内雄蕊的花粉粒和雌蕊子房中的胚囊(或其中之一)成熟后,花萼和花冠即行开放,雌蕊、雄蕊暴露出来的现象称为**开花**。开花是被子植物生活史上的一个重要阶段,除少数闭花受精植物外,开花是大多数植物性成熟的标志。

不同植物的开花年龄常有差别,一、二年生植物生长几个月后就开花,一生只开一次花。多年生植物需到一定年龄才开花,如桃树需 3~5 年,桦树需 10~12 年,一旦开花后,每年到一定时候就开花,直到植株枯死为止。也有少数多年生植物(如竹类),一生只开花一次。

一株植物从第一朵花开放到最后一朵花开完所经历的时间称为**开花期**。各种植物的开花期长短不同,一般小麦为 3~6 d,梨、苹果为 6~12 d,油菜为 20~40 d。掌握植物的开花习性,有利于在栽培上及时采取相应措施,以提高产量和质量,也有助于适时进行人工杂交授粉,培育新品种。

(2) 传粉。植物开花后,花药破裂,成熟花粉粒借助外力传到雌蕊柱头上的过程称为传粉。传粉是有性生殖过程的重要环节,有自花传粉和异花传粉两种方式。

成熟的花粉粒落在同一朵花的雌蕊柱头上的传粉现象称为**自花传粉**。生产中,农作物同株异花间的传粉和果树同品种异株间的传粉也属于自花传粉。自花传粉植物有小麦、水稻、豆类和桃等。

一朵花的花粉落到同株或异株的另一朵花的柱头上的传粉现象称为**异花传粉**。异花传粉的植物有玉米、瓜类、油菜、梨、苹果等。异花传粉主要依靠昆虫(如蜜蜂)、风、水、鸟、小型兽类等传播,因而有虫媒花植物和风媒花植物之说,虫媒花植物有油菜、柑橘、瓜类等,风媒花植物有玉米、板栗、核桃等。

自花授粉植物的天然杂交率小于 5%，自交不衰退。异花授粉植物的天然杂交率一般高于 50%，近交会引起后代生活力衰退，因此，为适应自然选择，不少异花授粉植物的花在结构和生理上形成了许多避免近交而适应异花传粉的性状，如单性花（瓜类、菠菜等）、雌雄异熟（如苹果）、雌雄异株（如荞麦）、雌雄异位和自花不孕等。

根据植物的传粉规律，农业生产上可通过人工辅助授粉等措施，弥补自然授粉的不足，大幅度提高作物产量和品质。也可利用自花传粉培养自交系，配制杂交种，具有显著增产效益。

（3）受精。雌雄配子（即卵和精子）相互融合形成合子的过程称为受精。被子植物的卵细胞位于子房内胚珠的胚囊中，而精子位于花粉粒中，因此，精子必须依靠花粉粒在柱头上萌发形成花粉管向下传送，经过花柱进入胚囊后，受精作用才有可能进行。

花粉粒的萌发过程为：经过传粉，落到柱头上的花粉粒首先与柱头相互识别，如果柱头认可，则花粉粒可得到柱头的滋养，吸收水分，增强代谢，体积增大，花粉内壁由萌发孔突出伸长为花粉管，花粉管穿过柱头和花柱进入胚珠的胚囊内。一般情况下，一个柱头上有很多花粉粒萌发，形成很多花粉管，但只有一个花粉管最先进入胚囊。在花粉管伸长的同时，花粉粒中营养核和生殖核移到花粉管的最前端。当花粉管到达胚囊时，营养核逐渐解体消失，生殖核分裂成两个精子。其他花粉管停止伸长，萎缩消失。

到达胚囊中的花粉管，顶端膨大破裂，管内的精子和内含物散出。其中一个精子和卵细胞结合形成合子，以后发育成胚；另一个精子和中央细胞结合，以后发育成胚乳。这种受精现象称为**双受精**。双受精是被子植物有性生殖所特有的现象。双受精过程中，首先是精子（n）与卵细胞（n）的无壁区接触，接触处的质膜随即融合，精核进入卵细胞内，精卵两核膜接触、融合，核质相融，两核的核仁融合为一个大核仁，完成精卵融合，形成一个具有二倍体的合子（$2n$），将来发育为胚。另一个精子（n）与中央细胞（$2n$）的极核或次生核的融合过程与精卵融合过程相似，形成具有三倍体的初生胚乳核（$3n$），将来发育成胚乳。

（4）无融合生殖及多胚现象。正常情况下，种子的胚是经过卵细胞和精子结合后形成的，但在有些植物里，不经过精卵融合也能形成胚，这种现象称无融合生殖。无融合生殖可以是卵细胞不经过受精直接发育成胚，如蒲公英。或是由助细胞、反足细胞等发育成胚，如葱、含羞草、鸢尾。还有的是由珠心或珠被细胞直接发育成胚，如柑橘类。

无融合生殖往往形成多胚现象，即一个种子里有两个以上的胚。多胚中常有一个是由受精卵发育而成的合子胚，其他则是通过助细胞、反足细胞、珠心等形成的不定胚。

二、植物的种子

1. 种子的发育

被子植物的花经过传粉、受精之后，胚珠逐渐发育成种子。种子包括胚、胚乳和种皮三部分,它们分别由合子、初生胚乳核和珠被发育而来。

（1）胚的发育。胚的发育从合子开始。合子形成后,其表面将产生一层纤维素壁,进入休眠状态。受精后的合子通常要经过一段休眠期才开始发育,如水稻 4~6 h,小麦 16~18 h,棉花 2~3 d,苹果为 5~6 d,茶树长达 5~6 个月。胚的发育早期,胚体成球形,这时单子叶植物和双子叶植物没有明显区别。胚发育成两片子叶、胚芽、胚轴和胚根,称双子叶植物;胚发育时,生长点偏向胚的一侧,因而形成一片子叶称单子叶植物。

（2）胚乳的发育。被子植物的胚乳是由初生胚乳发育而来的,常具三倍染色体。极核受精后,初生胚乳核不经休眠或经短暂休眠,即开始分裂成胚乳。

（3）种皮的发育。在胚和胚乳发育的同时,珠被发育为种皮,位于种子外面起到保护作用。胚珠仅具单层珠被的只形成一层种皮,如向日葵、番茄;具双层珠被,通常形成内外两层种皮,如蓖麻、油菜;但有的植物虽有两层珠被,形成种皮时仅由一层形成,另一层被吸收,如大豆、南瓜、小麦、水稻。成熟种子的种皮上常有种脐、种孔和种脊等附属结构。

2. 种子的结构

种子一般由胚、胚乳(或无)、种皮三部分组成(图 2-58)。胚由胚芽、胚轴、胚根、子叶四部分组成。胚乳主要贮藏营养物质(淀粉、脂肪和蛋白质等),供种子萌发时的营养需要。种皮 1~2 层,包在胚及胚乳的外面,起保护作用。

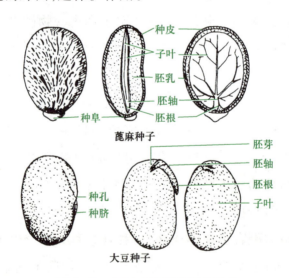

图 2-58　双子叶植物种子的结构

3. 种子的类型

根据种子成熟时胚乳的有无,可将种子分为无胚乳种子和有胚乳种子两类。

（1）无胚乳种子。由种皮、胚两部分组成,如双子叶植物中的豆类、瓜类、白菜、萝卜、桃、梨,单子叶植物中的慈姑、泽泻的种子。

（2）有胚乳种子。由种皮、胚、胚乳三部分组成,如蓖麻、荞麦、茄、番茄、辣椒、葡萄的种子;大多数单子叶植物的种子也是有胚乳的种子,如禾谷类和葱、蒜的种子。

4. 种子的生命力与寿命

种子生命力是指种子能够萌发的潜在能力或胚具有的生命力。**种子生活力**是指种子在田间状态下迅速而整齐地萌发并形成健壮幼苗的能力,包括发芽潜力、生长潜能和生产潜力。

种子的寿命是指种子在一定条件下保持生命力的最长期限。一般来说,种子贮藏越久,生命力越弱,以至完全失去生命力。种子失去生命力的主要原因是因酶物质的破坏、贮藏养料的消失而导致胚细胞的衰退死亡。干燥、低温条件下,种子的呼吸作用最弱,营养物质的消耗最少。要想较长时间保持种子生命力,延长种子的寿命,在种子贮藏中必须保持干燥和低温。如果湿度大、温度高,种子内贮藏的有机养料将会通过种子的呼吸作用而大量消耗,种子的寿命就会缩短,不易贮藏。

5. 种子的萌发

植物学中的种子是指由胚珠受精后发育而成的有性生殖器官。而实际生产上的种子是指农作物和林木的种植材料,包括子粒、果实和根、茎、苗、芽、叶等。

（1）种子的萌发过程。种子的萌发是指种子的胚根伸出种皮,或营养器官的生殖芽开始生长的现象。种子的萌发一般要经过吸胀、萌动和发芽三个阶段。

吸胀是指种子由于含有蛋白质、淀粉等亲水物质,吸水后慢慢膨胀变为溶胶状态,从外观上看种子经水浸泡后体积增加。

萌动是指当胚细胞不断分裂,数目增加,体积扩大,到一定程度时胚根尖端突破种皮,向外伸出的现象,俗称露白。

种子萌动后,胚根伸长扎入土中形成根,胚轴伸长生长将胚芽推出地面,当根与种子等长,胚芽等于种子一半时,称**发芽**。发芽后的种子逐渐形成真叶,伸长幼茎便形成一棵完整的幼苗（图 2-59）。

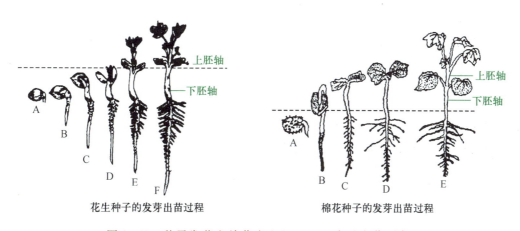

花生种子的发芽出苗过程　　　　棉花种子的发芽出苗过程

图 2-59　种子发芽和幼苗出土（A—E、F 表示出苗顺序）

（2）种子萌发的条件。种子能否萌发首先决定于自身是否具有生活力。还决定于外界环境条件,适当的水分、适宜的温度、充足的氧气是种子萌发的三要素,有些种子萌发还需要光

（如莴苣、胡萝卜）。

大多数农作物种子具有**后熟作用**，即种子离开母体后，需经过一系列生理过程才能达到生理成熟，从而具备发芽能力。这在粮食作物尤其是小麦种子中表现最为明显。

种子在吸收足够水分后，其他生理作用才能逐渐开始，不同植物的种子萌发需水量不同，如小麦的吸水率为30%以上、玉米为45%～50%。

不同植物的种子萌发所需的温度不同，在适宜的温度范围内，随温度的升高，种子萌发的速度加快；种子萌发时存在"最低、最高和最适"三基点温度（表2-11）。

一般植物种子需要氧浓度在10%以上才能正常萌发，氧浓度低于5%，种子不能萌发。

表 2-11　几种主要农作物种子萌发的三基点温度　　　　　　　　单位:℃

植物种类	最低温度	最适温度	最高温度
小麦	0～4	20～28	30～38
大豆	6～8	25～30	39～40
玉米	5～10	32～35	40～45
水稻	8～12	30～35	38～42
棉花	10～12	25～32	40
花生	12～15	25～37	41～46

三、植物的果实

果实是指被子植物的花，经传粉、受精后，由雌蕊或花的其他部分参与发育形成的具有果皮和种子的器官。

1. 果实的发育

被子植物经开花、传粉和受精后，花的各部分随之发生显著变化（图 2-60）。花萼、花冠凋落或宿存，柱头和花柱枯萎，仅子房连同其中的胚珠生长膨大，发育成果实。

2. 果实的结构

果实由果皮和包含在果皮内的种子组成。果皮可分成三层，即内果皮、中果皮和外果皮。多数植物的果实，仅由子房发育而成，这种果实称为真果（图 2-61）；但有些植物的果实，除子房外，尚有花托、花萼或花序轴等参与形成，这种果实称为假果（图 2-62）。

3. 果实的类型

被子植物的果实大体分为三类:单果、聚合果和聚花果（表 2-12）。一朵花中仅有一枚雌蕊所形成的果实称为**单果**，分为肉果和干果。**聚合果**是由许多小果聚生在花托上形成的。有些植物的果实是由整个花序发育而成的，称为**聚花果**，又称复果。

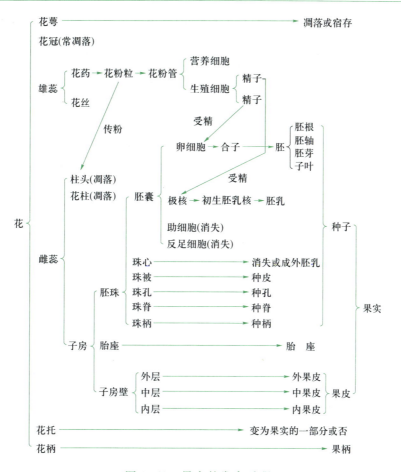

图 2-60 果实的发育过程

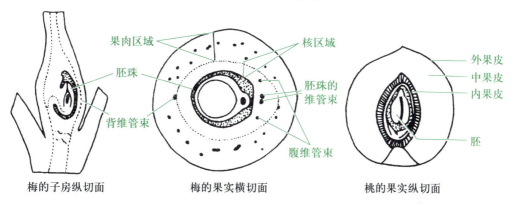

图 2-61 真果的结构

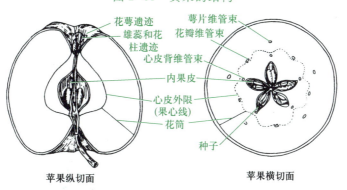

图 2-62 假果的结构

表 2-12 果实的类型与特点

果实类型		食用部分	实例	果皮
肉果	核果	中果皮	芒果、桃、李	中果皮肉质或纤维状；内果皮由石细胞组成，为坚硬的核
		外、中果皮	橄榄、枣	
		假种皮	荔枝、龙眼	
		胚乳	椰子	
	浆果	中、内果皮	柿、猕猴桃、葡萄	肉质多汁
		内果皮和胎座	香蕉	
		肥大的果序轴	拐枣	
		主要为胎座	番茄	
	柑果	内果皮	柑橘、柚、柠檬	外果皮革质，中果皮疏松，具维管束，内果皮膜质
	瓠果	果皮	南瓜、冬瓜	由子房壁和花托共同发育而来
		果皮和胎座	黄瓜	
		中、内果皮	甜瓜、香瓜	
		主要为胎座	西瓜	
	梨果	花萼和心皮	苹果、梨、枇杷、山楂	由花萼与子房壁愈合后发育而来
干果	瘦果	种子	向日葵	果皮坚硬，易与种皮分离
	坚果	子叶	莲、菱、板栗	果较大，外果皮坚硬木质
	颖果	胚乳	水稻、小麦、玉米	薄，与种皮愈合
	荚果	种子（子叶为主）	大豆、花生	沿背缝线开裂
	蓇葖果	果皮	八角、牡丹、木兰	沿腹缝线或背缝线开裂
	角果	种子	油菜、甘蓝、芥菜	从腹缝线合生处向中央生出
	蒴果	根茎或子叶等	香椿、棉花、桔梗	沿腹缝线或背缝线开裂
	分果	根茎或子叶	胡萝卜、芹菜	由2个或2个以上心皮组成的复雌蕊的子房发育而成
聚花果		花序轴	菠萝、无花果科	源于整个花序
		花萼和花序轴	桑	
聚合果		由花托肥大变成	悬钩子、草莓	离生雌蕊共同发育而来

4. 单性结实

被子植物在正常情况下受精以后结实。但也有些植物，没有经过受精，在花粉等物质的刺激下，其子房也能发育成果实，此现象称为单性结实。单性结实包括无融合生殖，必然会产生无子果实，但并不是所有的无子果实都是单性结实的产物，有些植物在正常传粉、受精后，胚珠在形成种子的过程中受到阻碍，也可以产生无子果实。单性结实在果树生产上有重要的经济价值，葡萄、柑橘的一些品系常有自然发生的单性结实。利用生长素可代替花粉刺激，诱导单性结实，番茄、烟草和辣椒上有应用。

四、种子和果实的传播

植物在长期自然选择中,成熟的种子往往具有适应各种传播方式的特性,以扩大后代生长和分布范围,使种族更加昌盛。

(1)借风力传播。借风力传播的植物种子小而轻,并有毛、翅等附属物,如蒲公英的种子,杨树、柳树种子。

(2)借水力传播。有些水生或沼生植物的种子具漂浮结构,适宜水面漂浮传播,如莲的种子,苋属菜种子。

(3)借人与动物活动传播。有些植物的种子具钩刺(如苍耳)、具宿存黏萼(如马鞭草),可黏附于人和动物身上而被传播;有的种皮坚硬,动物吞食后不易消化而排泄至他处(如人参);有些杂草的种子常与栽培植物同时成熟,借人类收获和播种活动进行传播。

(4)借果实自身机械力传播。有些植物的果皮各层结构不同,细胞含水量不同,如大豆、绿豆的炸荚,凤仙花的果皮内卷,可通过机械力将种子弹至他处。

能力培养

植物花的形态观察演示

一、植物花的形态与结构观察

(1)训练准备。准备桃、槐、木兰、油菜、木槿、向日葵、益母草等植物的花,各种类型花序的新鲜标本或浸泡标本。如果没有新鲜标本,也可选取本校制作好的样本或图片。

植物花药和子房结构的观察演示

(2)操作规程。选择当地种植农作物、蔬菜、果树、花卉等地块,观察植物的花及发育情况,并准备不同类型的花标本,进行如表 2-13 的操作。

表 2-13　植物花的形态及结构观察

操作环节	操作规程	操作要求
花的形态观察	(1)观察双子叶植物花:利用各种类型花的新鲜标本或浸泡标本,借助放大镜或显微镜等仪器,由外向内观察花萼、花冠、雄蕊、雌蕊 (2)观察禾本科植物花:取禾本科植物的新鲜花解剖观察:可以看到外稃、内稃、浆片、雄蕊(3枚)、花药、雌蕊(1枚)	(1)注意观察完全花与不完全花的区别 (2)注意观察水稻、小麦等禾本科植物花的特点;小麦的麦穗由小穗组成,每一个小穗外面有两个颖片,其中包括3~7朵小花,上部小花通常不孕

续表

操作环节	操作规程	操作要求
花的形态观察	（3）观察花序：利用各种类型花序的新鲜标本或浸泡标本，观察各种花序	（3）观察要点：各种花序的花轴长短、肉质肥厚，小花的着生方式、有无柄、两性花还是单性花，进一步了解各种花序的特征，如荠菜（总状花序）、车前（穗状花序）、杨树（柔荑花序）、马蹄莲（肉穗花序）、千日红（头状花序）、窃衣（伞形花序、复伞形花序）、梨（伞房花序）、无花果（隐头花序）、唐菖蒲（单歧聚伞花序）、石竹（二歧聚伞花序）、天竺葵（多歧聚伞花序）
花药和子房结构观察	（1）观察花药结构：取未成熟百合花药横切永久切片（也可用新鲜花药做横切面徒手切片），置于低倍显微镜下，可见花药呈蝶形，花药有 2 对花粉囊，4 个药室。花粉囊之间以药隔相连。成熟花药只见到 2 室 （2）观察子房结构：取百合的子房永久切片（也可用新鲜子房做横切面徒手切片），在低倍镜下观察可以看到 3 个心皮，每一心皮的边缘向中央合拢形成 3 个子房室，在每个室内有 2 个倒生胚珠；移动切片，选择一个完整而清晰的胚珠进行观察，可以看到胚珠具有珠被、珠孔、珠柄及珠心等部分，珠心内有胚囊	（1）处于发育时期的花药的药室内可观察到花粉母细胞或减数分裂各时期的细胞，成熟的花药中，还可看到花粉囊开裂时的状况 （2）成熟的胚囊有 8 个细胞，即 1 个卵细胞、2 个助细胞、2 个极核或 1 个中央细胞、3 个反足细胞。由于 8 个细胞一般不在一个平面上，所以在切片中不易全部看到 8 个细胞

（3）问题处理。训练结束后，完成以下问题：

① 双子叶植物的花如何组成？举例说明。

② 比较小麦、玉米等单子叶植物的花如何组成，举例说明。

③ 植物花序有哪些类型？并举例说明。

④ 任选语言、绘画、做模型，或你能想到的其他方式中的一种，描述花药、子房的基本结构。

植物果实的形态观察演示

二、植物果实和种子的形态观察

（1）训练准备。准备桃、花生、草莓、八角、木兰科的果实，桑葚，枫香、无花果的果实，苹果、梨、柑橘等果实，西红柿、李、杏、黄瓜、板栗、白蜡树的果实，板栗、葵花、榆树、槭树类的果实，玉米、蜀葵的果实，已浸泡好的蚕豆种子和玉米子实。

植物种子的形态观察演示

如果没有新鲜标本,也可选取本校制作好的样本或图片。

（2）操作规程。选择当地种植农作物、蔬菜、果树、花卉等地块,观察植物的果实及种子发育情况,并准备不同类型的果实及种子标本,进行如表 2-14 的操作。

表 2-14　植物果实和种子的形态观察

操作环节	操作规程	操作要求
果实的形态观察	（1）真果与假果的观察:观察苹果、梨、柑橘和桃等的果实,区别真果与假果 （2）果实类型观察:观察桃、花生、草莓、八角、木兰科的果实,桑葚、枫香、无花果的果实,区别哪些是单果,哪些是聚合果,哪些是聚花果 （3）区分肉果和干果:观察西红柿、李、杏、桃、苹果、梨、柑橘、黄瓜、板栗、白蜡树的果实,区分肉果和干果 （4）观察各种裂果的类型:仔细观察八角的蓇葖果,豆类的荚果,油菜、甘蓝的角果,香椿、蓖麻的蒴果 （5）观察各种闭果:观察板栗的坚果,葵花的瘦果,榆树、槭树类的翅果,水稻、玉米的颖果,胡萝卜、芹菜的分果	（1）能正确区分真果与假果并掌握其特点 （2）根据提供的果实样本,能正确区分单果、聚合果和聚花果,肉果和干果,以及各种干果、肉果的类型
种子的形态观察	（1）无胚乳种子观察:取浸泡后呈湿软状态的蚕豆种子,可以看到黑色种脐;将种子擦干,用手挤压种子两侧,可见种孔、种脊;剥开种皮可见胚根,掰开两片子叶,可见子叶着生在胚轴上,胚轴上端的芽状物为胚芽 （2）有胚乳种子观察:取浸泡后的玉米种子（即颖果）进行观察,其外形为圆形或马齿形,稍扁,下端有果柄,去掉果柄时可见种脐,透过愈合的果种皮可看到白色的胚位于宽面的下部;用刀片垂直颖果宽面沿胚正中纵切两半,用放大镜观察切面,外面有一层愈合的果皮和种皮,内部大部分是胚乳;如果在切面上加 1 滴碘液,胚乳部分马上变成蓝色;胚在基部一角,遇碘呈黄色	（1）注意观察无胚乳种子和有胚乳种子的区别,正确区分种皮、胚、胚乳,注意不同种子胚乳的有无、胚的大小及结构 （2）为了方便观察,可对种子进行浸泡,使其吸足水分,但浸泡过程中要定时换水,并保证适宜温度

（3）问题处理。训练结束后,完成以下问题:
① 真果与假果有何区别?并举例说明。
② 比较各种类型果实有何异同。
③ 无胚乳种子与有胚乳种子有何区别?

种子生活力快速测定（TTC 染色法）演示

三、种子生活力快速测定

（1）训练准备。准备刀片、镊子、培养皿、放大镜、滤纸；玉米、小麦种子、TTC（2,3,5−三苯基氯化四氮唑）染液、5%的红墨水。

种子生活力快速测定（红墨水染色法）演示

（2）操作规程。选取的种子要有代表性，要随机抽取需要的种子，进行如表 2−15、表 2−16 的操作。

表 2−15　TTC 染色法

操作环节	操作规程	质量要求
试剂配制	取 1 g TTC 溶于 1 L 蒸馏水或冷开水中，配制成 0.1% 的 TTC 溶液；药液 pH 应为 6.5～7.5，以 pH 试纸试之（如不易溶解，可先加少量酒精，使其溶解后再加水）	TTC 溶液最好现配现用。应贮于棕色瓶中，放在阴凉黑暗处，如溶液变红则不可再用
种子处理	取玉米新、陈种子各 100 粒，分别用冷水浸泡 12 h 或用 40 ℃左右温水浸泡 40～60 min，取出沥干水分，用单面刀片沿胚的中心纵切为两半	种子处理时，水稻子粒要去壳，豆类种子要去皮
种子染色	取其中胚的各部分比较完整的一半，放在小烧杯内，加入 0.1%TTC 溶液，溶液量以浸没种子为宜	用 0.1%TTC 溶液染色时，置于 30～35 ℃的恒温箱中 30 min；或在 45 ℃的黑暗条件下染色约 30 min
冲洗种子	保温后，倾出药液，用清水冲洗 1～2 次	清洗至所染颜色不再洗出为止
生活力观察	立即对比观察新旧种子种胚着色情况，判断种子的生活力	种胚全部染红的为生活力旺盛的活种子，死种子胚完全不着色，颜色浅者生活力较弱
计算发芽率	计算种胚不着色的(活种子)种子个数，计算种子发芽率： 发芽率=发芽种子粒数÷用作发芽种子的总数×100%	计算结果保留小数点后两位

表 2−16　红墨水染色法

操作环节	操作规程	操作要求
种子处理	取小麦新、陈种子各 100 粒，用冷水浸泡 12 h 或用 40 ℃左右温水浸泡 40～60 min，取出沥干水分，用单面刀片沿胚的中心纵切为两半	种子处理时，水稻子粒要去壳，豆类种子要去皮

续表

操作环节	操作规程	操作要求
种子染色	取其中胚的各部分比较完整的一半放入小烧杯内，加经稀释的红墨水至浸没种子，染色 20 min 左右	市售红墨水，实验时用蒸馏水稀释 20 倍（即 1 份红墨水加水 19 份），作为染色剂
冲洗种子	染色到预定时间，倒去红墨水，用自来水冲洗 2~3 次	清洗至所染颜色不再洗出为止
生活力观察	立即对比观察新旧种子种胚着色情况，判断种子的生活力	胚不着色或略带浅红色者，为具有生活力的种子。若胚部染成与胚乳相同的深红色，则为死种子
计算发芽率	计算种胚不着色的（活种子）种子个数，计算种子发芽率： 发芽率=发芽种子粒数÷用作发芽种子的总数×100%	计算结果保留小数点后两位

（3）问题处理。训练结束后，完成以下问题：

① 比较 TTC 染色法和红墨水染色法测定结果有何不同。

② 为何用 TTC 染色法，种胚染红的为活种子，而用红墨水染色法，种胚不着色的为活种子？

随堂练习

1. 请解释：花序；开花；传粉；受精；单性结实。

2. 描述单子叶植物花与双子叶植物花的组成有何区别。

3. 无限花序和有限花序有何区别？各有哪些类型？举例说明。

4. 试用文字和箭头描述胚珠和花药的发育过程。

5. 举例说明果实的发育过程。

6. 举例说明各种类型的果实有哪些类型。

7. 试绘图描述棉花种子的萌发过程。

8. 种子的萌发需要哪些条件？

任务 2.5　植物的生长物质

任务目标

知识目标：1. 熟悉七大植物激素的主要生理作用，了解其他主要生长物质的生理作用。

2. 熟悉七大植物激素的应用。

能力目标：1. 能进行植物生长调节剂对植物生长发育影响的观察。

2. 能运用植物生长调节剂进行植物生产调节。

知识学习

植物生长发育除需要大量的水分、无机盐和有机物质外，还受体内外多种微量物质的调控，这类物质统称为植物生长物质，包括七大类常见植物激素、其他内源植物生长调节物质和一些具有生理活性的人工合成有机物。

一、植物激素

植物激素是指在植物体内合成的非营养性微量活性物。植物激素由某一器官或组织产生，然后运输到其他部位，以极低浓度调节植物的生理过程。目前植物体内已发现的有七大类激素：生长素、赤霉素、细胞分裂素、乙烯、脱落酸、油菜素内酯和茉莉酸类物质。其分布与作用见表 2-17。

表 2-17　七大类植物激素

种类	分布	主要生理作用
生长素（吲哚乙酸，IAA）	主要集中在根、茎、胚芽鞘尖端，正在展开的叶尖，生长的果实和种子内	较低浓度下可促进生长，而高浓度时则抑制生长；促进插条生根；具有很强的吸引与调运养分的效应；诱导雌花分化，抑制花朵脱落、叶片老化和块根形成；促进光合产物的运输、叶片扩大和气孔开放
赤霉素（GA）	含量最多的部位及可能合成的部位是果实、种子、芽、幼叶及根部	最显著的作用是促进植物生长，主要是促进茎、叶伸长，增加株高；诱导开花，许多长日照植物经赤霉素处理，可在短日照条件下开花；打破休眠，促进发芽；促进雄花分化；可加强 IAA 对养分的动员效应，促进某些植物坐果和单性结实，延缓叶片衰老

种类	分布	主要生理作用
细胞分裂素	存在于茎尖、根尖、未成熟的种子和生长着的果实中	促进细胞分裂和扩大；促进芽的分化，诱导愈伤组织形成完整的植株；促进侧芽发育，消除顶端优势；打破种子休眠；延缓叶片衰老
乙烯	植物所有组织都能产生乙烯	抑制茎的伸长生长，促进茎或根的横向增粗及茎的横向生长；促进果实成熟、棉铃开裂、水稻灌浆与成熟；促进开花和雌花分化；诱导插枝不定根的形成，促进根的生长和分化，打破种子和芽的休眠，诱导次生物质的分泌
脱落酸（ABA）	存在于休眠的器官和部位中	外用时，可使旺盛生长的枝条停止生长而进入休眠；可引起气孔关闭，降低蒸腾，促进根系吸水，增加其向地上部的供水量；抑制整株植物或离体器官的生长，促进脱落；抑制种子的萌发
油菜素内酯（BR）	高等植物普遍存在	促进细胞伸长和分裂；促进光合作用；增强植物对干旱、病害、盐害、除草剂药害的抵抗力
茉莉酸类物质(JA)	有 30 种。广泛存在于植物体中，生长部位和生殖器官中含量高	抑制生长和萌发；促进生根；促进衰老；抑制花芽分化；提高植物抗性

二、其他植物生长物质

人们在不同植物中还发现一些新的植物生长物质。如三十烷醇（TRIA）、水杨酸（SA）、多胺（PA）、寡糖素、膨压素、系统素（表 2-18）。

表 2-18　常见其他植物生长物质

种类	分布	主要生理作用
三十烷醇（TRIA）	植物的蜡质层中	延缓植物衰老，促进细胞分裂，增强酶的活性
水杨酸（SA）	一般分布在产热植物的花序中	具生热效应，以抵御低温环境；诱导开花；增强抗病性；抑制顶端生长，促进侧生生长；切花保鲜、水稻抗旱
多胺（PA）	广泛存在于植物体的细胞分裂旺盛部位	促进植物生长，延缓衰老；增强抗性；调节开花；提高种子活力和发芽力
寡糖素	植物细胞壁的分解产物	刺激植保素的产生；诱导活性氧突发、乙烯合成、蛋白质合成、逆境信号分子产生；促进植物形态建成

三、植物生长调节剂

植物激素在体内含量甚微，因此在生产上广泛应用受到限制，生产上应用的是人工合成的生长物质。**植物生长调节剂**是指人工合成的，具有调节植物生长发育作用的生物或化学制剂。常见的植物生长调节剂如下：

1. 生长素类

生长素类植物生长调节剂包括三大类：一是吲哚衍生物，如吲哚丙酸（IPA）、吲哚丁酸（IBA）、吲熟酯（IZAA）；二是萘的衍生物，如萘乙酸（NAA）、萘乙酸甲酯（MENA）、萘乙酰胺（NAD）；三是卤代苯的衍生物，如2,4-二氯苯氧乙酸（2,4-D）、2,4,5-三氯苯氧乙酸（2,4,5-T）、4-碘苯氧乙酸（增产灵）。

生长素类植物激素在生产上的应用主要有以下几个方面。

（1）插条生根。如吲哚丁酸处理果林苗木、插条、种子或移栽苗，可用50~100 mg/L 药液浸8~12 h；处理农作物和蔬菜，可用5~10 mg/L 药液浸8~12 h；萘乙酸25~100 mg/L 药液浸扦插枝基部，对茶、桑、侧柏、柞树、水杉等可促进生根。

（2）促进结实。用10 mg/L 的2,4-D 喷洒番茄、茄子、草莓、西瓜等花，可促进果实结实、提早结实。

（3）防止落花、落果。用10~50 mg/L 萘乙酸、2,4-D 喷洒果树，可防止落花、落果。用10~20 mg/L 药液喷水稻、棉花可增产。

（4）疏花疏果。用5~20 mg/L 萘乙酸喷洒苹果树，可疏除多余的花。

（5）抑制发芽。用1%的萘乙酸甲酯处理马铃薯后贮藏，可抑制其发芽。

（6）杀除杂草等。主要有2,4-D 和2,4,5-T。

2. 细胞分裂素类

细胞分裂素常用的有 N6-呋喃甲基腺嘌呤（激动素）、6-苄基腺嘌呤（6-BA）等，主要用于蔬菜的保鲜、防止果树生理落果等。如用400 mg/L 的6-BA 处理柑橘幼果，可有效防止第一次生理落果。

3. 生长抑制剂

生长抑制剂能抑制顶端分生组织，使茎丧失顶端优势，外施赤霉素（GA）也不能逆转。常用的有三碘苯甲酸（TIBA）、整形素、青鲜素（MH）等。

三碘苯甲酸（TIBA）是一种阻碍生长素运输的物质，它能抑制顶端分生组织细胞分裂，使植株矮化，消除顶端优势，促进侧枝生长。TIBA 多用于大豆，增加分枝，增加花芽分化，提高结荚率，提高产量。

青鲜素（MH），化学名称为顺丁烯二酸酰肼，又叫马来酰肼，是最早人工合成的生长抑制剂，其作用与生长素相反。青鲜素大量应用于马铃薯、洋葱、大蒜贮藏，防止发芽。

整形素，化学名称为 9-羟基-9-羧酸甲酯。主要是抑制顶端分生组织细胞分裂和伸长，消除植物的向地性、向光性。它抑制茎的伸长，促进腋芽形成，使植株发育成矮小灌木形状。生产上多用于木本植物，塑造木本盆景。

4. 生长延缓剂

生长延缓剂能抑制茎部近顶端分生组织的细胞延长，使节间缩短，节数、叶数不变，株形紧凑矮小，生殖器官不受影响或影响不大。有抗赤霉素（GA）的作用，外施赤霉素可逆转其效应。常用的有矮壮素（CCC）、比久（B_9）、多效唑（PP_{333}）、缩节胺（Pix）。

矮壮素（CCC），化学名称为 2-氯乙基三甲基氯化铵，是常用的一种生长延缓剂。喷施矮壮素可使节间缩短，植株变矮，茎粗，叶色加深，有利于改善植物群的透光条件增强光合作用，并抗倒伏。适用于棉花、小麦、玉米、水稻、花生、番茄、果树等作物。用 20~40 mg/L 药液棉花叶面喷雾，可增产。用 20~40 mg/L 药液叶面喷雾，1 500~3 000 mg/L 药液浸种，可使小麦增产。当黄瓜长至 14~15 片叶时，用 50~100 mg/L 药液喷全株，可促进坐果、增产。

比久（B_9），可抑制果树顶端分生组织的细胞分裂，使枝条生长缓慢，可代替人工整枝，增加次年开花坐果的数量。B_9 有防止采前落果及促进果实着色的作用。喷施叶面可抑制茎的生长，减少地上部分营养生长的物质消耗，使光合产物较多地运到地下部，尤其是结实器官，提高产量。主要用于花生、果树、大豆、黄瓜、番茄及蔬菜等作物上，用作矮化剂、坐果剂、生根剂及保鲜剂等。一般使用浓度为 0.1%~0.5%。苹果用 0.1%~0.2% 药液喷洒可提早结果，桃、葡萄、李等用量为 0.1%~0.4%；水稻用 0.5%~0.8% 药液喷洒，可促进矮壮，防止倒伏；花生用 0.2%~0.3% 药液喷洒，可增产；番茄用 0.25%~0.5% 药液喷洒，可增加坐果率。

多效唑（PP_{333}），也称氯丁唑。PP_{333} 对营养生长的抑制能力比 B_9 或 CCC 更大。可减缓细胞的分裂和伸长，使茎秆粗壮，叶色浓绿。适用于谷类，特别是水稻田使用，以培育壮秧，防止倒伏；也可用于大豆、棉花和花卉；还可用于桃、梨、柑橘、苹果等果树的控梢保果，使树型矮化。多效唑处理的菊花、天竺葵、一品红及一些观赏灌木，株形明显得到调整，更具有观赏价值。对大棚蔬菜，如番茄、油菜壮苗也有明显作用。

缩节胺，又名 Pix、助壮素。在棉株始花期施用，能有效控制棉铃营养生长，缩短节间，减小叶面积，增加叶绿素含量，提高光合速率，可使光合产物较多运到幼铃，减少蕾铃脱落，提高棉花产量。助壮素主要用于棉花，也可用于小麦、玉米、花生、番茄、瓜类、果树等。

5. 乙烯利

乙烯利（CEPA）又名一试灵。化学名称为 2-氯乙基膦酸，是一种水溶性强酸性液体，pH大于 4.1 时可释放出乙烯，pH 越高，产生的乙烯越多，且易被植物吸收。乙烯利在生产上主要用于棉花、番茄、西瓜、柑橘、香蕉、咖啡、桃、柿子等果实促熟，培育后季稻矮壮秧，增加橡胶乳汁产量和小麦、大豆等作物产量，多用喷雾法常量施药。

目前生产上常用的国产植物生长调节剂见表 2-19。

表 2-19　常用的国产植物生长调节剂

名称	剂型	主要用途
吲哚乙酸(IAA)	粉剂	促进生根、提高成活率
吲哚丁酸(IBA)	粉剂	促进生根、提高成活率
萘乙酸(NAA)	粉剂	促进生根、生长、疏花
2,4-二氯苯氧乙酸(2,4-D)	粉剂、水剂	防止落花、落果,增加早期产量
防落素(PCPA)	粉剂、水剂	防止落花、落果,提早成熟,增加产量
生长素	水剂	促进生长、增强抗性、改良品质
赤霉素(GA)	粉剂	促进生长、保花、保果
乙烯利(CEPA)	水剂	用于瓜果、蔬菜催熟
多效唑	粉剂	控制植物生长,防止稻苗徒长
矮壮素(CCC)	粉剂、水剂	防止植物徒长
缩节胺(Pix,助壮素)	粉剂、水剂	控制植物徒长
比久(B₉)	粉剂、水剂	防止植物徒长、矮化植株
复硝酚钠(爱多收)	粉剂、水剂	促进植物发芽、生根、生长
三十烷醇(TRIA)	水剂	促进植物生长,增加产量
二乙氨基乙基羧酸酯(DA-6)	粉剂	促进生长、叶绿素形成
甜菜碱	粉剂	增强植物抗逆性
水杨酸(SA)	水剂	增强植物抗逆性,延缓衰老,增加产量
低聚糖	粉剂	刺激生长,促进养分吸收,增产,改善品质

 能力培养

一、植物生长调节剂对植物生长发育影响的观察

(1) 训练准备。准备吲哚乙酸、萘乙酸、2,4-D 等植物生长调节剂,植物枝条,细沙等。

(2) 操作规程。根据选择的枝条与植物生长调节剂,进行如表 2-20 的操作。

(3) 问题处理。训练结束后,完成以下问题:

① 如何配制不同浓度的植物生长调节剂?

② 枝条处理和扦插时应注意什么问题?

③ 从实验结果能得到什么结论?

表 2-20 植物生长调节剂对植物生长发育影响的观察

操作环节	操作规程	操作要求
配制植物生长调节剂	取吲哚乙酸、萘乙酸、2,4-D 三种激素,每一种激素分别配成 0.001、0.01、0.05、0.1、0.2、0.5 μg/L 六种浓度的溶液,分别编号为 1~6;对照中不加激素	(1) 配制 10 mg/L 萘乙酸。称取 10 mg 萘乙酸,先用少许乙醇溶解,加水稀释并定容到 1 000 mL (2) 再分别量取 10 mg/L 萘乙酸 0.1、1、5、10、20、50 mL,加水稀释并定容至 1 000 mL,即为 0.001、0.01、0.05、0.1、0.2、0.5 μg/L 六种浓度的溶液
枝条处理	将剪好的植物枝条下端浸在上述配制好的 18 种不同浓度的溶液中,处理 4~24 h。每个处理放入 5 个枝条	(1) 枝条切口要光滑,下端为斜口 (2) 为了便于观察发根情况,可另设置一组对照,将枝条插在盛清水的器皿中,枝条入水 1 cm
枝条扦插	取出枝条,扦插在湿润的细沙中。放置在 20~25 ℃ 的条件下使之发根。到移植时再作一次观察并记录	也可以等到各个处理全部发根后,移栽到土壤中
定期观察记载	定期观察,记录枝条发根日期、发根部位、发根数、根的长度以及地上部分的生长情况	将结果记录于表 2-21 及续表中

表 2-21 不同浓度激素作用下植物枝条生长情况记录(吲哚乙酸)   年 月 日

编号	浓度/(μg/L)	发根部位	发根数	根长/cm	芽长/cm
对照	0				
1	0.001				
2	0.01				
3	0.05				
4	0.1				
5	0.2				
6	0.5				

注:续表为不同浓度萘乙酸、2,4-D 作用于植物枝条生长情况记录,格式与此相同。

二、植物生长调节剂的应用

(1) 训练准备。根据当地生产实际,选择常用的植物生长调节剂,了解其特性和使用说明。

（2）操作规程。选择当地种植农作物、蔬菜、果树、花卉等地块,观察植物的茎叶类型及生长情况,并进行如表2-22的操作。

表2-22　植物生长调节剂的应用

操作环节	操作规程	操作要求
植物生长观察	观察植物生长、开花结果、植物根系等情况,明确植物生长调控目的,是否需要喷施植物生长调节剂	了解植物生长调节剂的类型、功能、使用说明
正确选择植物生长调节剂	根据需要选用,不可"乱点鸳鸯谱",以防造成损失;在选择植物生长调节剂时,需要综合考虑处理对象、应用效果、价格和安全性因素	除了特殊需要,作物正常生长情况下,不要轻易使用植物生长调节剂,对用于果实催熟、果实膨大等方面的激素使用要慎重
确定使用时期	一般植株生长旺盛的时期,施药浓度应降低,反之,对于休眠部位,如种子、休眠芽,施药浓度可高些;另外,大部分植物生长调节剂在高温、强光下易挥发、分解,所以,施药时间一般在夏季上午4时前,下午4时后;在一定限度内,随温度升高,植物吸收药剂增加,但温度过高,则生长调节剂会失去活性;高湿度也可促进药剂吸收,但叶面喷药后若遇降雨应及时补喷	植物生长调节剂的生理效应往往是与一定的生长发育时期相联系的,错过了适宜的喷药时期,使用效果不好或没有效果,有时还会产生不良的效果
严格控制浓度	（1）根据植物种类、生育期和使用部位来确定药剂浓度,如赤霉素在梨树花期为10～20 mg/kg,甘蔗拔节期为40～50 mg/kg （2）根据药剂种类确定使用浓度,严格按照产品说明书规定的浓度使用 （3）根据气温确定使用浓度,使用时要按照当时的环境条件选择适当的使用浓度,温度升高浓度应适当降低 （4）根据药剂的有效成分配准浓度,每克、每毫升、每瓶、每包加多少水,要准确掌握。水加少了浓度高,易引起药害;水加多了则浓度低,效果不明显	（1）如需低浓度多次使用,切不可改为高浓度一次使用,严防任意加大浓度或因粗心把浓度弄错 （2）植物生长调节剂的使用浓度很低,使用时要按要求精确配制,要注意水的酸碱性与植物生长调节剂适宜
掌握正确的施药方法	植物生长调节剂的施药方法有: （1）浸蘸法:多用于种子处理、催熟果实、贮藏保鲜、促进插条生根等,其中以促进插条生根最为常用 （2）涂抹法:采用毛笔等工具将植物生长调节剂涂抹在园艺植物需要处理的部位,以达到预期的处理效果,例如把乙烯利涂抹在绿熟或白熟期的番茄果实上,可以催熟	（1）浸蘸施药要注意浓度与环境的关系,如空气干燥要适当提高浓度,缩短浸蘸时间;要注意浸蘸时的天气温度,一般以20～30 ℃为宜

续表

操作环节	操作规程	操作要求
掌握正确的施药方法	（3）喷施法：先将调节剂（加少量表面活性剂）配成一定浓度的药液，再用喷雾器将其喷洒在植物的茎、叶、花、果等部位 （4）浇灌法：将药液直接浇灌于土壤中，通过根系吸收而达到化学调控的目的 （5）熏蒸法：一些挥发性的植物生长调节剂，例如萘乙酸甲酯、乙烯，在使用时通常要用熏蒸法，例如，用萘乙酸甲酯处理仙客来块茎，以促其发芽	（2）涂抹施药要避免高温天气 （3）浇灌法施药效果稳定，但应考虑某些植物生长调节剂在土壤中的残留状况，同时要注意控制药剂量，以免浪费
合理掌握使用技术	（1）根据产品说明书要求，了解该产品如何溶解，用水还是用有机溶剂或其他 （2）注意产品说明书标明的配好的溶液存放时间，一般随配随用，以免失效 （3）认真阅读产品说明书，根据其提示对生长调节剂单用、复配	（1）两种作用相反的调节剂不能复配使用 （2）植物生长调节剂一般呈酸性，不能与碱性农药和肥料混用，否则会降低药效和肥效
抓好药后管理	应根据生长调节剂的作用和使用目的，抓好田间管理措施，才能充分发挥效果，如用多效唑控制小麦徒长，必须同时注意田间开沟排水，控制氮肥使用等；又如在果树开花结果期利用激素保花保果时，必须加强肥水管理，注意病虫害防治	一般使用促进生长的药剂后，要适当增施氮磷钾肥，防止早衰。使用多效唑的水稻秧田要移栽翻耕，以减少药剂残留产生的不良影响
发生药害及时补救	（1）叶面喷水稀释药液浓度 （2）根据酸碱中和原理，酸性药液用稀碱性溶液中和，碱性药液用稀酸性溶液中和 （3）适当补充速效化肥及加强田间管理，如适量去除枯叶、中耕松土、防治病虫害 （4）对有些抑制、延缓生长的激素引起的药害，可以试用赤霉素等促进生长的激素来缓解	为避免产生药害，一般先做单株或小面积试验，再中试，最后才能大面积推广，不可盲目草率，否则一旦造成损失，将难以挽回

（3）问题处理。训练结束后，完成以下问题：

① 如何配制 10 μg/L 浓度的植物生长调节剂？

② 使用植物生长调节剂应注意什么问题？

随堂练习

1. 试比较七大激素生理作用的异同。
2. 说说当地生产中常用到的植物生长调节剂有哪些？
3. 举例说明植物生长调节剂在当地主要农作物、果树、蔬菜生产中的应用技术。

项 目 小 结

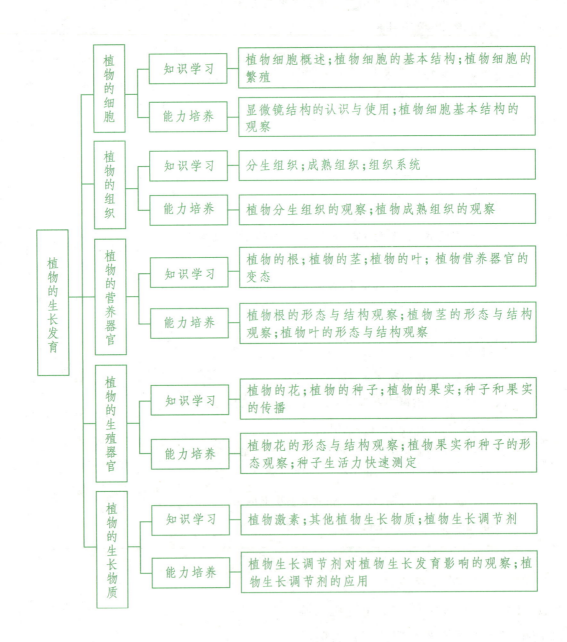

项目测试

一、名词解释

细胞;细胞器;有丝分裂;减数分裂;植物组织;分生组织;成熟组织;植物器官;开花;传粉;受精;果实;种子生活力;单性结实;植物激素;植物生长调节剂。

二、单项选择题(请将正确选项填在括号内)

1. 植物中起支持作用的纤维细胞的形状一般是(　　)。

A. 球形　　　　　　B. 长纺锤形　　　　　　C. 多面体形　　　　　D. 不规则形

2. 液泡、内质网都属于(　　)结构。

A. 单层膜　　　　　B. 双层膜　　　　　　　C. 无膜结构　　　　　D. 多层膜

3. 相邻两个细胞初生壁之间共有的层次是(　　)。

A. 胞间层　　　　　B. 初生壁　　　　　　　C. 次生壁　　　　　　D. 细胞膜

4. 细胞核中,经过适当药剂处理后,容易被染色的是(　　)。

A. 核仁　　　　　　B. 核液　　　　　　　　C. 核质　　　　　　　D. 染色质

5. (　　)是光合作用的场所,被称为"养料加工厂"和"能量转换站"。

A. 高尔基体　　　　B. 叶绿体　　　　　　　C. 核糖体　　　　　　D. 线粒体

6. 植物细胞有丝分裂过程中,(　　)时染色体的形态和数目最容易观察。

A. 前期　　　　　　B. 中期　　　　　　　　C. 后期　　　　　　　D. 末期

7. 目镜与物镜的镜头上沾有树胶或油类物质,可用擦镜纸蘸上(　　)进行擦拭。

A. 无水乙醇　　　　B. 蒸馏水　　　　　　　C. 洗衣粉　　　　　　D. 铬酸

8. 使用显微镜观察装片中的细胞核时,物镜使用正确的是(　　)。

A. 先用高倍镜,后用低倍镜　　　　　　　B. 仅用高倍镜

C. 先用低倍镜,后用高倍镜　　　　　　　D. 仅用低倍镜

9. 在减数分裂中,由于下列 (　　),因而染色体数目减少了一半。

A. 细胞分裂两次,DNA 未复制　　　　　　B. 细胞分裂两次,DNA 复制一次

C. 细胞分裂两次,DNA 复制两次　　　　　D. 细胞分裂一次,DNA 复制一次

10. 可使根和茎不断增粗的分生组织是(　　)。

A. 顶端分生组织　　B. 侧生分生组织　　　　C. 居间分生组织　　　D. 分泌组织

11. 全由活细胞组成的组织有(　　)。

A. 机械组织　　　　B. 分生组织　　　　　　C. 保护组织　　　　　D. 输导组织

12. 处于顶端生长点,能够使根、茎不断伸长的组织是(　　)。

A. 顶端分生组织　　B. 居间分生组织　　　　C. 侧生分生组织　　　D. 次生分生组织

13. 植物体内输导有机物质的是(   )。

A. 分生组织   B. 导管和筛管   C. 导管和管胞   D. 筛管和伴胞

14. 水生植物的根、茎、叶中因存在(   )可通气。

A. 吸收组织   B. 贮藏组织   C. 通气组织   D. 同化组织

15. 石细胞属于(   )。

A. 同化组织   B. 厚角组织   C. 厚壁组织   D. 贮藏组织

16. 下列属于内分泌结构的是(   )。

A. 腺毛、蜜腺   B. 蜜腺、分泌腔   C. 乳汁管、排水器   D. 分泌腔、乳汁管

17. 下列植物属于直根系的是(   )。

A. 棉花、大豆   B. 小麦、玉米   C. 葱、蒜   D. 柑橘、百合

18. 不定根是指(   )。

A. 由种子的胚根发育而成的根   B. 根的生长方向不定

C. 由侧根上生出的根   D. 从植物茎、叶、老根或胚轴上发生的根

19. 双子叶植物茎的初生结构自内向外分为(   )。

A. 皮层、维管柱、表皮   B. 维管柱、皮层、表皮

C. 表皮、维管柱、皮层   D. 表皮、皮层、维管柱

20. 不完全叶是指(   )。

A. 叶片表面有缺损的叶

B. 禾本科植物的叶

C. 叶柄上只生一个叶片的叶

D. 缺少叶片、叶柄、托叶中的一个或两个的叶

21. 每一节上着生一片叶,交互排列,此叶序为(   )。

A. 互生叶   B. 对生叶   C. 轮生叶   D. 簇生叶

22. 芽依形成的器官可分为(   )。

A. 顶芽和侧芽   B. 顶芽和花芽

C. 枝芽、混合芽和花芽   D. 活动芽和休眠芽

23. 根据植物分枝的观察,以下植物属于假二叉分枝的是(   )。

A. 松树、杨树   B. 番茄、桃树   C. 茉莉、丁香   D. 小麦、玉米

24. 萝卜的食用部分为(   )。

A. 块根   B. 肥大直根   C. 块茎   D. 根状茎

25. 植物根吸收能力最强的部位是(   )。

A. 根冠   B. 分生区   C. 伸长区   D. 根毛区

26. 植物叶片中进行光合作用的主要部位是(   )。

A. 上表皮　　　　　B. 下表皮　　　　　C. 叶肉　　　　　D. 叶脉

27. 橙子的叶为(　　　)。

A. 羽状复叶　　　　B. 掌状复叶　　　　C. 三出复叶　　　　D. 单身复叶

28. 银杏叶属于(　　　)。

A. 平行脉　　　　　B. 网状脉　　　　　C. 叉状脉　　　　　D. 侧出脉

29. 具有根瘤和菌根的植物根与微生物的关系是(　　　)。

A. 寄生　　　　　　B. 竞争　　　　　　C. 腐生　　　　　　D. 共生

30. 下列(　　　)描述不符合禾本科植物叶结构的特征。

A. 禾本科植物叶片也分为表皮、叶肉和叶脉三部分

B. 表皮细胞外壁角质化并含有硅质,故叶比较坚硬而直立

C. 叶肉位于上、下表皮层之间,有栅栏组织和海绵组织之分,为异面叶

D. 禾本科植物的叶肉没有栅栏组织和海绵组织的分化,为等面叶

31. 山楂茎上生有很多小刺,属于(　　　)。

A. 皮刺　　　　　　B. 茎刺　　　　　　C. 叶刺　　　　　　D. 托叶刺

32. 下列属于合瓣花的是(　　　)。

A. 李树花　　　　　B. 杏树花　　　　　C. 亚麻花　　　　　D. 南瓜花

33. 组成雌蕊的基本单位是(　　　)。

A. 细胞　　　　　　B. 组织　　　　　　C. 子房　　　　　　D. 心皮

34. 下列花序中,花的开放次序由上而下的是(　　　)。

A. 总状花序　　　　B. 聚伞花序　　　　C. 穗状花序　　　　D. 柔荑花序

35. 无花果的花序为(　　　)。

A. 隐头花序　　　　B. 头状花序　　　　C. 没有花序　　　　D. 总状花序

36. 一个花粉母细胞或胚囊母细胞经过减数分裂形成(　　　)个子细胞。

A. 1　　　　　　　　B. 2　　　　　　　　C. 4　　　　　　　　D. 8

37. 开花期是指(　　　)。

A. 一朵花开放的时间

B. 一个花序开放的时间

C. 一株植物从第一朵花开放到最后一朵花开完所经历的时间

D. 一株植物从第一次开花到最后一次开花所经历的时间

38. 借助风力传粉的植物是(　　　)。

A. 玉米　　　　　　B. 油菜　　　　　　C. 柑橘　　　　　　D. 瓜类

39. 被子植物的胚是由(　　　)发育而成的。

A. 合子　　　　　　B. 初生胚乳　　　　C. 种皮　　　　　　D. 顶芽

40. ( )在植物学上称为种子。

A. 玉米种子　　　　B. 高粱种子　　　　C. 向日葵种子　　　　D. 大豆种子

41. 菠萝的果实是由整个花序发育而成的,属于( )。

①真果　②假果　③聚花果　④聚合果

A. ①、③　　　　B. ①、④　　　　C. ②、③　　　　D. ②、④

42. 下列植物种子属于有胚乳种子的是( )。

A. 蓖麻　　　　B. 西瓜　　　　C. 萝卜　　　　D. 白菜

43. 能够打破休眠、促进发芽的植物激素是( )。

A. 茉莉酸　　　　B. 乙烯　　　　C. 脱落酸　　　　D. 赤霉素

44. 植物激素和植物生长调节剂最根本的区别是( )不同。

A. 分子结构　　　　　　　　　　B. 生物活性

C. 合成方式　　　　　　　　　　D. 在体内的运输方式

45. 下列物质属于植物生长调节剂的是( )。

A. 生长素　　　　B. 赤霉素　　　　C. 矮壮素　　　　D. 乙烯

三、判断题(正确的在题后括号内打"√",错误的打"×")

1. 所有植物细胞都很微小,用肉眼根本无法看到。 ( )

2. 细胞的体积小、表面积小,有利于和外界进行物质、能量、信息的迅速交换,对细胞生活具有特殊意义。 ( )

3. 线粒体是细胞内主要的能量动力站。 ( )

4. 尽管植物细胞在形态上各不相同,但植物细胞壁的结构却基本一致,所有植物细胞的细胞壁都具有胞间层、初生壁和次生壁三部分。 ( )

5. 高等植物中不存在无丝分裂现象。 ( )

6. 只有细胞在有性生殖时,才进行减数分裂。 ( )

7. 细胞内形成核蛋白亚单位的部位是核仁。 ( )

8. 机械组织的细胞特点是具有加厚的细胞壁,都属于死细胞。 ( )

9. 周皮形成后,皮孔是植物与外界环境进行气体交换的通道。 ( )

10. 单子叶植物的维管束内有形成层称为有限维管束。 ( )

11. 薄壁组织属于基本系统,也属于成熟组织。 ( )

12. 单子叶植物的根属于须根系,绝大多数双子叶植物和裸子植物为直根系。 ( )

13. 葡萄、黄瓜属于攀缘茎,牵牛、菜豆属于缠绕茎。 ( )

14. 禾本科植物的茎多数没有次生结构。 ( )

15. 黄瓜和豌豆的卷须是叶的变态。 ( )

16. 根、茎、叶均具有繁殖作用。 ( )

17. 有限花序的各花开放的顺序是由上而下或由内而外。　　　　　　（　　）

18. 单性结实必然会产生无种子果实,所有的无种子果实都是单性结实造成的。（　　）

19. 所有的多年生植物一生都能多次开花,一两年生植物一生开花一次。（　　）

20. 双受精是被子植物有性生殖所特有的现象。　　　　　　　　　　（　　）

21. 实际应用中,农作物的同株异花间传粉和果树栽培上同品种异株间的传粉也属于自花传粉。　　　　　　　　　　　　　　　　　　　　　　　　　　　（　　）

22. 胚的发育早期,胚体成球形,这时单子叶植物和双子叶植物没有明显区别。（　　）

23. 在适宜的温度范围内,随温度的升高种子萌发的速度加快。　　　（　　）

24. 植物激素是指人工合成的非营养性微量活性物质。　　　　　　　（　　）

25. 赤霉素能促进雄花的分化,而生长素可诱导雌花的分化。　　　　（　　）

四、简答题

1. 简述植物细胞的基本结构。

2. 比较有丝分裂和减数分裂的异同。

3. 举例说明植物的分生组织和成熟组织。

4. 植物根尖有哪几个分区? 各区的特点是什么?

5. 比较单子叶植物和双子叶植物根、茎、叶结构的异同点。

6. 举例说明当地植物根、茎、叶的变态类型有哪些。

7. 举例说明当地植物的花序有哪些类型。

8. 简述植物花的发育过程。

9. 什么是双受精? 简述植物双受精的过程。

10. 简述种子的萌发过程及萌发条件有哪些。

11. 当地植物的果实有哪些类型? 并举例说明。

12. 比较植物七大激素的作用。

五、能力应用

1. 调查几种具有代表性的校园植物根、茎、叶、花、果实、种子的外形特征。

2. 选取小麦、大豆、番茄等种子,如何对它们进行生活力测定?

3. 调查当地某一种(类)植物激素或生长调节剂的应用现状。

项 目 链 接

一种新型的光合作用调节剂——DCPTA

DCPTA 是 1977 年由美国农业部水果蔬菜化学研究所研究员哈利研制的,其化学名称叫作 2-(3,4-二氯苯氧基)三乙胺,简称 DCPTA,俗称增产胺,它是一种对植物生长发育有多种优异性能的活性物质。

DCPTA 直接影响植物控制光合作用的基因,以及合成某些物质的基因,修补某些残缺的基因。通过调整或开启这些基因达到如下效果:增加二氧化碳的吸收、利用,提高光合作用效率;促进细胞分裂和生长;增强某些合成酶的活性,促进蛋白质、脂类等物质的积累。

在生产中使用 DCPTA 可达到以下目的:显著增加作物产量,改善作物品质。除此之外,DCPTA 还能改善植物体内器官的功能,提高植物的免疫能力,增强植物适应环境的能力。科学使用 DCPTA,无毒害、无污染、无残留,可大大提高化肥利用率。施用 DCPTA 的植物在抗病虫害、抗贫瘠、抗旱、抗冻等方面有突出效果。

DCPTA 使用方法:一是浸种,兑水 3 000 倍,使药液浸没种子为止。二是拌种,兑水 500~1 000 倍,把药液喷洒在种子上,边喷边拌,使种子充分湿润。三是蘸根,兑水 3 000 倍,蘸秧后即栽种。四是喷雾,兑水 3 000~5 000 倍,喷洒时要注意喷叶背。

DCPTA 使用注意事项:浸种时间以 10~16 h 为宜,拌种应堆闷 30~50 min,晾干后播种。叶面喷施以晴天无风为宜,可与多种农药混合使用。

考 证 提 示

获得农业技术员、农作物植保员等中级职业资格证书,需具备以下知识和能力:

◆ 知识点:植物细胞的结构与功能;植物细胞的繁殖方式;植物组织的特点与功能;单子叶植物和双子叶植物根、茎、叶、花、果实的基本结构、类型、特点;植物营养生长与生殖生长的基本规律;植物激素与植物生长调节剂的主要作用。

◆ 技能点:显微镜的使用;植物细胞结构的识别;植物分生组织和成熟组织的识别;植物根、茎、叶、花、果、种子的基本类型识别;植物生长调节剂的应用。

项目 3

植物生产与土壤培肥

项目导入

周末的清晨,农艺班的孙秋雨来到了农业生态园。看到认识的花花草草,她特别地开心;回想刚刚结束的植物识别大赛,她对未来充满了信心。

走进葡萄园区,"富硒葡萄示范区"几个大字映入眼帘。"啥是富硒葡萄? 硒从哪来? 怎么进到葡萄里的?"她用手机拍下了标牌和葡萄长廊。

继续前行,"减肥增效试验区"标牌悬挂在大粒樱桃园和石榴园……

"刘伯伯! 咱这园区好大呀!"看到园区的经理,秋雨兴奋极了。

"咱这园区近千亩,流转了三个村的地。"

"咱这儿的果树长得真壮,富硒的葡萄是咋种出来的?"

"富硒葡萄口感好,抗癌解毒护心脑。种植富硒葡萄,选地很关键,施肥得科学。要想果树种得好,配方肥料是个宝。"

秋雨似乎明白了:庄稼长不长,土壤供营养。她要好好学习土壤培肥的有关知识和先进技术了。

通过本项目的学习,我们将掌握土壤的基本组成和基本性质,以及肥料的基本性质和科学施用,了解作物科学施肥新技术。同时培养扎根农业、吃苦耐劳的精神,树立生态农业、绿色农业意识。

本项目将要学习4个任务:(1) 土壤的基本组成;(2) 土壤的基本性质;(3) 植物营养与科学施肥;(4) 作物减肥增效技术。

任务 3.1   土壤的基本组成

任务目标

知识目标:1. 熟悉土壤、土壤肥力及土壤质地的概念。

2. 了解土壤有机质的组成与特点。

　　3. 了解土壤生物的组成及作用。

　　4. 熟悉土壤水分的类型、表示方法及调节。

　　5. 了解土壤空气特点,熟悉土壤通气性及调节。

能力目标:1. 能用手测法判断土壤质地。

　　　　　2. 能进行土壤自然含水量的测定。

📘 知识学习

　　土壤是在地球陆地表面的生物、气候、母质、地形、时间等因素综合作用下形成的,能够生长植物的疏松表层。土壤由固相、液相和气相三种形态组成。**土壤肥力**是土壤适时供给并协调植物生长所需的水分、养分、空气、热量和其他条件的能力。土壤肥力是植物生产的重要保障。农业生产中的耕作管理、灌溉施肥、休耕制等技术措施,都是为了提高土壤肥力,以保证植物生产的优质高效。

　　土壤固相主要含有土壤矿物质、土壤有机质及土壤生物,而分布于土壤大小孔隙中的是土壤液相(土壤水分)和土壤气相(土壤空气)。土壤三相相互联系、相互制约,形成一个统一体,是土壤肥力的物质基础。

一、土壤固相组成

　　在农业土壤中,矿物质占土壤固相质量的 95% 以上,有机质仅占 5% 以下,还有少量的土壤生物。土壤固相是土壤的基本物质组成,决定着土壤一系列物理和化学性质。

1. 土壤矿物质

　　坚硬的岩石经过一系列风化、成土过程之后形成的大大小小的颗粒,统称为**土壤矿物质**。

　　土壤由各种大小不同的矿物质土粒组成。根据土粒的粒径和性质,将其划分为若干等级,称为粒级。同一粒级范围内的土粒成分和理化性质基本一致,不同粒级间则有明显的差异。土粒分级与粒径的关系见表 3-1。

表 3-1　土粒分级表

粒级名称	石块	石砾	砂粒	粉粒	黏粒
粒径/mm	>3	3~1	1~0.05	0.05~0.001	<0.001

　　生产实际中常将粒径在 1~0.01 mm 的土粒称为**物理性砂粒**,粒径<0.01 mm 的土粒称为**物理性黏粒**,也即通常所称的"沙"和"泥"。**砂粒**对于改善土壤通气性、透水性有益;而**黏粒**主要起着保蓄养分、水分的作用。

　　土壤中物理性黏粒和物理性砂粒含量(质量分数)的不同组合,称为**土壤质地**。

由于科研与生产的需要,人们对土壤质地进行了分类。土壤质地分类制主要有国际制、卡庆斯基制、美国制和中国制,生产实际中以卡庆斯基制使用较为方便。

卡庆斯基土壤质地分类制是依据物理性黏粒或物理性砂粒含量的多少,并参考土壤类型,将土壤质地分成砂土、壤土和黏土;然后再根据各粒级含量的变化进一步细分(表 3-2)。对我国而言,一般土壤可选用草原土及红黄壤类的分类级别。

表 3-2 卡庆斯基土壤质地分类制 单位:%

质地分类		物理性黏粒含量			物理性砂粒含量		
类别	名称	灰化土类	草原土类及红黄壤类	碱化及强碱化土类	灰化土类	草原土类及红黄壤类	碱化及强碱化土类
砂土	松砂土	0~5	0~5	0~5	100~95	100~95	100~95
	紧砂土	5~10	5~10	5~10	95~90	95~90	95~90
壤土	砂壤土	10~20	10~20	10~15	90~80	90~80	90~85
	轻壤土	20~30	20~30	15~20	80~70	80~70	85~80
	中壤土	30~40	30~45	20~30	70~60	70~55	80~70
	重壤土	40~50	45~60	30~40	60~50	55~40	70~60
黏土	轻黏土	50~65	60~75	40~50	50~35	40~25	60~50
	中黏土	65~80	75~85	50~65	35~20	25~15	50~35
	重黏土	>80	>85	>65	<20	<15	<35

2. 土壤有机质

土壤有机质是土壤中所有含碳有机化合物的总称。自然土壤中,有机质来源于土壤中的各种植物残体和根系分泌物,以及生活在土壤中的动物和微生物的残体;而农业土壤中的有机质主要来源于施入的各种有机肥料、植物遗留的根茬。一般土壤有机质的含量变动在 10~200 g/kg 之间。

(1)土壤有机质的组成。土壤有机质主要由腐殖质和非腐殖质组成,其中腐殖质占 85%~90%。

腐殖质是土壤中的动植物残体经过土壤微生物作用后,重新合成的复杂的有机质。腐殖质性质稳定,呈深褐色,主要成分有胡敏酸、富啡酸、胡敏素等。

非腐殖质主要是一些较简单、易被微生物分解的糖类、有机酸、氨基酸、氨基糖、木质素、蛋白质、纤维素、半纤维素、脂肪等高分子物质。

含有机质较多的土粒易与钙离子胶结,形成稳定性较强的球粒,直径一般为 1~10 mm,称**团粒结构**。团粒结构多的土壤既保水又透水,土壤空气和热量状况良好,有利于养分的保蓄、供应,也有利于根系生长,是较理想的一种土壤结构。

（2）土壤有机质的转化。进入土壤中的生物残体发生两个方面的转化（图3-1）：一方面将有机质分解为简单的物质，如无机盐类、二氧化碳、氨气，同时释放出大量的能量，称为有机质矿质化过程，它是释放养分和消耗有机质的过程。另一方面是微生物作用于有机物质，使之转变为复杂的腐殖质，即腐殖化过程，它是积累有机质、贮藏养分的过程。

图3-1　土壤有机质转化示意图

（3）土壤有机质的作用。主要体现在：**一是**提供作物需要的养分。有机质矿质化释放出植物所需的各种营养元素，如碳、氢、氧、氮、磷、钾、钙、镁、硫等大、中量元素和铁、硼、锰、锌、铜等微量元素；**二是**增加土壤保水、保肥能力。腐殖质可吸附土壤离子，避免养分随水流失，腐殖质的保水保肥能力是矿质黏粒的十几到几十倍；**三是**形成良好的土壤结构，改善土壤物理性质。腐殖质可增加砂土的黏性，降低黏土的黏结性，易形成疏松的团粒结构，从而改善土壤的透水性、蓄水性及通气性；**四是**促进微生物活动，加快土壤养分代谢。土壤有机质为微生物提供充足的营养和能源，并促进营养物质转化；**五是**净化土壤、促进生长。腐殖质有助于消除土壤中的农药残毒和重金属污染，起到净化土壤作用。腐殖质中某些物质如胡敏酸、维生素、激素还可刺激植物生长。

3. 土壤生物

土壤生物是指全部或部分生命周期在土壤中生活的生物。

（1）土壤生物类型。包括动物、植物、微生物。

土壤动物种类繁多，如蚯蚓、线虫、蚂蚁、蜗牛、螨类。土壤动物的生物量一般为土壤生物量的10%～20%。

土壤植物是土壤的重要组成部分，主要是指高等植物地下部分，包括植物根系、地下块根或块茎（如甘薯、马铃薯）等。

土壤微生物占土壤生物绝大多数，种类多、数量大，是土壤生物中最活跃的部分（图3-2）。土壤微生物包括细菌、真菌、放线菌、病毒等，其中细菌数量最多，放线菌、真菌次之。

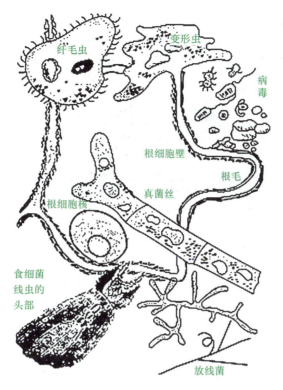

图 3-2　土壤生物的主要类群

（2）土壤生物的作用。**一是**影响土壤结构的形成与土壤养分的循环,如微生物的分泌物可促进土壤团粒结构的形成,也可分解植物残体,释放碳、氮、磷、硫等养分;**二是**影响土壤无机物质的转化,如微生物及其生物分泌物可将土壤中难溶性磷、铁、钾等养分转化为有效养分;**三是**固持土壤有机质,提高土壤有机质含量;**四是**通过生物固氮,改善植物氮素营养;**五是**可以分解转化农药、激素等土壤中的残留物质,降解毒性,净化土壤。

二、土壤液相组成

土壤液相主要成分是土壤水分与溶解在水分中的各种物质,因此土壤水分并非纯水,而是溶解有一定浓度无机离子与有机分子的稀薄溶液。通常所说的**土壤水**实际上是指在 105 ℃下从土壤中蒸发出来的水分。

1. 土壤水分形态

根据水分在土壤中的物理状态、移动性、有效性和对植物的作用,常把土壤水分划分为吸湿水、膜状水、毛管水、重力水等(图 3-3)。

（1）吸湿水。由于固体土粒表面的分子引力和静电引力吸附空气中的水分子而被紧密保持的水分称为吸湿水。吸湿水对植物常常是无效的。

（2）膜状水。是指土粒靠吸湿水外层剩余的分子引力,从液态水中吸附一层极薄的水膜。膜状水的一部分对植物有效。

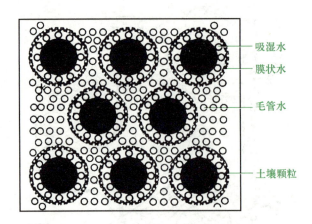
吸湿水
膜状水
毛管水
土壤颗粒

图 3-3　土壤水分形态模式示意图

（3）毛管水。是指依靠土壤毛细管引力的作用吸引水分而保持在土壤毛细管孔隙中的水。毛管水是对植物最有效的水分，也是土壤的主要保水形式。

根据毛管水在土壤中存在的位置不同，可分为毛管悬着水和毛管上升水。**毛管悬着水**是指在地下水位较低的土壤，当降水或灌溉后，水分下移，但不能与地下水联系而"悬挂"在土壤上层毛细管中的水分；**毛管上升水**是指地下水随土壤毛细管引力作用而保持在土壤孔隙中的水分。

（4）重力水。当土壤中的水分超过田间持水量时，不能被毛细管引力所保持，而受重力作用的影响，沿着非毛细管孔隙（空气孔隙）自上而下渗漏的水分，称为重力水。重力水对旱地植物是多余的水分，但对水生植物是有效水分。

2. 土壤水分的有效性

通常在膜状水没有被完全消耗之前，植物已呈萎蔫状态；当植物因吸不到水分而发生永久萎蔫时的土壤含水量称为**萎蔫系数**（或称凋萎系数），它包括全部吸湿水和部分膜状水，是植物可利用的土壤有效水分的下限。

毛管悬着水达到最大量时的土壤含水量称为**田间持水量**，常看作旱地土壤有效水分的上限，代表在良好的水分条件下灌溉后的土壤所能保持的最高含水量，是判断旱地土壤是否需要灌水和确定灌水量的重要依据（表 3-3）。

表 3-3　不同质地和耕作条件下的田间持水量　　　　　　　　　单位：%

土壤质地	砂土	砂壤土	轻壤土	中壤土	重壤土	黏土	二合土	
							耕后	紧实
田间持水量	10~14	13~20	20~24	22~26	24~28	28~32	25	21

3. 土壤水分含量

土壤水分含量是表征土壤水分状况的一个指标，常用质量含水量和相对含水量来表示。

（1）质量含水量。指土壤水分质量占烘干土壤质量的比值，通常用百分数来表示，标准单位是 g/kg。即：

$$质量含水量（\%）=\frac{土壤水分质量（g）}{烘干土质量（g）}\times100\%$$

（2）相对含水量。指土壤实际含水量占该土壤田间持水量的百分数。一般认为，土壤含水量占该土壤田间持水量的 60%~80% 时，最适合植物的生长发育。

$$土壤相对含水量=\frac{土壤实际含水量（\%）}{田间持水量（\%）}$$

（3）土壤墒情。农业生产中习惯把农田土壤的湿度称为墒，把土壤湿度变化的状况称为墒情。生产中根据土壤含水量的变化与土壤颜色及性状的关系，把墒情分为五级（表 3-4）。

表 3-4　土壤墒情类型和性状（轻壤土）

墒情	汪水	黑墒	黄墒	灰墒	干土面
土色	暗黑	黑~黑黄	黄	灰黄	灰~灰白
手感干湿程度	湿润，手捏有水滴出	湿润，手捏成团，落地不散，手有湿印	湿润，手捏成团，落地散碎，手微有湿印和凉爽之感	潮干，半湿润，手捏不成团，手无湿印，而有微温暖的感觉	干，无湿润感，手捏散成面，风吹飞动
质量含水量/%	>23	20~23	10~20	8~10	<8
相对含水量/%		100~70	70~45	45~30	<30
性状和问题	水分过多，空气少，不宜播种	水分相对稍多，是适宜播种的墒情上限，能保苗	水分适宜，是播种最好的墒情，能保全苗	水分含量不足，是播种的临界墒情	水分含量过低，种子不能出苗
播种时的措施	排水，耕作散墒	适时播种，春播时稍作散墒	适时播种，注意保墒	抗旱抢种，浇水补墒后再种	先浇后播

在田间验墒时，既要看土壤表层又要看下层。先看干土层厚度，再分别取土验墒。如果干土层在 3 cm 左右，而以下墒情为黄墒，则可播种，并适宜植物生长；如果干土层厚度达 6 cm 以上，且其下墒情也差，要及早采取浇灌措施，缓解旱情。

4. 土壤水分的调节

（1）农田基本建设。主要是农田和排灌渠系的建设。田面平整利于降水和灌溉水的入渗,减少地面径流;排灌渠系的配套有利于灌溉和排水。

（2）灌溉和排水。灌溉是增加农田水分含量的重要措施。灌溉的方式有漫灌、畦灌、喷灌、滴灌等。农田排水可分为排除地面积水、降低地下水位及排除表层土壤内滞水。

（3）耕作保墒。耕翻、中耕、耙耱、镇压等耕作措施,在不同情况下可以起到不同的水分调节效果。

（4）覆盖。覆盖是旱作农业保水保温的良好生产措施。所有覆盖措施都有利于减少土壤水分的蒸发损失,提高土壤表层水分含量。

三、土壤气相组成

土壤气相主要是土壤空气,它不仅是土壤的基本组成,也是土壤肥力因素之一,其含量和组成对土壤(生物)呼吸和植物生长有直接影响,而且与生态环境密切相关。

1. 土壤空气组成

土壤空气来自于大气,但其成分与大气有一定的差别:土壤空气中二氧化碳的含量高于大气,氧气含量低于大气,相对湿度高于大气,还原性气体的含量远高于大气;土壤空气各成分的浓度在不同季节和不同土壤深度内变化很大(表3-5)。

表3-5　土壤空气与大气的体积组成对比　　　　　　　　　　　　单位:%

气体类型	氮（N_2）	氧（O_2）	二氧化碳（CO_2）	其他气体
土壤空气	78.8~80.24	18.00~20.03	0.15~0.65	0.98
大气	78.05	20.94	0.03	0.98

2. 土壤通气性

土壤空气与大气的交换能力或速率称为土壤通气性。其交换方式有整体交换和气体扩散。如交换速度快,则土壤的通气性好;反之,土壤的通气性差。

土壤通气性的作用:**第一,**影响种子萌发。对于一般作物种子,土壤空气中的氧气含量大于10%,则可满足种子萌发需要。**第二,**影响根系生长和吸收功能。氧气含量低于12%才会明显抑制根系的生长。**第三,**影响土壤微生物活动。在水分含量较高的土壤中,微生物以嫌气活动为主;反之,微生物以好气呼吸为主。**第四,**影响土壤肥力。通气良好时,土壤呈氧化状态,有利于有机质矿化和土壤养分释放;通气不良时,土壤还原性加强,有机质分解不彻底,可能产生还原性有毒气体。

3. 土壤通气性调节

（1）改善土壤结构,通过深耕结合施用有机肥料,客土掺砂掺黏,改良过黏或过砂质地。

（2）加强耕作管理,深耕、雨后及时中耕,可消除土壤板结,增加土壤通气性。

（3）灌溉结合排水,水分过多时进行排水,水分过少时适时灌溉;实行水旱轮作。

（4）科学施肥，对通气不良或易淹水土壤，应避免在高温季节大量施用新鲜绿肥和未腐熟有机肥料，以免因这些物质分解耗氧，加重通气不良造成的危害。

能力培养

一、土壤质地的判断（手测法）

（1）训练准备。可准备一些砂土、壤土、黏土等土壤样本和待测土壤样本。

（2）操作规程。手测法分成干测法和湿测法两种，无论是何种方法，均为经验方法。手测法测定质地是以手指对土壤的感觉为主，根据各粒级颗粒具有不同的可塑性和黏结性估测，结合视觉和听觉来确定土壤质地名称，方法简便易行，熟悉后也较为准确，适于田间土壤质地的鉴别。手测法中的干测法和湿测法，可以相互补充，一般以湿测为主。砂粒粗糙，无黏结性和可塑性；粉粒光滑如粉，黏结性与可塑性微弱；黏粒细腻，表现较强的黏结性和可塑性。不同质地的土壤，各粒级颗粒的含量不同，表现出粗细程度、黏结性和可塑性的差异。选择所提供的土壤分析样品，进行表 3-6 中全部或部分内容的操作。

（3）问题处理。训练结束后，完成以下问题：

① 手测法测定土壤质地应注意哪些问题？

② 分别用干测法和湿测法测定当地土壤质地，并确定当地主要土壤类型。

表 3-6　土壤质地的判断

操作环节	操作规程	操作要求
干测法	取玉米粒大小的干土块，放在拇指与食指间摩擦，使之破碎；根据指压时间大小和摩擦时的感觉来判断	（1）应拣掉土样中的植物根、结核体（铁子、石灰结核）、侵入体等
湿测法	取一小块土，放在手中捏碎，加入少许水，以土粒充分浸润为度（水分过多或过少均不适宜），根据能否搓成球、条及弯曲时是否断裂等情况加以判断	（2）干测法见表 3-7 （3）湿测法见表 3-8
结果判断	（1）按照先摸后看、先砂后黏、先干后湿的顺序，对已知质地的土壤手摸感知其质地 （2）先摸后看就是根据手感和目测情况，感知有无坷垃、坷垃多少和硬软程度。质地粗的土壤一般无坷垃，质地越细坷垃越多越硬；砂质土壤比较粗糙无滑感，黏重的土壤正好相反	加入的水分必须适当，不黏手为最佳，随后按照搓成球状、条状、环形的顺序进行，最后将环形压扁成片状，观察指纹是否明显

表 3-7　土壤质地手测法判断标准(干测法)

质地名称	干燥状态下在手指间挤压或摩擦的感觉	在湿润条件下揉搓塑型的表现
砂土	几乎都由砂粒组成,感觉粗糙,研磨时沙沙作响	不能成球形,用手捏可成团,但松手即散,不能成片
砂壤土	砂粒为主,混有少量黏粒,很粗糙,研磨时有响声,干土块用小力即可捏碎	勉强可成厚而极短的片状,能搓成表面不光滑的小球,不能搓成条
轻壤土	干土块稍用力挤压即碎,手捻有粗糙感	片长不超过 1 cm,片面较平整,可成直径约 3 mm 的土条,但提起后易断裂
中壤土	干土块用较大力才能挤碎,为粗细不一的粉末,砂粒和黏粒的含量大致相同,稍感粗糙	可成较长的薄片,片面平整,但无反光,可以搓成直径约 3 mm 的小土条,弯成 2~3 cm 的圆形时会断裂
重壤土	干土块用大力才能破碎成为粗细不一的粉末,黏粒的含量较多,略有粗糙感	可成较长的薄片,片面光滑,有弱反光,可以搓成直径约 2 mm 的小土条,能弯成 2~3 cm 的圆形,压扁时有裂缝
黏土	干土块很硬,用力不能压碎,细而均一,有滑腻感	可成较长的薄片,片面光滑,有强反光,可以搓成直径约 2 mm 的细条,能弯成 2~3 cm 的圆形,压扁时无裂缝

表 3-8　土壤质地野外手感鉴定分级标准(湿测法)

质地名称		手捏	手刮	手挤
卡庆斯基制	国际制			
砂土	砂土	不管含水量为多少,都不能搓成球	不能成薄片,刮面全部为粗砂粒	不能挤成扁条
壤砂土	砂壤土	能搓成不稳定的土球,但搓不成条	不能成薄片,刮面留下很多细砂粒	不能挤成扁条
轻壤土	壤土	能搓成直径 3~5 mm 粗的小土条,拿起时摇动即断	较难成薄片,刮面粗糙似鱼鳞状	能勉强挤成扁条,但边缘缺裂大,易断
中壤土	黏壤土	小土条弯曲成圆环时有裂痕	能成薄片,刮面稍粗糙,边缘有少量裂痕	能挤成扁条,摇动易断
重壤土	壤黏土	小土条弯曲成圆环时无裂痕,压扁时产生裂痕	能成薄片,刮面较细腻,边缘有少量裂痕,刮面有弱反光	能挤成扁条,摇动不易断
黏土	黏土	小土条弯曲成圆环时无裂痕,压扁时也无裂痕	能成薄片,刮面细腻平滑,无裂痕,发光亮	能挤成卷曲扁条,摇动不易断

二、土壤自然含水量的测定

（1）训练准备。根据班级人数，按 2 人一组，分为若干组，每组准备以下材料和用具：天平（感量为 0.01 g）、铝盒、量筒（10 mL）、无水酒精、滴管、小刀、土壤样品等。

（2）操作规程。测定土壤含水量的方法很多，常用的有烘干法和酒精燃烧法。这里选择酒精燃烧法。酒精燃烧法测定土壤水分速度快，但精确度较低，只适合田间速测（表 3-9）。

酒精燃烧法测定水分含量是利用酒精在土壤中燃烧放出的热量，使土壤水分蒸发干燥，通过燃烧前后质量之差，计算土壤含水量的百分数。酒精燃烧在火焰熄灭的前几秒钟，即火焰下降时，土温才迅速上升到 180~200 ℃。然后温度很快降至 85~90 ℃，再缓慢冷却。由于高温阶段时间短，样品中有机质及盐类损失很少，故此法测定的土壤水分含量有一定的参考价值。运用酒精燃烧法测定土壤水分时，一般情况下要经过 3~4 次燃烧后，土样才可达到恒重。

表 3-9 土壤水分含量的测定

操作环节	操作规程	操作要求
新鲜样品采集	用小铲子在田间挖取表层土壤 1 kg 左右，装入塑料袋中，带回实验室测定	最好多点、随机采集，增加土样的代表性
称空重	用感量为 0.01 g 的天平对洗净烘干的铝盒称重，记为铝盒重（W_1），并记下铝盒的盒盖和盒帮的号码	应注意铝盒的盒盖和盒帮号码应一致，如盖 1、帮 1，避免出错
加湿土并称重	将塑料袋中的土样倒出约 200 g，在实验台上用小铲子将土样稍研碎混合；取 10 g 左右的土样放入已称重的铝盒中，称重，记为铝盒加新鲜土重（W_2）	取样前应将土样内的石砾、虫壳、根系等物质仔细剔除，以免影响测定结果
酒精燃烧	将铝盒盖开口朝下扣在实验台上，铝盒放在铝盒盖上，用滴管向铝盒内加入工业酒精，直至将全部土样覆盖；用火柴点燃铝盒内酒精，任其燃烧至火焰熄灭，稍冷却；用滴管小心地重新加入酒精至全部土样湿润，再点火任其燃烧；重复燃烧 3 次	酒精燃烧法不适用于含有机质高的土壤样品的测定；燃烧过程中严控温度，注意防止土样损失，以免出现较大误差
冷却称重	燃烧结束后，待铝盒冷却至不烫手时，将铝盒盖盖在铝盒上，待其冷却至室温，称重，记为铝盒加干土重（W_3）	（1）冷却后及时称重，避免土样重新吸水 （2）数据可记录于表 3-10 （3）运用酒精燃烧法测定土壤水分时，一般经过 3~4 次燃烧后，土样才可达到恒重

操作环节	操作规程	操作要求
结果计算	平行测定结果用算术平均值表示,保留小数后一位数 $$土壤含水量(W\%)=\frac{W_2-W_3}{W_3-W_1}\times 100\%$$	平行测定结果的允许绝对相差:水分含量<5%,允许绝对相差≤0.2%;水分含量5%~15%,允许绝对相差≤0.3%;水分含量>15%,允许绝对相差≤0.7%

表 3-10　土壤含水量测定数据记录表

样品号	盒盖号	盒帮号	铝盒重(W_1)/g	铝盒加新鲜土重(W_2)/g	铝盒加干土重(W_3)/g	含水量/%
平均值			—			

(3) 问题处理。训练结束后,完成以下问题:

① 根据记录结果,准确计算当地土壤含水量。

② 酒精燃烧法测定土壤含水量应注意什么?

③ 了解烘干法如何测定土壤含水量。

随堂练习

1. 请解释:土壤;土壤肥力;土壤质地;土壤有机质;田间持水量;萎蔫系数;土壤通气性。

2. 土壤有机质有何作用? 怎样提高土壤有机质的含量?

3. 进入土壤中的生物残体发生哪两个方面的转化?

4. 土壤通气性对植物生长发育有何影响? 怎样调节?

5. 土壤水分有哪些形态? 试指出旱地土壤有效水的上限和下限,并解释其含义。

6. 土壤水分含量有哪些表示方法? 如何快速测定?

7. 土壤颗粒有哪些级别?

任务 3.2　土壤的基本性质

任务目标

　　知识目标：1. 了解土壤物理性质及其在植物生产中的作用。

　　　　　　　2. 了解土壤化学性质及其在植物生产中的作用。

　　　　　　　3. 熟悉土壤性质对土壤肥力和植物生产的影响。

　　　　　　　4. 掌握我国主要土壤的特性。

　　能力目标：1. 能进行土壤样品采集与保存。

　　　　　　　2. 能正确测定土壤 pH。

知识学习

　　土壤的基本性质可分为土壤物理性质和土壤化学性质。其中土壤物理性质主要包括土壤孔隙性、土壤结构性、土壤耕性；土壤化学性质主要包括土壤酸碱性、土壤缓冲性、土壤吸收性。

一、土壤物理性质

1. 土壤孔隙性

　　土壤中单粒或团粒结构之间，以及团粒结构内部的空隙称为**土壤孔隙**。土壤孔隙的数量、大小、比例和性质总称为**土壤孔隙性**。土壤孔隙数量常以土壤孔隙度来表示。**土壤孔隙度**是指自然状况下，单位体积土壤中孔隙体积占土壤总体积的百分数。通常是通过测定土壤密度、土壤容重后计算出来的。

　　土壤密度是指单位体积土粒（不包括粒间孔隙）的烘干土质量，单位是 g/cm^3 或 t/m^3。一般情况下，土壤密度常以 $2.65\ g/cm^3$ 表示。**土壤容重**是指在田间自然状态下，单位体积土壤（包括粒间孔隙）的烘干土质量，单位也是 g/cm^3 或 t/m^3；多数土壤容重为 $1.0\sim1.8\ g/cm^3$，砂土多在 $1.4\sim1.7\ g/cm^3$，黏土一般在 $1.1\sim1.6\ g/cm^3$，壤土介于两者之间。土壤密度与土壤容重的区别见图 3-4。

　　根据土壤密度和土壤容重计算得出土壤孔隙度。

$$土壤孔隙度（\%）=\left(1-\frac{土壤容重}{土壤密度}\right)\times100$$

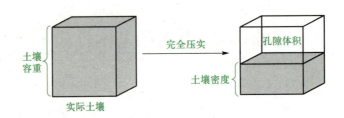

图 3-4　土壤密度与土壤容重的区别示意图

根据土壤孔隙的通透性和持水能力,将其分为通气孔隙、毛管孔隙和无效孔隙三种类型,如表 3-11 所示。土壤中通气孔隙和毛管孔隙适宜,有利于土壤的通气和保水蓄水。

表 3-11　土壤孔隙类型及性质

孔隙类型	通气孔隙	毛管孔隙	无效孔隙(非活性孔隙)
孔径	>0.02 mm	0.002~0.02 mm	<0.002 mm
土壤水吸力	<15 kPa	15~150 kPa	>150 kPa
主要作用	起通气透水作用,常被空气占据	水分因受毛管力影响而能够移动,可被植物吸收利用,起到保水蓄水作用	水分移动困难,不能进入空气及根系,不能被植物吸收利用

土壤孔隙度的变幅一般在 30%~60% 之间,适合植物生长发育的土壤孔隙度指标是:耕层的总孔隙度为 50%~56%,通气孔隙度在 10% 以上,如能达到 15%~20% 更好。土体内孔隙垂直分布为"上虚下实",耕层上部(0~15 cm)的总孔隙度为 55% 左右,通气孔隙度为 10%~15%;下部(15~30 cm)的总孔隙度为 50% 左右,通气孔隙度为 10% 左右。"上虚"有利于通气透水和种子发芽、破土;"下实"则有利于保水和扎稳根系。生产中保持土壤适宜的毛管孔隙度和通气孔隙度,使土壤的通气、保水、蓄水功能良好,是保证植物生产的基本条件之一。

2. 土壤结构性

土壤中小于 1 μm 的固相颗粒分散于土壤溶液中,形成两相体系,称**土壤胶体**,分有机胶体(如腐殖质)、矿质胶体(如黏土矿物)和有机矿质复合胶体三类。土壤胶体有巨大的表面积,并带有电荷,因此具有吸收、膨胀、收缩、分散、凝聚等特性。

土壤结构包含土壤结构体和土壤结构性。**土壤结构体**是指土粒与土壤胶体胶结团聚形成的、具有不同形状和大小的土团和土块。**土壤结构性**是指土壤结构体的类型、数量、稳定性,以及土壤的孔隙状况。

土壤结构体按其大小、形状和发育程度,可分为团粒结构、粒状结构、块状结构、核状结构、柱状结构、棱柱状结构、片状结构等。各种结构体的特点如表 3-12 和图 3-5。

表 3-12 各种土壤结构体的特点

名称	俗称	结构体特点	所组成土壤特点
团粒结构	蚂蚁蛋、米糁子	近似球形且直径大小 1~10 mm，是农业生产最理想的结构体	有机质含量较高，质地适中
粒状结构		是土粒团聚成棱角比较明显、水稳性与机械稳定性较差、大小与团粒结构相似的土团	有机质含量不高，质地偏砂
块状结构	坷垃	结构体呈不规则块状，长、宽、高大致相近，边面不明显，结构体内部较紧实	有机质含量较低，黏重
核状结构	蒜瓣土	外形与块状结构体相似，体积较小，但棱角、边、面比较明显，内部紧实坚硬，水泡不散	黏而缺乏有机质，为心土层和底土层
片状结构	卧土	结构体形状扁平，成层排列，呈片状或板状	表层遇雨或灌溉后出现，为犁底层
柱状结构	立土	结构体呈立柱状，纵轴大于横轴，比较紧实	水田土壤、典型碱土、黄土母质的下层
棱柱状结构		外形与柱状结构体很相似，但棱角分明，结构体表面覆盖有胶膜物质	质地黏重而水分含量经常变化的下层土壤

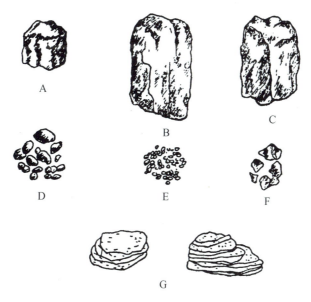

A. 块状结构 B. 柱状结构 C. 棱柱状结构 D. 团粒结构
E. 粒状结构 F. 核状结构 G. 片状结构

图 3-5 土壤结构的主要类型

　　团粒结构是良好的土壤结构体,土壤孔隙度大小适中,持水孔隙与通气孔隙并存,并有适当的数量和比例,使土壤中的固相、液相和气相相互处于协调状态,因此,团粒结构多是土壤肥沃的标志之一。

　　块状结构体间孔隙过大,易形成缺乏有机质的黏重土壤,湿时黏韧,干时坚硬,不利于蓄水保水,易透风跑墒,出苗难。出苗后易出现"吊根"现象,影响水肥吸收。耕层下部的暗坷垃因其内部紧实,还会影响根系下扎,而使深根系植物发育不良。

　　核状结构具有较强的水稳性和机械稳定性,但因其内部紧实,小孔隙多,大小孔隙不协调,不便耕作。

　　片状结构在含粉砂较多而有机质较少的土层中易生成,多在土壤表层形成板结,不仅影响耕作与播种质量,而且影响土壤与大气的气体交换,阻碍水分运动。一般出现在犁底层中,不利于种子出苗、水稻栽插和根系下扎,限制养分吸收,需适时锄地松土,破除土片。

　　柱状、棱柱状结构内部甚为坚硬,孔隙小而多,通气不良,根系难以扎入或伸展;结构体于干旱时收缩,形成较大的垂直裂缝,成为水肥下渗通道,造成跑水跑肥。

3. 土壤耕性

　　土壤耕性是指土壤对耕作的综合反映。它是土壤各种理化性质,特别是物理机械性在耕作时的表现,同时也反映土壤的熟化程度。

　　（1）**土壤物理机械性**。包括土壤的黏结性、黏着性、可塑性、胀缩性等。土壤**黏结性**是指土壤颗粒之间由于黏结力作用而相互黏结在一起的性能。土壤**黏着性**是指在一定含水量范围内,土壤黏附于外物上的性能。土壤**可塑性**是指在一定含水量范围内可以被塑造成任意形状,并且在干燥或者外力解除后仍能保持这种形状的能力。土壤**胀缩性**是指因土壤含水量发生变化而引起的或者在含有水分情况下因温度变化而引起的土壤体积变化。

　　（2）**土壤耕性的判断**。在长期实践中得出的衡量**土壤耕性**好坏的**标准**是:

　　第一,耕作的难易程度。指耕作时土壤对农机具产生的阻力大小,它影响耕作作业和能源的消耗。群众常将省工、省劲、易耕的土壤称为"土轻""口松""绵软",而将费工、费劲、难耕土壤称为"土重""口紧""僵硬"。

　　第二,耕作质量的好坏。指耕作后土壤所表现的状况及其对植物的影响。耕性良好的土壤,耕作时阻力小,耕后疏松、细碎、平整,有利于植物的出苗和根系的发育;耕性不良的土壤,耕作费力,耕后起大坷垃,不易破碎,会影响播种质量、种子发芽和根系生长。

　　第三,宜耕期的长短。宜耕期是指保持适宜耕作的土壤含水量的时间。如砂质土宜耕期长,表现为"干好耕,湿好耕,不干不湿更好耕";黏质土则相反,宜耕期很短,表现为"早上软,晌午硬,到了下午锄不动"。

　　我国农民在长期的生产实践中总结出许多确定宜耕期的简便方法,如北方旱地土壤宜耕状态:一是眼看,雨后和灌溉后,地表呈"喜鹊斑",即外白里湿、黑白相间,出现"鸡爪裂纹"或

"麻丝裂纹"的半干半湿状态是土壤的宜耕状态。二是犁试,用犁试耕后,土垡能被抛散而不黏附农具,即出现"犁花"时,即为宜耕状态。三是手感,扒开二指表土,取一把土握紧能成团,且在 1 m 高处松手,落地后散碎成小土块的,表示土壤处于宜耕状态,应及时耕作。

二、土壤化学性质

1. 土壤酸碱性

土壤酸碱性即土壤表现出的酸性或碱性,常用土壤酸碱度表示。土壤酸碱度指土壤溶液中 H^+ 浓度的负对数值,$pH = -lg[H^+]$。我国土壤的 pH 一般变动范围在 4~9 之间,多数土壤的 pH 在 4.5~8.5 范围内。

(1) 土壤酸碱性与植物生长适宜范围。不同植物对土壤酸碱性都有一定的适应范围 (表 3-13),如茶树适合在酸性土壤中生长,棉花、苜蓿则耐碱性较强,但一般植物在弱酸、弱碱和中性土壤中(pH 为 6.0~8.0)都能正常生长。

表 3-13 主要栽培植物的适宜 pH 范围

适宜范围	栽培植物
pH 7.0~8.0	苜蓿、田菁、大豆、甜菜、芦笋、莴苣、花椰菜、大麦
pH 6.5~7.5	棉花、小麦、大麦、大豆、苹果、玉米、蚕豆、豌豆、甘蓝
pH 6.0~7.0	蚕豆、豌豆、甜菜、甘蔗、桑树、桃树、玉米、苹果、苕子、水稻
pH 5.5~6.5	水稻、油菜、花生、紫云英、柑橘、芝麻、小米、萝卜菜、黑麦
pH 5.0~6.0	茶树、马铃薯、荞麦、西瓜、烟草、亚麻、草莓、杜鹃花

(2) 土壤酸碱性与土壤肥力。土壤中氮、磷、钾、钙、镁等养分的有效性受土壤酸碱性变化的影响很大,微生物对土壤酸碱性有一定的适应范围,土壤理化性质也受土壤酸碱性的影响。土壤酸碱度与土壤肥力的关系见表 3-14。

(3) 土壤酸碱性改良。对过酸或过碱不适于植物生长的土壤,可采取相应的农业措施加以调节,使其适于作物高产要求:**一是**因土选种适宜的作物。南方酸性很强的山地黄壤,无需改良就可种植茶树;而甜菜、向日葵、紫苜蓿、棉花等作物在盐碱地上也能正常生长。酸性和碱性不强的土壤,如北方大面积的石灰性土壤等,一般不需治理,只要根据土壤和作物的特性,因地选种适宜生长的植物就可以。**二是**化学改良。酸性土壤通常通过施用石灰质肥料,碱性土壤一般通过施用石膏、磷石膏、明矾等进行改良。

2. 土壤缓冲性

土壤缓冲性是指土壤抵抗外来物质引起的酸碱度剧烈变化的能力。由于土壤具有这种性能,可使土壤的酸碱度保持在一定范围内,避免因施肥、根系呼吸、微生物活动、有机质分解等引起土壤酸碱度的显著变化。

表 3-14 土壤酸碱度与土壤肥力的关系

土壤酸碱度		极强酸性	强酸性	酸性	中性	碱性	强碱性	极强碱性
pH		3.0 4.0	4.5 5.0	5.5 6.0	6.5 7.0	7.5 8.0	8.5 9.0	9.5
主要分布区域或土壤		华南沿海的泛酸田	华南黄壤、红壤		长江中下游水稻土	西北和北方石灰性土壤	含碳酸钙的碱土	
肥力状况	土壤物理性质	酸性强则钙、镁离子减少,氢离子增多,土壤团粒结构易被破坏,妨碍土壤中水分和空气的调节				盐碱土中由于钠离子的作用,土粒分散,湿时泥泞不透水,干时坚硬		
	微生物	越酸有益细菌活动越弱,而真菌的活动越强			适宜有益细菌的生长		越碱有益细菌活动越弱	
	氮	硝态氮的有效性降低			氨化作用、硝化作用、固氮作用最为适宜,氮的有效性高		越碱氮的有效性越低	
	磷	越酸磷越易被固定,磷的有效性降低			磷的有效性最高	磷的有效性降低		磷的有效性增加
	钾、钙、镁	越酸有效性越低			有效性随 pH 增加而增加		钙、镁的有效性降低	
	铁	越酸铁越多,植物易受害			越碱有效性越低			
	硼、锰、铜、锌	越酸有效性越高			越碱有效性越低(但 pH 8.5 以上,硼的有效性最高)			
	钼	越酸有效性越低			越碱有效性越高			
	有毒物质	越酸铝离子、有机酸等有毒物质越多			盐土中过多的可溶性盐类及碱土中的碳酸钠对植物有毒害作用			
指示植物		酸性土:铁芒萁、映山红、石松等			钙质土:蜈蚣草、铁线蕨、南天竹等 盐土:虾须草、盐蒿、扁竹叶、柽柳等 碱土:剪刀股、碱蓬、球柱草、麻陆等			
化肥施用		宜施用碱性肥料			宜施用酸性肥料			

土壤缓冲性的机理表现为:**一是**交换性阳离子的缓冲作用。当酸碱物质进入土壤后,可与土壤中交换性阳离子进行交换,生成水和中性盐。**二是**弱酸及其盐类的缓冲作用。土壤中大量存在的碳酸、磷酸、硅酸、腐殖酸及其盐类,它们构成一个良好的缓冲体系,可以起到缓冲酸或碱的作用。**三是**两性物质的缓冲作用。土壤中的蛋白质、氨基酸、胡敏酸等都是两性物质,既能中和酸又能中和碱,因此具有一定的缓冲作用。

土壤缓冲性能在生产上有重要作用。由于土壤具有缓冲性能,使土壤 pH 在自然条件下不会因外界条件改变而剧烈变化,土壤 pH 保持相对稳定,有利于维持一个适宜植物生活的环境。生产上采用增施有机肥料及在砂土中掺入塘泥等办法,来提高土壤的酸碱缓冲能力。

3. 土壤吸收性

土壤吸收性是指土壤中由于土壤胶体、腐殖质的存在,能吸收和保持土壤溶液中的分子、离子、悬浮颗粒、气体(CO_2、O_2)以及微生物的能力。

根据土壤对不同形态物质吸收、保持方式的不同,土壤吸收性可分为五种类型:**一是**机械吸收,是指土壤对进入土体的固体颗粒的机械阻留作用;**二是**物理吸收,是指土壤对分子态物质的吸附保持作用;**三是**化学吸收,是指易溶性盐在土壤中转变为难溶性盐而保存在土壤中的过程,也称之为化学固定;**四是**生物吸收,是指土壤中的微生物、植物根系以及一些小动物,可将土壤中的速效养分吸收保留在体内的过程;**五是**离子交换吸收,是指土壤溶液中的阳离子或阴离子与土壤胶粒表面扩散层中的阳离子或阴离子进行交换而保存在土壤中的作用,又称物理化学吸收作用。

阳离子交换作用是指土壤溶液中的阳离子与土壤胶粒表面扩散层中的阳离子进行交换而保存在土壤中的作用。土壤中常见的交换性阳离子有 Fe^{3+}、Al^{3+}、H^+、Ca^{2+}、Mg^{2+}、NH_4^+、K^+、Na^+ 等。土壤中阳离子交换量大,则土壤保肥力强,较耐肥;阳离子交换量小,土壤保肥力差,则施肥时不能一次大量施,而应遵循"少吃多餐"的原则,少量多次施,以避免土壤脱肥或肥料流失。

调节交换性阳离子组成,酸性土壤通过施用石灰或草木灰,碱性土壤通过施用石膏,可增加钙离子浓度,从而增强离子交换性。

三、土壤性质对土壤肥力和植物生长的影响

土壤性质对土壤肥力和植物生长的影响,主要表现在**土壤质地**对植物生长的影响。因此,土壤质地是土壤性质的综合表现。

1. 不同土壤质地的肥力与生产特性

土壤质地不同,对土壤物理性质、化学性质和植物生长过程均有显著影响,如土壤的通气与排水、有机物质的降解速率、土壤溶质的运移、水分渗漏、植物养分供应、根系生长、出苗、耕作质量。砂质土、壤质土和黏质土在上述各方面都有明显差异(表 3-15)。

表 3-15 土壤质地对土壤性质和过程的影响

土壤性质	砂质土	壤质土	黏质土
保水性	低	中高	高
通气性	好	较好	不好
排水速度	快	较慢	慢或很慢
有机质含量	低	中	高

续表

土壤性质	砂质土	壤质土	黏质土
有机质降解速率	快	中	慢
养分含量	低	中等	高
供肥能力	弱	中等	强
污染物淋洗	易淋除	中等阻力	阻止
防渗能力	差	中等	好或很好
胀缩性	小或无	中等	大
可塑性	无	较低	强或很强
升温性	易升温	中等	较慢
耕性	好	好或较好	较差或恶劣
有毒物质	无	较低	较高

土壤质地不同,对土壤的各种性状影响也不相同,因此其农业生产性状(如肥力状况、耕作性状、植物生长状况)也不相同(表3-16)。

表3-16　不同质地土壤的植物生产性能

植物生产性能	砂土	壤土	黏土
通气性	颗粒粗,大孔隙多,通气性好	良好	颗粒细,大孔隙少,通气性不良
保水性	排水快,保水性差	良好	排水慢,保水性强,易内涝
肥力状况	养分少,分解快	良好	养分多,分解慢,易积累
热状况	热容量小,易升温,土壤昼夜温差大	适中	热容量大,升温慢,土壤昼夜温差小
耕性	耕作阻力小,宜耕期长,耕性好	良好	耕作阻力大,宜耕期短,耕性差
有毒物质	对有毒物质富集弱	中等	对有毒物质富集强
植物生长状况	出苗齐,发小苗,易早衰	良好	出苗难,易缺苗,贪青晚熟

2. 土壤质地的改善

农业生产中经常遇到由于长期耕作或不良气候影响而使土壤性状改变,不利于植物生产。因此,就需要对土壤质地进行改良。

(1)加强农田基本建设,防治水土流失,保证农田旱时灌溉、涝时排水。

(2)改良耕地质量。采取深松或耙糖、镇压等土壤耕作技术,可打破土壤层状、片状结构,使土壤耕作层孔隙度适宜,通气性较强,保水保肥能力良好,可解决因耕作造成的土壤板结和土壤退化;采用少耕免耕技术,可减少对土壤团粒结构、腐殖质的破坏,保证土壤微生物的适宜生长,并涵养墒情;采用耕翻法,可混合"上砂下黏""上黏下砂"中的砂粒和黏粒,改善土壤质地,促进土壤通气和保水保肥以及微生物生长,从而增加腐殖质含量,提高土壤肥力。

（3）保持土壤肥力。粮肥轮作、水旱轮作，增施有机肥，种植绿肥植物，都可以促进土壤团粒结构形成，保证腐殖质含量；施用化肥，也可保证耕地肥力，但化肥施用应适宜，过少所起作用不大，过多易造成土壤养分不均衡或土壤板结。

（4）保持适宜墒情。根据土壤墒情实施沟灌、喷灌、滴灌或晒垡、冻垡等措施。

（5）改良客土。黏土掺砂、砂土掺黏（如塘泥）。对于砂土或黏土，可采用掺黏或掺砂的方式进行客土改良，达到三泥七砂或四泥六砂的壤土质地；施用石灰、草木灰可改良酸性土，施用石膏可改良碱性土，中和土壤酸碱性。

四、我国主要土壤的特性

我国土壤资源极其丰富，其特性存在显著差异。东部湿润区**由北向南**依次分布着：暗棕壤（黑龙江和吉林的大、小兴安岭和长白山地区）—黑土和黑钙土（东北松嫩平原和三江平原）—棕壤（辽东半岛等）—黄棕壤（苏、皖、鄂、湘等省）—黄壤和红壤（长江以南）—赤红壤和砖红壤（南岭以南，包括台湾地区）。我国暖温带和温带地域辽阔，**由东向西**依次分布着：黑钙土—栗钙土—棕钙土—灰钙土—荒漠土（表 3-17）。

表 3-17　我国地带性土类的分布和主要性质

土类	分布	主要性质和利用
黑土	温带半湿润草甸草原	具深厚均匀腐殖质层的无石灰性黑色土壤；有机质含量高；底层具轻度滞水还原淋溶特征，可见硅粉；pH 6.5~7.0
黑钙土	温带半湿润草甸草原	具深厚均匀腐殖质层和碳酸钙淋溶淀积层土壤；表层有机质含量高，下层钙积层明显；表层 pH 为 7.0，逐渐往下达 8.0~8.5
棕壤	湿润暖温带落叶阔叶林，但大部分已垦植旱作	具有黏化特征的棕色土壤；土体见黏粒淀积，盐基充分淋失，可见少量游离铁；多有干鲜果类生长，山地多森林覆盖；pH 6~7
黄棕壤	北亚热带暖湿落叶阔叶林	黄棕色黏土；第二层黏聚现象明显，弱富铝风化，黏化特征明显；多由砂页岩及花岗岩风化物发育而成；pH 5.5~6.0
黄壤	亚热带湿润条件，多见于海拔 700~1 200 m 的山区	富含水合氧化物（针铁矿）；呈黄色，中度富铝风化，有时含三水铝石；土壤有机质累积较高；多为林地，林间亦耕种；pH 4.5~5.5
红壤	中亚热带常绿阔叶林	深厚红色土层，底层可见深厚红、黄、白相间的网纹红色黏土；中度脱硅富铝风化；黏土矿物以高岭石、赤铁矿为主；生长着柑橘、油桐、油茶、茶等；pH 4.5~5.5
赤红壤	南亚热带季雨林	脱硅富铝，风化程度仅次于砖红壤，比红壤强，游离铁介于两者之间；生长龙眼、荔枝等；pH 4.5~5.5

续表

土类	分布	主要性质和利用
砖红壤	热带雨林、季雨林	具有深厚的红色风化壳;遭强烈风化脱硅作用,氧化硅大量迁出、氧化铝相对富集(脱硅富铝化),黏粒矿物以高岭石、赤铁矿与三水铝矿为主,生长橡胶及多种热带植物;pH 4.5~5.5
栗钙土	温带半干旱草原	具有栗色腐殖质层和灰白色钙积层的土壤;钙积层常出现在 20~30 cm 深处,呈斑点状或层状积钙
棕钙土	温带干旱草原	具有浅棕色薄腐殖质层、灰白色薄积钙层的土壤;地表多砾石,见黑色地衣,具有多角形裂隙,石膏积聚,积钙层接近地表
灰钙土	暖温带干旱草原	低腐殖质,具有弱淋溶特征;表层易溶盐,碳酸钙、石膏积聚,表层显结皮;植被覆盖率低;pH 8.5~9.0
荒漠土	极端干旱、漠境地区	灰漠土、灰棕漠土、棕漠土等土壤的统称;碳酸钙表面积聚,石膏和易溶盐类在剖面中积累,有机质含量甚微;地表多砾石,具龟裂化、漆皮化、砾质化和碳酸盐表聚等特点

　　除了上述两条呈地带性分布的土壤类型外,还有许多区域性土壤类型,如水稻土、潮土,多为农业利用土壤,而滨海盐土、碱土、风沙土等的改良,是人们改善生态系统,进行综合治理的目标(表 3-18)。

表 3-18　我国主要农业土壤类型的分布、主要性质和利用

土类	分布	主要性质和利用
水稻土	温带至亚热带地区	长期季节性淹灌脱水,水下耕翻,氧化还原交替,原来成土母质或母土的特性有重大改变;由于干湿交替,形成糊状淹育层、较坚实板结的犁底层(P)、潴育层(W)与潜育层(G)
潮土	近代河流冲积平原或低平阶地	地下水位浅,潜水参与成土过程;底土氧化还原作用交替,形成锈色斑纹和小型铁子;长期耕作,表层有机质含量为 10~15 g/kg
草甸盐土	半湿润至半干旱地区	高矿化地下水经毛细管作用上升至地表,盐分累积大于 6 g/kg 以上,属盐土范畴;易溶盐组成中所含的氯化物与硫酸盐比例有差异
滨海盐土	沿海一带,母质为滨海沉积物的地区	土体含有氯化物为主的可溶盐;滨海盐土的盐分组成与海水基本一致,氯盐占绝对优势,次为硫酸盐和重碳酸盐,盐分中以钠、钾离子为主,钙、镁次之;土壤含盐量 20~50 g/kg,地下水矿化度 10~30 g/L;土壤积盐强度距海由近至远逐渐减弱,从南到北而逐渐增强,长江以北的土壤富含游离碳酸钙;pH 7.5~8.5

续表

土类	分布	主要性质和利用
碱土	干旱地区	土壤交换性钠离子达 20% 以上,土壤黏粒下移累积,物理性状劣,坚实板结;表层质地轻,可见蜂窝状孔隙;pH 9~10
灌淤土	灌区	长期引用高泥沙含量灌溉水淤灌,在落淤后,即行耕翻,逐渐加厚土层达 50 cm 以上,从根本上改变了原来土壤的层次,包括表土及其他土层,均作为埋藏层,因而土体深厚,色泽、质地均一,土壤物理性状良好
黄绵土	由黄土母质直接耕翻形成	由于土壤侵蚀严重,表层耕层长期遭侵蚀,只得加深耕作黄土母质层,因而母质特性明显,无明显发育;富含细粉粒,质地、结构均一,疏松绵软,富含石灰,磷钾储量较丰,但有效性差;土壤有机质缺乏
风沙土	半干旱、干旱漠境地区及滨海地区,风沙移动堆积	由于成土时间短暂,无剖面发育,反映了沙流动堆积与固定的不同阶段
紫色土	热带亚热带	紫红色岩层直接风化,理化性质与母岩直接相关,土层浅薄,剖面层次发育不明显;母质富含矿质养分,且风化迅速,为良好的肥沃土壤

1. 旱地土壤的特性与管理

农业土壤包括农田土壤和园艺土壤。**农田土壤**是在自然土壤基础上,通过人类开垦耕种,加入人工肥力演变而成的,通常栽培小麦、玉米、大豆和水稻等农作物,有旱田和水田之分;**园艺土壤**是栽培果树、蔬菜、花卉等园艺植物的旱地土壤。

高产旱地土壤特性:旱地高产土壤最本质的特征是具有优良的肥力状况,也就是能充分、及时地满足和协调作物生长发育所需要的水、肥、气、热等。

高产旱地土壤的管理要做到以下几点:

(1)适宜的土壤环境。山区一般要梯田化,地面平整,埂坝牢固,能有效地控制水土流失,达到水不出沟、土不下坡,涵养水分和养分,培肥地力。平原区一般要实现园田化、方田化,并且以方田为中心,实现沟、渠、林、路、电配套,利于机械化作业。

(2)协调的土体构型。优质高产旱田土壤一般具有上虚下实的剖面构型,耕作层深厚、疏松,质地较轻,心土层较紧实,质地适当偏黏。

(3)适量协调的土壤养分。北方高产旱作土壤,有机质一般在 15~20 g/kg 以上,全氮含量 1~1.5 g/kg,速效磷(P)含量 10 mg/kg 以上,速效钾(K)含量 150~200 mg/kg 以上,阳离子交换量 20 cmol(+)/kg 以上。

(4)良好的物理性状。高产肥沃土壤一般都具有良好的物理性状。质地适中、结构良好、耕层土壤物理性黏粒在 30%～50%,土壤容重为 1.10～1.25 g/cm³;总孔隙度 50% 或稍大于 50%,其中非毛管孔隙一般在 10% 以上,大小孔隙比例为 1:(2～4)。

(5)有益微生物数量多、活性大、无污染。高产肥沃土壤,有益微生物都要比一般大田高出几倍至几十倍。特别是纤维分解菌和硝化细菌的活动更为显著。

2. 水田土壤的特性与管理

水田土壤是在一定的自然条件下,经长期灌水耕作,种植水稻等水生作物的土壤。它由于长期灌溉和干湿交替,形成了不同于旱田的土壤性状。

高产水田土壤特性:一是良好的土体构型。耕作层超过 20 cm;有发育良好的犁底层,厚 5～7 cm,以利托水托肥;心土层垂直节理明显,利于水分下渗和处于氧化状态。地下水位在 80～100 cm 以下为宜,以保证土体的水分浸润和通气状况。二是适量的有机质和较高的土壤养分含量。一般土壤有机质以 20～50 g/kg 为宜。肥沃水稻土必须有较高的养分贮量和供应强度。三是适当的渗漏量和适宜的地下日渗漏量。北方水稻土宜为 10 mm/日左右,利于氧气随渗漏水带入土壤中。适宜的地下水位是保证适宜渗漏量和适宜通气状况的重要条件。

水田土壤的管理如下:

(1)一般水田土壤的管理。① 搞好农田基本建设,这是保证水稻土的水层管理和培肥的先决条件。② 增施有机肥料,合理使用化肥。水稻的植株营养主要来自土壤,所以增施有机肥,种植绿肥,是培肥水稻土的基础措施。合理使用化肥,除养分种类全面考虑以外,在氮肥的施用方法上也应考虑反硝化作用,应当以铵类化肥进行深施为宜。③ 水旱轮作与合理灌排。合理灌排可以调节土温,"深水护苗,浅水发棵"。北方种植水稻地区,春季风多风大,温度不稳定。刮北风时,气温土温下降,因水的热容量大,灌深水可以防止温度下降以护苗;刮南风时,温度上升,宜灌浅水,温度升高快,利于稻苗生长,特别是插秧返青以后,宜保持浅水促进稻苗生长。水稻分蘖盛期或末期要排水烤田,以改善土壤通气状况,提高地温。土壤增温和干土,使土壤铵态氮增加,这样在烤田后再灌溉时,速效氮增加,水稻旺盛生长。烤田对北方水稻土,特别是低洼黏土地,效果更显著。

(2)低产水田土壤的管理。水稻土的低产性主要表现在冷、黏、砂、盐碱、毒和酸等。一是冷:低洼地区地下水位高的水稻土如潜育水稻土、冷浸田,秋季水稻收割后,土壤水分长期饱和甚至积水,这样次年春季插秧后因土温低而不发苗,造成低产。改良方法是开沟排水,增加排水沟密度和沟深,以降低地下水位。二是黏和砂:土壤质地过黏和过砂使水分渗漏过慢或过快,均能对水稻生长产生不良影响,也不利于耕作管理。具有这两类特性的水稻土,耕耙后水质很快澄清,地表板而硬,插秧除草都困难。改良方法是添加客土,前者掺入砂土,后者掺入黏质土,如黄土性土壤或黑土等加以改善。三是盐碱、工业废水毒害:盐碱和工业废水毒害的治理,主要是在排水的基础上,加大灌溉量,以对盐碱、工业废水毒害进行冲洗。四是酸度改良:主要是对一些土壤酸度过大的水稻土适量施用石灰,中和酸度。

能力培养

一、土壤样品采集与保存

（1）训练准备。根据班级人数,按 2 人一组,分为若干组,每组准备以下材料和用具:取土钻或小铁铲、布袋(塑料袋)、标签、铅笔、钢卷尺、制样板、木棍、镊子、土壤筛(18 目、60 目)、广口瓶、研钵、样品盘等。

（2）操作规程。选择种植农作物、蔬菜、果树、花卉、树木、草坪、牧草、林木等场所,进行表 3-19 中的全部或部分内容的操作。

表 3-19　土壤样品采集与制备

操作环节	操作规程	操作要求
合理布点	（1）布点方法:为保证样品的代表性,采样前确定采样点,可根据地块面积大小,按照一定的路线进行选取;采样的方向应该与土壤肥力的变化方向一致,采样线路一般分为对角线法、棋盘法和蛇形法三种(图 3-6) （2）采样点确定:保证采样点"随机""均匀",避免特殊取样;一般以 5~20 个点为宜 （3）采样时间:根据土壤测定需要,应随时采样;供养分普查的土样可在播种前采集混合样品,供缺素诊断用的样品,要在病株的根部附近采集土样,单独测定,并和正常土壤的土样对比;为了摸清养分变化和作物生长规律,可按作物生育期定期取样;为制订施肥计划供施肥诊断用的土样,除在前茬作物收获后或施基肥、播前采集土样,以了解土壤养分起始供应水平外,还可在作物生长期间定期连续采样,以了解土壤养分的动态变化和施肥效果	（1）面积较大、地形起伏不平、肥力不均的地块,采用蛇形布点;面积中等、地形较整齐、肥力有些差异的地块,采用棋盘式布点;面积较小、地形平坦、肥力较均匀的地块,采用对角线法布点 （2）每个采样点的选取是随机的,尽量分布均匀,每点采取土样深度一致,采样量一致 （3）将各点土样混合均匀,提高样品代表性 （4）采样点要避免田埂、路旁、沟边、挖方、填方、堆肥地段及特殊地形部位
正确取土	在选定采样点上,先将 2~3 mm 表土杂物刮去,然后用土钻或小铁铲垂直入土 15~20 cm;用小铁铲取土,应挖一个一铲宽和 20 cm 深的小坑,坑壁一面修光,再从光面用小铲切下约 1 cm 厚的土片(土片厚度上下应一致),然后集中起来,混合均匀;每点的取土深度、质量应尽量一致;如果测定微量元素,应避免用含有所测定的微量元素的工具来采样,以免造成污染	（1）样品具代表性,取土方式、取土深度一致 （2）采集剖面层次分析标本,分层取样,依次由下而上逐层采取土壤样品

操作环节	操作规程	操作要求
样品混合	将采集的各点土样在盛土盘上集中起来,粗略捡去石砾、虫壳、根系等物质,混合均匀,量多时采用四分法(图3-7),弃去多余的土,直至取够所需要数量为止,一般每个混合土样的质量以1 kg左右为宜	四分法操作时,初选剔杂后土样混合均匀,摊开时土层底部要平整,土层薄厚一致
装袋与填写标签	采好后的土样装入布袋中,用铅笔写好标签,标签一式两份,一份系在布袋外,一份放入布袋内;标签注明采样地点、日期、采样深度、土壤名称、编号及采样人等,同时做好采样记录	装袋量以大半袋约1 kg为宜
风干剔杂	从野外采回的样品要及时放在样品盘上,将土样内的石砾、虫壳、根系等物质仔细剔除,捏碎土块,摊成薄薄一层,置于干净整洁的室内通风处自然风干	土样置阴凉处风干,严禁暴晒,并注意防止酸、碱、气体及灰尘污染,同时要经常翻动
磨细过筛	(1) 18目(1 mm筛孔)样品制备:将完全风干的土样平铺在制样板上,用木棍先行碾碎;经初步磨细的土样,用1 mm筛孔(18目)的筛子过筛,不能通过筛孔的,则用研钵继续研磨,直到全部通过1 mm筛孔(18目)为止,装入具有磨口塞的广口瓶中,称为1 mm土样或18目样 (2) 60目(0.25 mm筛孔)样品制备:剩余的约1/4土样,继续用研钵研磨,至全部通过0.25 mm(60目)筛,按四分法取出200 g左右,供有机质、全氮测定之用;将土样装瓶,称为0.25 mm土样或60目样	石砾和石块少量可弃去,多量时,必须收集起来称重,计算其质量百分数,以后在计算养分含量时考虑进去;过18目筛后的土样经充分混匀后,供测定pH、速效养分等用
装瓶储存	装样后的广口瓶中,内外各附标签一张,标签上写明土壤样品编号、采样地点、土壤名称、深度、筛孔号、采集人及日期等;制备好的样品要妥为保存,若需长期储存,最好用蜡封好瓶口	在保存期间避免日光、高温、潮湿及酸碱气体的影响或污染,有效期1年

(3) 问题处理。训练结束后,完成以下问题:

① 为什么说随机采样和四分法可以提高样品的代表性?

② 在土样采集和制备过程中,应注意哪些问题?

③ 为什么不能直接在磨细通过1 mm筛孔的土样中筛出一部分作为通过60目筛的土样?

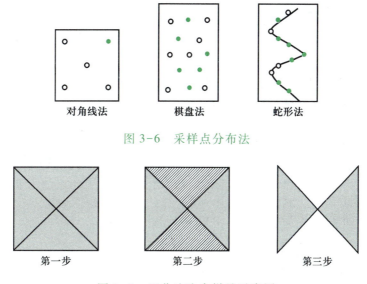

图 3-6　采样点分布法

（对角线法　　棋盘法　　蛇形法）

（第一步　　第二步　　第三步）

图 3-7　四分法取舍样品示意图

二、土壤 pH 测定

（1）训练准备。将全班按 2 人一组分为若干组，每组准备以下材料和用具：白瓷比色盘、滴管、玻璃棒、玻璃瓶、标准比色卡、塑料薄膜、白纸条等，并提前配制下列试剂。

① pH 4~8 混合指示剂。分别称取溴甲酚绿、溴甲酚紫及甲酚红各 0.25 g 于玛瑙研钵中，加 15 mL 0.1 mol/L 的氢氧化钠及 5 mL 蒸馏水，共同研匀，再加蒸馏水稀释至 1 000 mL，此指示剂的 pH 变色范围如表 3-20。

表 3-20　pH 4~8 混合指示剂显色情况

pH	4.0	4.5	5.0	5.5	6.0	6.5	7.0	8.0
颜色	黄色	绿黄色	黄绿色	草绿色	灰绿色	灰蓝色	蓝紫色	紫色

② pH 4~11 混合指示剂。称取 0.2 g 甲基红、0.4 g 溴百里酚蓝、0.8 g 酚酞，在玛瑙研钵中混合研匀，溶于 95% 的 400 mL 酒精中，加蒸馏水 580 mL，再用 0.1 mol/L 氢氧化钠调至 pH 7（草绿色），用 pH 计或标准 pH 溶液校正，最后定容至 1 000 mL，其变色范围如表 3-21。

表 3-21　pH 4~11 混合指示剂显色情况

pH	4.0	5.0	6.0	7.0	8.0	9.0	10.0	11.0
颜色	红色	橙黄色	稍带绿	草绿色	绿色	暗蓝色	紫蓝色	紫色

（2）操作规程。利用指示剂在不同 pH 溶液中显示不同颜色的特性，根据其显示颜色与标准酸碱比色卡进行比色，即可确定土壤溶液的 pH（表 3-22）。

表 3-22　土壤 pH 测定

工作环节	操作规程	质量要求
试样制备	取黄豆大小待测土壤样品,置于清洁白瓷比色板穴中,加指示剂 3~5 滴,以能全部湿润样品而稍有剩余为宜,水平振动 1 min,静置片刻	为了方便准确,事先配制成不同 pH 的标准缓冲液,每隔半个或一个 pH 单位为一级,取各级标准缓冲液 3~4 滴于白瓷比色板穴中,加混合指示剂 2 滴,混匀后,即可出现标准色阶,用颜料配制成比色卡片备用
pH 测定	待稍澄清后,倾斜瓷板,观察溶液色度,与标准色卡比色,确定 pH	

（3）问题处理。训练结束后,完成以下问题:

① 测定土壤 pH 对当地作物生产有何指导意义?

② 如何正确配制不同混合指示剂?

随堂练习

1. 请解释:土壤孔隙度;土壤结构;土壤结构体;土壤胶体;土壤耕性;土壤吸收性。

2. 列表比较三种土壤质地的农业生产特性。

3. 怎样确定土壤的宜耕期?

4. 土壤吸收类型有哪些?

5. 高产旱地和高产水田土壤各有何特性?

6. 调查当地土壤,列表比较四类土壤结构体的特性、发生条件。当地农户有哪些改良土壤的好经验,请填入表 3-23 中。

表 3-23　几种土壤结构体的比较

结构类型	俗称	结构体特性	所组成土壤的特点	当地改土经验
团粒结构				
块状结构				
柱状结构				
片状结构				

7. 请调查并探讨:当地旱作田、菜田、果园、水田等适种植物的土壤孔隙度和容重是多少? 当地主要植物生长适宜的土壤孔隙指标是多少? 其孔隙度和容重是否较为适宜? 如何进行合理改良?

任务 3.3 植物营养与科学施肥

 **任务目标**

知识目标：1. 了解植物根部营养的原理,熟悉植物根外营养的特点。

2. 了解化肥、有机肥料、微生物肥料、新型肥料及其科学施用。

能力目标：1. 能进行常见肥料的简易识别。

2. 能运用有机物料腐熟剂进行作物秸秆腐熟。

知识学习

一、植物营养

植物营养是指植物体从外界环境中吸取生长发育所需要的营养元素,用以维持其生命活动。植物对营养元素的吸收有根部营养和根外营养两种方式。根部营养是指植物根系从外界环境中吸收营养元素的过程;根外营养是指植物通过叶、茎等根外器官吸收营养元素的过程。

1. 主要营养元素对植物生长发育的影响

植物必需营养元素在植物生长发育中的功能有三个方面:一是构成植物体的结构物质、贮藏物质和生活物质;二是在植物新陈代谢中起催化作用;三是参与植物体物质的转化与运输。

不同的植物必需营养元素在植物体内具有独特的生理作用(表 3-24)。

表 3-24 植物必需营养元素的生理作用

元素名称	生理作用
氮	构成蛋白质和核酸的主要成分;叶绿素的组成成分,增强植物光合作用;植物体内许多酶的组成成分,参与植物体内各种代谢活动;植物体内许多维生素、激素等的组成成分,调控植物的生命活动
磷	是植物体许多重要物质(核酸、核蛋白、磷脂、酶等)的成分;在糖代谢、氮素代谢和脂肪代谢中起重要作用;能提高植物抗寒、抗旱等抗逆性
钾	是植物体内 60 多种酶的活化剂,参与植物代谢过程;能促进叶绿素合成,促进光合作用;是呼吸作用过程中酶的活化剂,能促进呼吸作用;能增强作物的抗旱、抗高温、抗寒、抗盐、抗病、抗倒伏、抗早衰等机能

续表

元素名称	生理作用
钙	构成细胞壁的重要元素,参与形成细胞壁;能稳定生物膜结构,调节膜的渗透性;能促进细胞伸长,对细胞代谢起调节作用;能调节养分离子的生理平衡,消除某些离子的毒害作用
镁	是叶绿素的组成成分,并参与光合作用;是许多酶的活化剂,具有催化作用;参与脂肪、蛋白质和核酸代谢;是染色体的组成成分,参与遗传信息的传递
硫	是构成蛋白质和许多酶不可缺少的组分;参与合成其他生物活性物质,如维生素、谷胱甘肽、铁氧还蛋白、辅酶 A;与叶绿素形成有关,参与固氮作用;合成植物体内挥发性含硫物质,如大蒜油
铁	是许多酶和蛋白质的组分;影响叶绿素的形成,参与光合作用和呼吸作用;促进根瘤菌作用
锰	是多种酶的组分和活化剂;是叶绿体的结构成分;参与脂肪、蛋白质合成,参与呼吸过程中的氧化还原反应;促进光合作用和硝酸还原作用;促进胡萝卜素、维生素、核黄素的形成
铜	是多种氧化酶的成分;是叶绿体蛋白-质体蓝素的成分;参与蛋白质和糖代谢;影响植物繁殖器官的发育
锌	是许多酶的成分;参与生长素合成;参与蛋白质代谢和糖类运转;参与植物繁殖器官的发育
钼	是固氮酶和硝酸还原酶的组成成分,影响生物固氮作用;参与蛋白质代谢;影响光合作用;对植物受精和胚胎发育有特殊作用
硼	能促进糖类运转;影响酚类化合物和木质素的生物合成;促进花粉萌发和花粉管生长,影响细胞分裂、分化和成熟;参与植物生长素类激素代谢;影响光合作用
氯	能维持细胞膨压,保持电荷平衡;促进光合作用;对植物气孔有调节作用;抑制植物病害发生

2. 植物营养供给的两个关键期

在植物生长发育过程中,植物对养分的吸收有明显的阶段性,这主要表现在植物不同生育期对养分的种类、数量和比例有不同的要求(图 3-8)。植物对养分的需求有两个极为关键的时期,即**植物营养临界期**和**植物营养最大效率期**。

(1)植物营养临界期。在植物生长发育过程中,会有一个时期对某种养分的需求在绝对数量上不多,但此时如果缺乏这种养分,植物的生长发育会受到严重影响,即使以后补充该种养分也很难弥补,这个时期称为植物营养临界期。这一时期一般出现在植物生长的早期。磷素营养临界期水稻、小麦在三叶期,棉花在二、三叶期,油菜在五叶期以前;氮素营养临界期水稻在三叶期和幼穗分化期,棉花在现蕾初期,小麦和玉米一般在分蘖期、幼穗分化期。

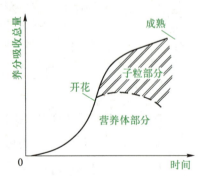

图 3-8　植物生长发育期间吸收养分的变化规律

（2）植物营养最大效率期。在植物生长发育过程中还有一个时期,植物需要养分的绝对数量最多,吸收速率最快,此时施肥增产效率最高,这个时期称为植物营养最大效率期。植物营养最大效率期一般出现在植物生长的旺盛时期,或在营养生长与生殖生长并进时期。此时植物生长量大,需肥量多,对施肥反应最为明显。如对玉米,氮肥的最大效率期一般在喇叭口至抽雄初期,棉花的氮、磷最大效率期在盛花期至始铃期。

3. 施肥的基本原理

科学施肥是运用现代农业科技成果,根据植物需肥规律、土壤供肥规律及肥料效应,以有机肥为基础,制订出各种肥料的适宜用量、比例,提出相应的施肥方法并严格按要求实施的一项综合性技术。植物科学施肥应遵循以下基本原理:

（1）养分归还学说。植物从土壤中吸收矿质养分,为了保护土壤肥力就必须把作物取走的矿质养分以肥料形式归还土壤,使土壤中养分保持一定的平衡。

（2）最小养分律。植物生长发育需要多种养分,但决定产量的却是土壤中相对含量最少的那种养分,称为养分限制因子。作物产量的高低在一定范围内随养分限制因子的变化而增减。忽视养分限制因子,即使继续增加其他养分,也难以提高作物产量。

（3）报酬递减律。从一定土地上得到的报酬随着向该土地投入的劳动和资本量的增大而有所增加,但达到一定限度后,随着投入的劳动和资本量的增加,单位投入的报酬增加却在逐渐减少。例如,施肥量与植物产量的关系往往呈正相关,但随着施肥量增多至一定量,植物的增产幅度随施肥量的增加逐渐递减,因而并不是施肥量越大产量和效益无限增加,因此,应合理计划肥料种类和施肥量。

（4）因子综合作用律。植物获得高产是综合因素共同作用的结果,除养分外,还受到温度、光照、水分、空气等环境条件与生态因素等的影响和制约。在这些因素中,其中必然有一个限制因子,产量也在一定程度上受该限制因子的制约。因此,制订施肥计划还要考虑土壤、气候、水文及农业技术条件等因素影响。

4. 合理施肥的基本方法

合理施肥应掌握好施肥适宜时期,并根据肥料施于土壤和植株的不同需要,选择不同的施肥方法。

（1）合理施肥时期。一般来说,施肥时期包括施基肥、种肥和追肥三个环节。只有三个环节掌握得当,肥料用得好,经济效益才能高（表 3-25）。

（2）土壤科学施肥方法

撒施。撒施是把肥料均匀撒于地表,然后翻入土中的一种方法。凡是施肥量大的或密植植物如小麦、水稻、蔬菜等封垄后追肥,以及根系分布广的植物,都可采用撒施法。常用于施用基肥和追肥。

表 3-25 基肥、种肥和追肥的含义、作用及施肥方法

施肥时期	含义	作用	肥料种类	施肥方法
基肥	是指在播种或定植前以及多年生植物越冬前,结合土壤耕作施入的肥料	满足整个生育期内植物营养连续性的需求;培肥地力,改良土壤,为植物生长发育创造良好的土壤条件	以有机肥为主,无机肥为辅;以长效肥料为主,速效肥料为辅	撒施、条施、分层施肥、穴施、环状和放射状施肥等
种肥	是指播种或定植时施入土壤的肥料	为种子发芽和幼苗生长发育创造良好的土壤环境	速效性化学肥料或腐熟的有机肥料	拌种、蘸秧根、浸种、条施、穴施、盖种肥等
追肥	是指在植物生长发育期间施入的肥料	及时补充植物生长发育过程中所需要的养分,有利于产量和品质的形成	速效性化学肥料,腐熟的有机肥	撒施、条施、随水浇施、根外施肥、环状和放射状施肥等

条施。条施也是施用基肥和追肥的一种方法,即开沟施用肥料后覆土。一般在肥料量较少的情况下用此法。玉米、棉花及垄栽红薯多用条施,小麦在封行前可条施,用施肥机或耧将肥料耙入土壤。

穴施。穴施是在播种前把肥料施在播种穴底,然后覆土播种。果树、林木多用穴施法。

分层施肥。将肥料按不同比例施入土壤的不同层次内。例如,河南的超高产麦田将作基肥的 70%氮肥和 80%磷钾肥撒于地表,再随耕地翻入下层,然后把剩余的 30%氮肥和 20%磷钾肥于耙地前撒入垄头,通过耙地而进入表层。

环状和放射状施肥。环状施肥常用于果园施肥,是在树冠外围地面上,挖一环状沟,深、宽各 30~60 cm(图 3-9),施肥后覆土踏实。来年再施肥时可在第一年施肥沟的外侧再挖沟施肥,逐年扩大施肥范围。放射状施肥是在距树木一定距离处,以树干为中心,向树冠外围挖 4~8 条放射状直沟,沟深、沟宽各 50 cm,沟长与树冠相齐,肥料施在沟内(图 3-10),来年再交错位置挖沟施肥。

(3)植株科学施肥方法

根外追肥。是把肥料配成一定浓度的溶液,喷洒在植物体上,以供植物吸收的一种施肥方法。此法常用于叶面喷施。

注射施肥。注射施肥是在树体、根、茎部打孔,在一定的压力下,将营养液通过树体的导管,输送到植株各个部位的一种施肥方法。注射施肥又分为滴注和强力注射(图 3-11)。此法多用于林木、果树的施肥。

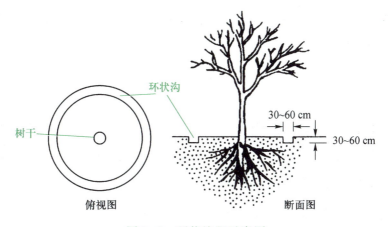

图 3-9 环状施肥示意图

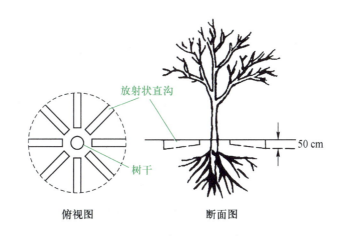

图 3-10 放射状施肥示意图

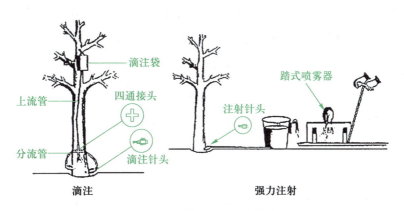

图 3-11 注射施肥示意图

打洞填埋法。是在果树主干上打洞,将固体肥料填埋于洞中,然后封闭洞口,任肥料缓慢释放的一种施肥方法,适于果树等木本植物施用微量元素肥料。

蘸秧根。对移栽植物如水稻,将磷肥或微生物菌剂配制成一定浓度的悬浊液,浸蘸秧根,然后定植。

种子施肥。包括拌种、浸种和盖种肥。**拌种**是将肥料与种子均匀拌和或把肥料配成一定浓度的溶液与种子均匀拌和后一起播入土壤的一种施肥方法;**浸种**是用一定浓度的肥料溶液来浸泡种子一定时间后,取出稍晾干再播种;**盖种肥**是开沟播种后,用充分腐熟的有机肥或草木灰盖在种子上面的施肥方法。

二、化学肥料及其科学施用

化学肥料简称化肥,是用化学或物理方法人工制成的、含有一种或几种农作物生长需要的营养元素的肥料。化学肥料一般分为单质肥料(氮肥:尿素、硫酸铵、碳酸氢铵等;磷肥:过磷酸钙、磷矿粉、钙镁磷肥等;钾肥:氯化钾、硫酸钾等)、复合肥料(磷酸二氢钾、硝酸钾、磷酸铵等)和微量元素肥料(硫酸亚铁、硼酸、硫酸锌、硫酸锰、钼酸铵等)。化学肥料具有成分比较单一、养分含量高、肥效快、体积小且运输方便等特点。

1. 氮、磷、钾肥的科学施用

氮、磷、钾是作物大量需要的营养物质,在一般施肥情况下,中等产量水平时,植物吸收的氮中有 30%～60%、磷中 50%～70%、钾中 40%～60% 来自土壤,可见土壤养分环境对作物营养的重要性。我国农业土壤一般不能满足作物生长需要,因此需施用肥料。

(1)氮肥。我国土壤耕层的全氮含量大多在 0.05%～0.25%。条件基本相近时,水田的含氮量往往高于旱地土壤。不同地区的氮含量存在差异,如东北地区的黑土含氮量最高,为 0.15%～0.35%;西北黄土高原和华北平原的含氮量较低,为 0.05%～0.10%;华中华南地区含氮量变幅较大,为 0.04%～0.18%。氮肥利用率低是国内外普遍存在的问题。我国氮肥利用率水田一般为 20%～50%,旱地为 40%～60%。

所施氮肥按氮素化合物的形态可分为铵态氮肥、硝态氮肥和酰胺态氮肥。

铵态氮肥包括氨水、碳酸氢铵、硫酸铵、氯化铵等,其中的氮素常以 NH_4^+ 形式存在,在一定条件下易生成氨气挥发,导致氮素损失,故使用时应深施并覆土,可减少氨的直接挥发,提高氮肥利用率;氮肥深施还具有前缓、中稳、后长的供肥特点,其肥效可长达 60～80 d,能保证植物后期对养分的需要;氮肥深施还有利于促进根系发育,增强植物对养分的吸收能力。深施的深度以达到植物根系集中分布范围为宜,例如,某品种水稻根深多为 10 cm,则施肥深度以 10 cm 为宜。铵态氮肥常用作基肥。

硝态氮肥中的氮素以硝酸盐(NO_3^-)形式存在,包括硝酸钠、硝酸钙等。硝态氮遇水易淋溶流失,移动性大,不宜用于气候湿润、降雨量大的田地。因此,硝态氮肥多施于旱地,铵态氮肥多施于水田。硝态氮肥常用作旱田追肥。

酰胺态氮肥中氮是以酰胺基形态($—CONH_2$)存在,如尿素、碳氮。酰胺态氮肥较铵态氮、硝态氮稳定,故尿素适用于各种作物和土壤,可用作基肥、追肥。

植物的不同生长时期对氮肥需求不同。一般来说,叶菜类植物和以叶为收获物的植物需氮较多,禾谷类植物需氮次之,而豆科植物能进行共生固氮,一般只需在生长初期施用一些氮肥。马铃薯、甜菜、甘蔗等淀粉和糖料作物一般只需在生长初期需要氮素充足供应,蔬菜则需在整个生长期多次补充氮肥,使得氮素均匀地供给蔬菜各生长期需要,而不能把全生育期所需的氮肥一次性施入。

同一植物的不同品种需氮量也不同。如杂交稻及矮秆水稻品种需氮量较常规稻、籼稻和高秆水稻品种为多。有些植物对氮肥品种具有特殊喜好,如马铃薯最好施用硫酸铵;麻类植物喜硝态氮;甜菜以硝酸钠最好;番茄在苗期以铵态氮较好,结果期以硝态氮较好。

常见氮肥及其性质和施用要点如表 3-26。

表 3-26　常见氮肥及其性质和施用要点

肥料名称	化学成分	N 含量/%	酸碱性	主要性质	施用要点
碳酸氢铵	NH_4HCO_3	16.8~17.5	弱碱	白色细结晶,易吸湿结块、分解挥发,有刺激性氨味,应防潮、密闭储存;易溶于水;施入土壤无残留,是中性肥料	碳酸氢铵偏碱性,施入土壤变为中;含氮十六到十七,各种作物都适宜;高温高湿易分解,施用千万要深埋;牢记莫混钙镁磷,还有草灰人尿粪。
尿素	$CO(NH_2)_2$	45~46	中性	白色结晶,无味无臭,稍有清凉感;易溶于水,呈中性反应;易吸湿,肥料级尿素则吸湿性较小	尿素性平呈中性,各类土壤都适用;含氮高达四十六,根外追肥称英雄;施入土壤变碳铵,然后才能大水灌;千万牢记要深施,提前施用最关键。
硫酸铵	$(NH_4)_2SO_4$	20~21	弱酸	白色结晶,因含有杂质有时呈淡灰、淡绿或淡棕色;易溶于水;吸湿性弱,热反应稳定,是生理酸性肥料,在酸性土壤中长期施用,应配施石灰和钙镁磷肥,以防土壤酸化	硫铵俗称肥田粉,氮肥以它作标准;含氮高达二十一,各种作物都适宜;生理酸性较典型,最适土壤偏碱性;混合普钙变一铵,氮磷互补增效应。

(2)磷肥。在我国,由于近年来作物产量不断提高,土壤缺磷面积不断扩大,原来缺磷肥不明显的地区也表现出严重的缺磷现象,如广大的黄淮海平原、西北黄土高原以至新疆等地都大面积缺磷。对于华中、华南的中高产水稻土,磷已可满足作物需要,但在大面积的酸性旱地土壤以及部分低产水田,磷仍然相当缺乏。磷肥施用过多,会对水土造成污染,影响人畜食品安全,因此施磷量应适宜。在这些区域通过使用土壤氮磷钾检测仪进行养分监测,可保证合理施肥,减少施肥过量对土壤及水资源的污染。

磷肥按照所含磷酸盐溶解程度的难易,可分为三种类型,即水溶性磷肥、枸溶性磷肥和难溶性磷肥。我国磷肥的当季利用率在 10%～25%,利用率较低。磷肥易固定,在土壤中移动性很小。因此,根据不同土壤、植物种类、生长时期以及耕作制度选择不同类型的磷肥、施用方法对于提高磷肥施用效率至关重要。

水溶性磷肥,主要有过磷酸钙和重过磷酸钙,为水溶性、酸性速效磷肥,所含的磷易被植物吸收利用,肥效快,适用于大多数土壤和植物。但由于是酸性磷肥,更适合石灰性土壤。可作基肥、种肥和追肥。

枸溶性磷肥(弱酸溶性磷肥),主要有钙镁磷肥、钢渣磷肥、脱氟磷肥、沉淀磷肥和偏磷酸钙等。其肥效较水溶性磷肥要慢,常作基肥。由于其呈碱性,最好施在酸性土壤上。

难溶性磷肥,主要有磷矿粉、骨粉和磷质海鸟粪等。肥效迟缓而长,为迟效性磷肥。由于其难溶性,基本不在土层中移动,因此,为了满足植物不同生育期对磷肥的需要,使用时宜分层撒施在根系活动层的土壤中。

磷肥施用特点:**一是**植物需磷临界期一般在早期。因此,磷肥要早施,常作底肥深施于土壤,而后期可通过叶面喷施进行补充。**二是**磷肥具有后效。由于磷肥的固定作用,在轮作周期中,不需要每个生产季都施用磷肥,而应当重点施用在最能发挥磷肥效果的茬口上。如旱地轮作中,对越冬植物重施、多施,越夏植物早施、巧施;水旱轮作(如油-稻、麦-稻轮作)中,应本着"旱重水轻"的原则,重施油、麦地,轻施水稻田。

土壤供磷水平、有机质含量、土壤熟化程度、土壤酸碱度等因素都对磷肥肥效有明显影响。缺磷土壤要优先施用、足量施用;中度缺磷土壤要适量施用、看苗施用;含磷丰富土壤要少量施用、巧施磷肥。有机质含量高(>25 g/kg)的土壤,适当少施磷肥;有机质含量低的土壤,应适当多施。土壤 pH 在 6.0～7.5 范围,土壤有效磷含量相对较高,土壤 pH 小于 5.5 或 大于 7.5 时,土壤有效磷含量较低。酸性土壤可施用碱性磷肥和枸溶性磷肥,石灰性土壤优先施用酸性磷肥和水溶性磷肥。

磷肥与有机肥料混合或堆沤施用,可减少土壤对磷的固定作用,促进弱酸性磷肥溶解,防止氮素损失,起到"以磷保氮"作用。机械化施肥时,磷肥颗粒直径以 3～5 mm 为宜,但密植植物、根系发达植物还是施用粉状过磷酸钙为好。

常见磷肥及其性质和施用要点见表 3-27。

(3) 钾肥。我国土壤的全钾含量总体上是南方较低,北方较高。南方的砖红壤中全钾含量平均只有约 0.4%,华中、华东的红壤则平均为 0.9%,而我国北方包括华北平原、西北黄土高原以至东北黑土地区,土壤全钾量一般都在 1.7% 左右。因此,缺钾主要在南方,但目前北方已开始出现缺钾现象。土壤中的钾按化学形态可分为水溶性钾、交换性钾、缓效态钾和矿物态钾。

水溶性钾是指以离子形态存在于土壤中的钾,只占土壤全钾量的 0.05%～0.15%。

交换性钾是吸附在带有负电荷的土壤胶体上的钾,一般占土壤全钾量的 0.15%～0.5%。

表 3-27 常见磷肥及其性质和施用要点

肥料名称	主要成分	P_2O_5含量/%	主要性质	施用要点
过磷酸钙	$Ca(H_2PO_4)_2$、$CaSO_4$	12~18	灰白色粉末或颗粒,含硫酸钙40%~50%、游离硫酸和磷酸3.5%~5%;能溶于水;呈酸性,有腐蚀性,易吸湿结块	过磷酸钙性呈酸,基种追肥都适用;酸土先施石灰土,隔天施磷于根层;混沤厩肥分层施,减少土壤磷固定;配合尿素硫酸铵,以磷促氮大增产。
重过磷酸钙	$Ca(H_2PO_4)_2$	36~42	深灰色颗粒或粉状,含游离磷酸4%~8%;呈酸性,腐蚀性强;吸湿性强;又称双料或三料磷肥	俗称重钙呈酸性,含磷加倍量减半;因是过磷酸钙弟,它们用处基本同;但怕铁铝来固定,不宜拌种蘸根苗。
钙镁磷肥	$\alpha-Ca_3(PO_4)_2$、CaO、MgO、SiO_2	14~18	墨绿色、灰绿色粉末;不溶于水,溶于弱酸;物理性状好,呈碱性	钙镁磷肥呈碱性,溶于弱酸属枸溶;施用应作基肥使,酸土种肥蘸秧根;一般不作追肥用,石灰土壤不稳定;小麦油料和豆科,施用效果各不同;五十千克施一亩,用前堆沤肥效增;若与铵态氮肥混,氮素挥发不留情。

缓效态钾主要是指固定在黏土矿物层状结构中的钾和较易风化的矿物中的钾,如黑云母中的钾。缓效态钾一般占土壤全钾量的 1%~10%。

矿物态钾主要是指存在于原生矿物中的钾,如钾长石、白云母中的钾。这部分钾占土壤全钾量的 90%~98%。

钾肥施用特点:一是钾肥宜深施、早施和相对集中施。**二是**施用时掌握重施基肥,看苗早施追肥的原则。**三是**钾肥只有在充足供给氮磷养分的基础上才能更好地发挥作用。通过秸秆还田、施用有机肥或草木灰、种植富钾植物、合理轮作倒茬等途径,可增加土壤钾素供应,减少化学钾肥施用。

对一般植物来说,苗期对钾较为敏感。耐氯力弱、对氯敏感的植物(如烟草、马铃薯)尽量选用硫酸钾;多数耐氯力强或耐氯中等的植物(如谷类植物、纤维植物)尽量选用氯化钾。水稻秧田施用钾肥有较明显效果。

轮作中,钾肥应施于最需要钾的植物中。需钾量大的植物有油料、薯类、糖料、棉麻、豆科作物,以及烟草、果、茶、桑等。禾谷类植物及禾本科牧草等植物施用钾肥效果不明显。

在缺钾土壤中,不同土壤质地施肥量不同。黏质土壤钾肥用量应适当增加,砂质土壤钾肥应掌握分次、适量的施肥原则。干旱地区的土壤,钾肥施用量适当增加。在长年渍水还原性强的水田应适当增加钾肥用量。盐碱地应避免施用大量氯化钾,酸性土壤施硫酸钾更好些。

常见钾肥及其性质和施用要点见表 3-28。

表 3-28　常见钾肥及其性质和施用要点

肥料名称	成分	K_2O 含量/%	主要性质	施用要点
氯化钾	KCl	50~60	白色或粉红色结晶,易溶于水,不易吸湿结块,是生理酸性肥料	氯化钾,早当家,钾肥家族数它大; 基肥追肥都可以,种肥拌施不用它; 亩用一十五千克,更适麻类和棉花; 酸性土中加石灰,中和酸性增肥力; 盐碱地上不能用,莫施忌氯作物地。
硫酸钾	K_2SO_4	48~52	白色或淡黄色结晶,易溶于水,物理性状好,是生理酸性肥料	硫酸钾,较稳定,基种追肥均可行; 集中条施或穴施,施入湿土防固定; 酸土施用加矿粉,中和酸性又增磷; 石灰土壤防板结,增施厩肥最可行; 每亩用量十千克,块根块茎用量增; 易溶于水肥效快,氮磷配合增效应。

2. 常见微量元素肥料的科学施用

土壤中微量元素含量通常在百万分之几到十万分之几,其中以铁含量最高,钼含量最低。土壤中微量元素的形态非常复杂,主要可分为水溶态、交换态、固定态、有机结合态、矿物态等。

(1) 土壤中微量元素的有效性主要受土壤酸碱性、有机质、土壤质地、氧化还原状况等影响。一般来说,酸性土壤中铁、锰、锌、铜、硼等微量元素有效性随土壤酸性增强而提高;而碱性、石灰性土壤中钼的有效性较高。有机质含量较高的土壤上植物常发生缺铜现象。微量元素被胶体吸附但有效性仍较高,若进入胶体晶格内部则失去有效性。土壤氧化还原状况对铁、锰的有效性影响大,氧化条件下,铁形成 Fe^{3+},而锰形成 MnO_2,有效性降低;还原条件下铁、锰的有效性大大提高。

(2) 常用微量元素肥料的种类和性质。通常情况下,土壤中微量元素含量足够植物吸收利用。但由于土壤受环境条件影响,其有效性往往很低,甚至缺乏,有时需施用微量元素肥料进行补充。微量元素肥料的种类很多,常见的微量元素肥料及其性质和施用要点见表 3-29。

表 3-29　常见微量元素肥料及其性质和施用要点

种类	肥料名称	主要成分	含量/%	主要性质	施用要点
硼肥	硼砂、硼酸	$Na_2B_4O_7 \cdot 10H_2O$、H_3BO_3	11~17.5	白色结晶或粉末,40℃热水中易溶,不吸湿,性偏碱,适合酸性土壤;硼酸性质同硼砂	作物缺硼植株小,叶片厚皱色绿暗;棉花缺硼蕾不花,多数作物花不全;麦棉烟麻苜蓿薯,甜菜油菜及果树;这些作物都需硼,用作喷洒浸拌种;浸种浓度掌握稀,万分之一就可以;叶面喷洒作追肥,浓度万分三至七;硼肥拌种经常用,千克种子一克肥;用于基肥农肥混,每亩莫过一千克。
锌肥	硫酸锌	$ZnSO_4 \cdot 7H_2O$	23~24	白色或浅橘红色结晶;弱酸性,易溶于水,不吸湿	常用锌肥硫酸锌,按照剂型有区分:一种七水化合物,白色颗粒或白粉;二种含锌三十六,菱状结晶性有毒;最适土壤石灰性,还有酸性砂质土;适应玉米和甜菜,稻麻棉豆和果树;玉米对锌最敏感,缺锌叶白穗尖秃,小麦缺锌叶缘白,主脉两侧条状斑;果树缺锌幼叶小,缺绿斑点连成片;水稻缺锌草丛状,植株矮小生长慢;亩施莫超两千克,混合农肥生理酸;遇磷生成磷酸锌,不易溶水肥效减;玉米常用根外喷,浓度一定要定真;若喷百分零点五,外添一半石灰熟,这个浓度经常用,还可用来喷果树;其他作物千分三,连喷三次效明显;拌种千克加四克,浸种一克就可行;另有锌肥氯化锌,白色粉末锌氯粉;还有锌肥氧化锌,又叫锌白锌氧粉;含锌高达七十八,不溶于水和乙醇,百分之一悬浊液,可用秧苗来蘸根;最好锌肥螯合态,易溶于水肥效显。
锰肥	硫酸锰	$MnSO_4 \cdot 3H_2O$	26~28	粉红色结晶,易溶于水,易风化	施锰有效作物多,甜菜麦类及豆科,玉米谷子马铃薯,葡萄花生桃苹果;作物缺锰叶肉黄,出现病斑烧焦状;严重全叶都失绿,叶脉仍绿特性强;对照病态巧诊断,科学施用是关键;一般亩施三千克,生理酸性农肥混;拌种千克加八克,二十克是甜菜种;浸种叶喷浓度同,千分之一就可用;另有氯锰碳酸锰,基肥常用锰废渣。
铜肥	硫酸铜	$CuSO_4 \cdot 5H_2O$	24~26	蓝色结晶,易溶于水	目前铜肥有多种,溶水只有硫酸铜;作物缺铜叶尖白,叶缘多呈黄灰色;果树缺铜顶叶簇,上部梢头多死枯;认准缺铜才施铜,多用基肥浸拌种;由于铜肥有毒性,浓度宁稀不要浓;基肥亩施一千克,可用十倍细土掺;麦麻玉米及莴苣,洋葱菠菜果树敏;浸种用水十千克,加肥零点两克准;外加五克氢氧钙,以免作物受毒害;根外喷洒浓度大,氢氧化钙加百克;掺拌种子一千克,仅需铜肥为一克;硫酸铜加氢氧钙,波尔多液防病害;常用浓度百分一,掌握等量五百克;铜肥减半用苹果、小麦柿树和白菜;石灰减半于葡萄、番茄瓜类及辣椒。

续表

种类	肥料名称	主要成分	含量/%	主要性质	施用要点
钼肥	钼酸铵	$(NH_4)_6Mo_7O_{24}\cdot4H_2O$	50~54	青白或黄白粒状结晶,暴晒易风化失氨;易溶于水,溶于强酸、强碱	作物缺钼叶失绿,首先表现叶脉间;豆科作物叶变黄,番茄叶边向上卷;柑橘失绿黄斑状,小麦成熟要迟延;最适豆科十字科,小麦玉米也喜欢;不适葱韭等蔬菜,用作基肥混普钙;每亩仅用一百克,严防施用超剂量;经常用于浸拌种,根外喷洒最适应;浸种浓度千分一,根外追肥也适宜。
铁肥	硫酸亚铁	$FeSO_4\cdot7H_2O$	19~20	淡绿色结晶,呈酸性,易溶于水	常用铁肥有黑矾,又名亚铁色绿蓝;作物缺铁叶失绿,增施黑矾肥效速;最适作物有玉米,高粱花生大豆蔬;南方稻田多缺硫,施用一季壮一年;北方土壤多缺铁,直接施地肥效减;应混农肥人粪尿,用于果树大增产;施用黑矾五千克,农肥二百千克掺;集中施于树根下,增产效果更可观;为免土壤来固定,最好根外来追肥;亩需黑矾二百克,兑水一百千克整;出叶芽时来喷施,连喷三次效果明;也可树干钻小孔,株塞两克入孔中;还可针注果树干,浓度百分零点三。

（3）微量元素肥料施用技术。微量元素肥料有多种施用方法,既可作基肥、种肥或追肥施入土壤,又可直接作用于植物,如种子处理、蘸秧根或根外喷施。

拌种。用少量温水将微量元素肥料溶解,配制成较高浓度的溶液,喷洒在种子上。一般每千克种子0.5~1.5 g,边喷边拌,晾干后可用于播种。

浸种。把种子浸泡在含有微量元素肥料的溶液中6~12 h,捞出晾干即可播种,浓度一般为0.01%~0.05%。

蘸秧根。具体做法是将适量的肥料与少许肥沃土壤制成稀薄的糊状液体,在插秧前或植物移栽前,把秧苗或幼苗根浸入液体中数分钟即可。如水稻可用1%氧化锌悬浊液蘸根半分钟即可插秧。

根外喷施。这是微量元素肥料经济有效的施用方法。常用浓度为0.01%~0.2%,具体用量视植物种类、植株大小而定,一般每公顷用600~1 125 kg(每亩用40~75 kg)溶液。

枝干注射。果树、林木缺铁时常用0.2%~0.5%硫酸亚铁溶液注射入树干内,或在树干上钻一小孔,每棵树用1~2 g硫酸亚铁盐塞入孔内,效果很好。

常见微量元素肥料的具体施用方法列于表3-30。

（4）微量元素肥料施用注意事项。微量元素肥料施用有其特殊性,如果施用不当,不仅不能增产,反而会使植物受到严重危害,为此,施用时应注意:

表 3-30 常见微量元素肥料的施用方法

肥料名称	基肥	拌种	浸种	根外喷施
硼肥	硼酸 225～375 kg/hm²（15～25 kg/亩），硼砂 7.5～11.25 kg/hm²（0.5～0.75 kg/亩），可持续 3～5 年	—	—	硼酸或硼砂浓度 0.1%～0.2%，喷施 2～3 次
锌肥	硫酸锌 15～30 kg/hm²（1～2 kg/亩），可持续 2～3 年	每千克种子用硫酸锌约 4 g	硫酸锌浓度为 0.02%～0.05%，水稻用 0.1%	硫酸锌浓度 0.1%～0.2%，喷施 2～4 次
钼肥	钼渣 3.75 kg/hm²（0.25 kg/亩）左右，可持续 2～4 年	每千克种子用钼酸铵 1～2 g	钼酸铵浓度为 0.05%～0.1%	钼酸铵浓度 0.05%～0.1%，喷施 1～2 次
锰肥	硫酸锰 15～45 kg/hm²（1～3 kg/亩），可持续 1～2 年，效果较差	每千克种子用硫酸锰 4～8 g	硫酸锰浓度为 0.1%	硫酸锰浓度 0.1%～0.2%，果树 0.3%，喷施 2～3 次
铁肥	大田植物，硫酸亚铁 30～75 kg/hm²（2～5 kg/亩），果树 75～150 kg/hm²（5～10 kg/亩）	—	—	大田植物硫酸亚铁浓度 0.2%～1.0%；果树 0.3%～0.4%，喷 3～4 次
铜肥	硫酸铜 15～30 kg/hm²（1～2 kg/亩），可持续 3～5 年	每千克种子用硫酸铜 4～8 g	硫酸铜浓度为 0.01%～0.05%	硫酸铜浓度为 0.02%～0.04%，喷 1～2 次

针对植物对微量元素的反应施用。各种植物对不同的微量元素有不同的反应，敏感程度也不同，需要量也有差异（表 3-31），因此将微量元素肥料施在需要量较多、对缺素比较敏感的植物上，可发挥其增产效果。例如，果树施用铁肥，全年施肥效果比较明显。

表 3-31 主要植物对微量元素需求状况

元素	需要较多	需要中等	需要较少
硼（B）	甜菜、苜蓿、萝卜、向日葵、白菜、油菜、苹果等	棉花、花生、马铃薯、番茄、葡萄等	大麦、小麦、柑橘、西瓜、玉米等
锰（Mn）	甜菜、马铃薯、烟草、大豆、洋葱、菠菜等	大麦、玉米、萝卜、番茄、芹菜等	苜蓿、花椰菜、包心菜等

续表

元素	需要较多	需要中等	需要较少
铜（Cu）	小麦、高粱、菠菜、莴苣等	甘薯、马铃薯、甜菜、苜蓿、黄瓜、番茄等	玉米、大豆、豌豆、油菜等
锌（Zn）	玉米、水稻、高粱、大豆、番茄、柑橘、葡萄、桃等	马铃薯、洋葱、甜菜等	小麦、豌豆、胡萝卜等
钼（Mo）	大豆、花生、豌豆、蚕豆、绿豆、紫云英、苕子、油菜、花椰菜等	番茄、菠菜等	小麦、玉米等
铁（Fe）	蚕豆、花生、马铃薯、苹果、梨、桃、杏、李、柑橘等	玉米、高粱、苜蓿等	大麦、小麦、水稻等

针对土壤中微量元素状况而施用。不同的土壤类型，不同质地的土壤其施用微量元素肥料效果不同。一般来说，缺铁、硼、锰、锌、铜，主要发生在北方石灰性土壤上，而缺钼主要发生在酸性土壤上。酸性土壤施用石灰会明显影响多种微量元素养分的有效性，因此，应在补充有效性微量元素养分的同时，消除导致微量元素缺乏的土壤因素。一般可采用施用有机肥料或适量石灰来调节土壤酸碱度，改良土壤的某些性状。

针对天气状况而施用。早春遇低温时，早稻容易缺锌；冬季干旱，会影响根系对硼的吸收，翌年油菜容易出现大面积缺硼；降雨较多的砂性土壤，容易引起土壤铁、锰、钼的淋溶流失，会促使植物产生缺铁、缺锰和缺钼症状；在排水不良的土壤中又易发生铁、锰、钼的毒害。

把施用大量元素肥料放在重要位置上。虽然微量元素肥料和氮、磷、钾三大肥料要素都是同等重要和不可代替的，但是在农业生产中，微量元素肥料的效果，只有在施足大量元素肥料基础上才能充分发挥出来，因此，首先应保证大量元素的供给。

严格控制用量，力求施用适量均匀。微量元素肥料用量过大对植物会产生毒害作用，而且有可能污染环境，或影响人畜健康，因此，施用时应严格控制用量，力求施用适量均匀。

3. 常见复（混）合肥料的科学施用

复（混）合肥料是指氮、磷、钾三种养分中，至少有两种养分标明含量，由化学方法和（或）掺混方法制成的肥料，简称复混肥料。由化学方法制成的称**复合肥料**，由掺混方法制成的称**混合肥料**。复（混）合肥料的有效成分，一般用 $N-P_2O_5-K_2O$ 的百分数含量来表示。如含 N 13%、K_2O 44% 的硝酸钾，可用 13-0-44 来表示。复（混）合肥料具有以下特点：养分齐全，科学配伍；物理性状好，适合机械化施肥；简化施肥步骤，节省劳动力；效用与功能多样；养分比例固定。

常见复合肥料的性质与施用要点见表3-32。

表 3-32　常见复合肥料的性质及施用要点

肥料名称	组成和含量	性质	施用要点
磷酸铵	$(NH_4)_2HPO_4$ 和 $NH_4H_2PO_4$ N 16%~18%，P_2O_5 46%~48%	水溶性，性质较稳定，多为白色结晶颗粒状	可作基肥或种肥，适当配合施用氮肥
硝酸磷肥	NH_4NO_3，$(NH_4)_2HPO_4$ 和 $CaHPO_4$ N 12%~20%，P_2O_5 10%~20%	灰白色颗粒状，有一定吸湿性，易结块	可作基肥或追肥，不宜用于水田，豆科植物效果差
磷酸二氢钾	KH_2PO_4 P_2O_5 52%，K_2O 35%	水溶性，白色结晶，酸性，吸湿性小，物理性状良好	多用于根外喷施和浸种
硝酸钾	KNO_3 N 12%~15%，K_2O 45%~46%	水溶性，白色结晶，吸湿性小，无副成分	多作追肥，施于旱地和马铃薯、甘薯、烟草等喜钾植物

目前,各地推广施用的配方肥料多为掺混肥料,即把含有氮、磷、钾及其他营养元素的基础肥料按一定比例掺混而成的混合肥料,简称 BB 肥。由于它具有生产工艺简单、投资小、能耗少、成本低,养分配方灵活、针对性强、能适应农业生产需要的特点,因此发展很快。

复混肥料的增产效果与土壤条件、植物种类、肥料中养分形态等有关,若施用不当,不仅不能充分发挥其优点,而且会造成养分浪费,因此,在施用时应注意以下几个问题:

(1) 根据土壤条件科学施用。土壤养分及理化性质不同,适用的复混肥料也不同。

一般来说,在某种养分供应水平较高的土壤上,应选用该养分含量低的复混肥料,例如,在含速效钾较高的土壤上,宜选用高氮、高磷、低钾复混肥料或氮、磷二元复混肥料;相反,在某种养分供应水平较低的土壤上,则选用该养分含量高的复混肥料。

石灰性土壤宜选用酸性复混肥料,如硝酸磷肥系、氯磷铵系等,而不宜选用碱性复混肥料;酸性土壤则相反。

一般水田优先选用尿素磷铵钾、尿素钙镁磷肥钾等品种,不宜选用硝酸磷肥系复混肥料;旱地则优先选用硝酸磷肥系复混肥料,也可选用尿素磷铵钾、氯磷铵钾、尿素过磷酸钙钾等,而不宜选用尿素钙镁磷肥钾等品种。

(2) 根据植物特性科学施用。根据植物种类和营养特点施用适宜的复混肥料。一般粮食作物以提高产量为主,可施用氮磷复混肥料;豆科植物宜施用磷钾为主的复混肥料;果树、西瓜等经济作物,以追求品质为主,施用氮磷钾三元复混肥料,可降低果品酸度,提高甜度;烟草、柑橘等忌氯植物应施用不含氯的三元复混肥料。

在轮作中,上、下茬植物施用的复混肥料也应有所区别。如在南方稻-稻轮作制中,同为缺磷的土壤上,磷肥的肥效早稻好于晚稻,而钾肥的肥效则相反,是晚稻好于早稻。在北方小麦-玉米轮作中,小麦应施用高磷复混肥料,玉米应施用低磷复混肥料。

(3) 根据复混肥料的养分形态科学施用。含铵态氮、酰胺态氮的复混肥料在旱地和水田都可施用,但应深施覆土,以减少养分损失;含硝态氮的复混肥料宜施在旱地,在水田和多雨地区肥效较差。含水溶性磷的复混肥料在各种土壤上均可施用,含弱酸溶性磷的复混肥料更适合于酸性土壤。含氯的复混肥料不宜在忌氯植物和盐碱地上施用。

(4) 以基肥为主科学施用。由于复混肥料一般含有磷或钾,且为颗粒状,养分释放缓慢,所以作基肥或种肥效果较好。复混肥料作种肥必须将种子和肥料隔开 5 cm 以上,否则影响出苗而减产。施肥方式有条施、穴施、全耕层深施等,在中低产土壤上,条施或穴施比全耕层深施效果更好,尤其是以磷、钾为主的复混肥料穴施于植物根系附近,便于吸收,可减少滞留。

(5) 与单质肥料配合施用。复混肥料种类多,成分复杂,养分比例各不相同,不可能完全适合所有植物和土壤,因此施用前应根据复混肥料的成分、养分含量和植物的需肥特点施用一定量的复混肥料,并配施适量的单质肥料,以确保养分平衡,满足植物需求。

三、有机肥料及其科学施用

有机肥料是指利用各种有机废弃物,经加工积制而成的、含有有机物质的肥料,是农村就地取材、就地积制、就地施用的一类自然肥料,也称农家肥。

1. 有机肥料的类型

有机肥料按其来源、特性和积制方法可分为粪尿肥、绿肥和杂肥三类。

(1) 粪尿肥。主要是动物的排泄物,包括人粪尿、家畜粪尿、家禽粪、海鸟粪、蚕沙等。各类畜禽粪尿的性质与施用见表 3-33。

表 3-33　畜禽粪尿的性质、施用范围和方式

畜禽粪尿	性质	施用范围和方式
猪粪	质地较细,含纤维少,C/N 低,养分含量较高,且蜡质含量较多;阳离子交换量较高;含水量较多,纤维分解细菌少,分解较慢,产热较少,为温性肥料	适于各种土壤和植物,可作基肥和追肥
牛粪	质地细密,C/N 为 21:1,含水量较高,通气性差,分解较缓慢,释放出的热量少,为冷性肥料	适于有机质缺乏的轻质土壤,作基肥
羊粪	质地细密干燥,有机质和养分含量高,C/N 为 12:1,分解较快,发热量较大,为热性肥料	适于各种土壤,可作基肥
马粪	纤维素含量较高,疏松多孔,水分含量低,C/N 为 13:1,分解较快,释放热量较多,为热性肥料	适于质地黏重的土壤,多作基肥;也可作高温堆肥和温床的酿热物
兔粪	富含有机质和各种养分,C/N 小,易分解,释放热量较多,为热性肥料	多用于茶、桑、果树、蔬菜、瓜类等植物,可作基肥和追肥
禽粪	纤维素较少,质地细腻,养分含量高于家畜粪,分解速度较快,发热量较低	适于各种土壤和植物,可作基肥和追肥

（2）绿肥。这类肥料主要是指直接翻压到土壤中作为肥料施用的植物整体和植物残体，包括草木和作物秸秆等沤制的肥料。

（3）杂肥。包括各种能用作肥料的有机废弃物，如泥炭（草炭）和利用泥炭、褐煤、风化煤等为原料加工提取的各种富含腐殖酸的肥料，饼肥（榨油后的油粕）与食用菌的废弃营养基，河泥、湖泥、塘泥、污水、污泥、垃圾肥和其他含有有机物质的工农业废弃物等，也包括以有机肥料为主配置的各种营养土。

2. 有机肥料的作用

有机肥料在农业生产中所起到的作用，可以归结为以下几个方面。

（1）改良土壤理化性质。有机肥料可增加土壤腐殖酸含量，促进土壤团粒结构形成，从而协调土壤孔隙状况，提高土壤的保蓄性能，平衡土壤的水、气、热；还能增强土壤的缓冲性，改善土壤氧化还原状况，平衡土壤养分。

（2）为植物生长提供营养。有机肥料几乎含有作物生长发育所需的所有必需营养元素，尤其是微量元素。此外，有机肥料中还含有少量氨基酸、酰胺、磷脂、可溶性糖等有机分子，可以直接为作物提供有机碳、氮、磷营养，促进作物生长，增强作物的抗逆性。

（3）活化土壤养分，提高化肥利用率。有机肥料可以有效地增加土壤养分含量，所含的腐殖酸还能提高土壤肥力的缓效性和难溶养分的有效性，增加土壤中难溶性磷的释放。

（4）提高土壤微生物的活性。有机肥料为土壤微生物提供了大量的营养和能量，加速了土壤微生物的繁殖，提高了土壤微生物的活性，促进了土壤中有机物质的转化与循环，有利于提高土壤肥力。

（5）提高土壤容量，改善生态环境。施用有机肥料还可以降低作物对重金属离子铜、锌、铅、汞、铬、镉、镍等的吸收，从而降低了重金属对人体健康的危害。有机肥料中的腐殖质对一部分农药残留有吸附、降解作用，能有效地消除或减轻农药对食品的污染。

3. 粪尿肥的积制及施用

粪尿肥养分含量高而全面，但由于是食物经消化后未被人或动物体吸收而排出体外的残渣，混有多种消化液、微生物和寄生虫，故不能直接施于田地，而要经过一段时间缺氧环境下的积制，使大分子物质进一步分解，并杀灭其中的微生物和寄生虫。使用不同积制方法生成的肥料称谓和施用方式不尽相同，常用的有厩肥、堆肥、沤肥和沼气肥。

（1）厩肥。厩肥是家畜粪尿和各种垫圈材料混合积制的肥料，北方多称土粪，南方多称圈粪。不同家畜新鲜厩肥的养分含量如表3-34，可知羊厩肥品质较好。

厩肥的积制。有三种方法，即深坑圈、平底圈和浅坑圈。

• 深坑圈。是我国北方农村常用的一种养猪积肥方式。猪圈内设有一个1 m左右的深坑为猪活动和积肥的场所。每日向坑中添加垫圈材料，通过猪的不断践踏，使垫圈材料和猪粪尿充分混合,在缺氧的条件下就地腐熟,待坑满后一次出圈。出圈后的厩肥,下层已达到腐熟或半腐熟状态,可直接施用;上层未腐熟的厩肥可在圈外堆制,待腐熟后施用。

表 3-34　新鲜厩肥的养分含量　　　　　　单位:%(鲜基)

种类	水分	有机质	N	P_2O_5	K_2O	CaO	MgO
猪厩肥(圈粪)	72.4	25.0	0.45	0.19	0.40	0.08	0.08
马厩肥	71.9	25.4	0.38	**0.28**	0.53	0.31	0.11
牛厩肥(栏粪)	**77.5**	20.3	0.34	0.18	0.40	0.21	0.14
羊厩肥(圈粪)	64.6	**31.8**	**0.83**	0.23	**0.67**	**0.33**	**0.28**

● 平底圈。地面多为紧实土底,或采用石板、水泥筑成,无粪坑设置。垫圈每日或数日清除,移至平底圈。牛、马、驴、骡等大牲畜和大型养猪场常采用这种方法。平底圈积制的厩肥未经腐熟,需要移至圈外堆腐,费时费工,但比较卫生,有利于家畜健康。

● 浅坑圈。介于深坑圈和平底圈之间,在圈内设 13~17 cm 浅坑,一般采用勤垫勤起的方法,类似于平底圈。此法和平底圈差不多,厩肥腐熟程度较差,需要在圈外堆腐。

厩肥的施用。半腐熟厩肥特征可概括为"棕、软、霉",完全腐熟厩肥特征可概括为"黑、烂、臭",腐熟过劲则为"灰、粉、土"。未经腐熟的厩肥不宜直接施用,腐熟的厩肥可用作基肥和追肥。厩肥作基肥时,要根据厩肥的质量、土壤肥力、植物种类和气候条件等综合考虑。一般在通透性良好的轻质土壤上,或温暖湿润的季节和地区,可选择半腐熟厩肥;在种植生育期较长的植物或多年生植物时,可选择腐熟程度较差的厩肥;而在黏重的土壤上,应选择腐熟程度较高的厩肥;在比较寒冷和干旱的季节和地区,应选择完全腐熟的厩肥;在种植生育期较短的植物时,则应选择腐熟程度较高的厩肥。

(2)堆肥。堆肥是以秸秆、落叶、杂草、垃圾等为主要原料,再配合定量的含氮丰富的有机物,在不同条件下积制而成的肥料。

堆肥的性质与厩肥类似,其养分含量因堆肥原料和堆制方法不同而有差别(表 3-35)。

表 3-35　堆肥的养分含量　　　　　　单位:%

种类	水分	有机质	氮(N)	磷(P_2O_5)	钾(K_2O)	C/N
高温堆肥	—	24~42	1.05~2.00	0.32~0.82	0.47~2.53	9.7~10.7
普通堆肥	60~75	15~25	0.4~0.5	0.18~0.26	0.45~0.70	16~20

堆肥的腐熟。堆肥的腐熟过程可分为四个阶段:发热、高温、降温和后熟保肥(表 3-36)。其腐熟程度可从颜色、软硬程度及气味等特征来判断。半腐熟的堆肥材料组织松软易碎、分解程度差,汁液为棕色,有腐烂味,可概括为"棕、软、霉";完全腐熟的堆肥,堆肥材料完全变形,呈褐色泥状物,可捏成团,并有臭味,特征是"黑、烂、臭"。

表 3-36　堆肥腐熟四个阶段的特征

腐熟阶段	温度变化	微生物种类	阶段特征
发热阶段	由常温上升至50℃左右	以中温好气性微生物如无芽孢杆菌、球菌、芽孢杆菌、放线菌、真菌等为主	分解材料中的蛋白质和少部分纤维素、半纤维素，释放出 NH_3、CO_2 和热量
高温阶段	维持在50~70℃之间	以好热性真菌、放线菌、芽孢杆菌、纤维素分解菌和梭菌等微生物为主	强烈分解纤维素、半纤维素和果胶类物质，释放出大量热能；同时，除矿质化过程外，也开始腐殖化过程
降温阶段	温度开始下降至50℃以下	以中温性纤维分解黏细菌、芽孢杆菌、真菌和放线菌等为主	腐殖化过程超过矿质化过程而占据优势
后熟保肥阶段	堆内温度稍高于气温	以放线菌、嫌气纤维素分解菌、嫌气固氮菌和反硝化细菌为主	堆内的有机残体基本分解，C/N降低，腐殖质数量逐渐积累起来，此时应压紧封严保肥

堆肥的施用。堆肥主要作基肥，施用量一般为 1 000 ~ 2 000 kg/亩。用量较多时，可以全耕层均匀混施；用量较少时，可以沟施或穴施。以下时期可使用半腐熟或腐熟程度更低的堆肥：温暖多雨季节或地区，土壤疏松、通透性较好时，种植生育期较长的植物和多年生植物时，施肥与播种或插秧期相隔较远时。

堆肥还可以作种肥和追肥使用。作种肥时常与过磷酸钙等磷肥混匀施用，作追肥时应提早施用，并尽量施入土中，以利于养分的保持和肥效的发挥。堆肥和其他有机肥料一样，虽然是营养较为全面的肥料，但氮养分含量相对较低，需要和氮肥一起配合施用，以更好地发挥堆肥和氮肥的肥效。

（3）沤肥。沤肥是利用有机物与泥土在水淹条件下，通过嫌气性微生物进行发酵积制的有机肥料。沤肥因积制地区、积制材料和积制方法的不同而名称各异，如江苏的草塘泥，湖南的凼（dàng）肥，江西和安徽的窖肥，湖北和广西的垱（dàng）肥，北方地区的坑沤肥等，都属于沤肥。

沤肥的成分。沤肥是在低温嫌气条件下进行腐熟的，腐熟速度较为缓慢，腐殖质积累较多。沤肥的养分含量因材料配比和积制方法的不同而有较大的差异，一般而言，沤肥的 pH 为 6~7，有机质含量为 3%~12%，全氮量为 2.1~4.0 g/kg，速效氮含量为 50~248 mg/kg，全磷量（P_2O_5）为 1.4~2.6 g/kg，速效磷（P_2O_5）含量为 17~278 mg/kg，全钾（K_2O）量为 3.0~5.0 g/kg，速效钾（K_2O）含量为 68~185 mg/kg。

沤肥的施用。一般作基肥施用，多用于稻田，也可用于旱地。在水田中施用时，应在耕作和灌水前将沤肥均匀施入土壤,然后进行翻耕、耙地,再灌水插秧。在旱地上施用时应结合耕地作基肥。沤肥的施用量一般在 2 000~5 000 kg/亩,并注意配合施用化肥和其他肥料,以解决沤肥肥效长,但速效养分供应跟不上的问题。

(4) 沼气肥。沼气(CH_4)是用秸秆、粪尿、污泥、污水、垃圾等各种有机废弃物,在一定温度、湿度和隔绝空气条件下,有多种嫌气性微生物参与,在严格的无氧条件下进行嫌气发酵而产生的。发酵产生的沼气可以缓解农村能源的紧张,协调农牧业的均衡发展,发酵后的废弃物(池渣和池液)还是优质的有机肥料,即沼气发酵肥料,也称作沼气池肥。发酵产物除沼气可作为能源使用或用于粮食贮藏、沼气孵化和柑橘保鲜外,沼液(占总残留物 13.2%)和池渣(占总残留物 86.8%)还可以进行综合利用。

沼气肥的成分。沼液含速效氮 0.03%~0.08%、速效磷 0.02%~0.07%、速效钾 0.05%~1.40%,同时还含有钙、镁、硫、硅、铁、锌、铜、钼等各种矿质元素,以及各种氨基酸、维生素、酶和生长素等活性物质;池渣含全氮 5~12.2 g/kg(其中速效氮占全氮的 82%~85%)、速效磷 50~300 mg/kg、速效钾 170~320 mg/kg,以及大量的有机质。

沼气肥的施用。沼液是优质的速效肥料,可作追肥施用。一般土壤追肥施用量为 2 000 kg/亩,并且要深施覆土。沼液常用作叶面追肥,适用于柑橘、梨、食用菌、烟草、西瓜、葡萄等经济植物。将沼液和水按 1:(1~2)稀释,7~10 d 喷施一次,可收到较好的效果。沼液还可以用来浸种,可以和池渣混合作基肥和追肥施用。池渣可以和沼液混合施用,作基肥施用量为 2 000~3 000 kg/亩,作追肥施用量为 1 000~1 500 kg/亩。池渣也可以单独作基肥或追肥施用。

4. 绿肥及其利用

绿肥是指栽培或野生的植物,利用其植物体的全部或部分作为肥料。

(1) 绿肥的种类。绿肥的种类繁多,按照来源可分为栽培型(绿肥植物)和野生型;按照种植季节可分为冬季绿肥(如紫云英、毛叶苕子)、夏季绿肥(如田菁、柽麻、绿豆)和多年生绿肥(如紫穗槐、沙打旺、多变小冠花);按照栽培方式可分为旱生绿肥(如黄花苜蓿、箭筈豌豆、金花菜、沙打旺、黑麦草)和水生绿肥(如绿萍、水浮莲、水花生、水葫芦)。此外,还可以将绿肥分为豆科绿肥(如紫云英、毛叶苕子、紫穗槐、沙打旺、黄花苜蓿、箭筈豌豆)和非豆科绿肥(如绿萍、水浮莲、水花生、水葫芦、肥田萝卜、黑麦草)。

(2) 绿肥的养分及作用。绿肥适应性强,可利用农田、荒山、坡地、池塘、河边等种植,也可间作、套种、单种、轮作等。绿肥产量高,平均每亩产鲜草 1~1.5 t。绿肥植物鲜草产量高,含较丰富的有机质,有机质含量一般在 12%~15%(鲜基),而且养分含量较高(表 3-37)。种植绿肥可增加土壤养分,提高土壤肥力,改良低产田;绿肥能提供大量新鲜有机质和钙素营养,根系有较强的穿透能力和团聚能力,有利于土壤团粒结构形成;绿肥可固沙护坡,防止水土流失和土壤沙化;绿肥还可作饲料,发展畜牧业。

表 3-37 主要绿肥植物养分含量

绿肥品种	鲜草主要成分/%（鲜基）			干草主要成分/%（干基）		
	N	P₂O₅	K₂O	N	P₂O₅	K₂O
草木樨	0.52	0.13	0.44	2.82	**0.92**	2.42
毛叶苕子	0.54	0.12	0.40	2.35	0.48	2.25
紫云英	0.33	0.08	0.23	2.75	0.66	1.91
黄花苜蓿	0.54	0.14	0.40	**3.23**	0.81	2.38
紫花苜蓿	0.56	0.18	0.31	2.32	0.78	1.31
田菁	0.52	0.07	0.15	2.60	0.54	1.68
沙打旺	—	—	—	3.08	0.36	1.65
柽麻	0.78	0.15	0.30	2.98	0.50	1.10
肥田萝卜	0.27	0.06	0.34	2.89	0.64	**3.66**
紫穗槐	**1.32**	**0.36**	**0.79**	3.02	0.68	1.81
箭筈豌豆	0.58	0.30	0.37	3.18	0.55	3.28
水花生	0.15	0.09	0.57	—	—	—
水葫芦	0.24	0.07	0.11	—	—	—
水浮莲	0.22	0.06	0.10	—	—	—
绿萍	0.30	0.04	0.13	2.70	0.35	1.18

（3）绿肥的利用。目前,我国绿肥主要利用方式有直接翻压入土、积制有机肥料和用作饲料。

绿肥直接翻压(也叫压青)施用后的效果与植物翻压时期、翻压深度、翻压量和翻压后的水肥管理密切相关。

一是注意植物翻压时期。常见绿肥品种中紫云英应在盛花期;苕子和田菁应在现蕾期至初花期;豌豆应在初花期;柽麻应在初花期至盛花期。翻压时期的选择,除了考虑不同品种绿肥植物生长特性外,还要考虑农作物的播种期和需肥时期。一般应与播种和移栽期有一段时间间隔,大约间隔 10 d。

二是注意绿肥翻压量与深度。绿肥翻压量一般根据绿肥中的养分含量、土壤供肥特性和植物的需肥量来考虑,应控制在 1 000~1 600 kg/亩,然后再配合施用适量的其他肥料来满足植物对养分的需求。绿肥翻压深度一般根据耕作深度考虑,大田应控制在 15~20 cm 之间,不宜过深或过浅。而果园翻压深度应根据果树品种和果树需肥特性考虑,可适当增加翻压深度。

三是翻压后进行水肥管理。绿肥在翻压后,应配合施用磷、钾肥,既可以调整 N/P,还可以协调土壤中 N、P、K 的比例,从而充分发挥绿肥的肥效。对于干旱地区和干旱季节,还应及时灌溉,尽量保持充足的水分,加速绿肥的腐熟。

5. 杂肥及其施用

杂肥包括泥炭及腐殖酸类肥料、饼肥或菇渣、城市有机垃圾等,它们的养分含量及施用如表 3-38。

表 3-38　杂肥类有机肥料的养分含量与施用

名称	养分含量	施用
泥炭	含有机质 40%~70%、腐殖酸 20%~40%,全氮 0.49%~3.27%、全磷 0.05%~0.6%、全钾 0.05%~0.25%;多酸性至微酸性反应	多作垫圈或堆肥材料、肥料生产原料、营养钵无土栽培基质,较少直接施用于土壤作肥料
腐殖酸类	主要是腐殖酸铵(游离腐殖酸 15%~20%,含氮 3%~5%)、硝基腐殖酸铵(腐殖酸 40%~50%,含氮 6%)、腐殖酸钾(腐殖酸 50%~60%)等;多黑色或棕色,溶于水	可作基肥和追肥,作追肥要早施;液体类可浸种、蘸根、浇根或喷施,浓度 0.01%~0.05%
饼肥	主要有大豆饼、菜籽饼、花生饼等,含有机质 75%~85%、全氮 1.1%~7.0%、全磷 0.4%~3.0%、全钾 0.9%~2.1%、蛋白质及氨基酸等	一般作饲料,不作肥料;若用作肥料,可作基肥和追肥,但需腐熟
菇渣	含有机质 60%~70%,全氮 1.62%、全磷 0.45%、钾 0.9%~2.1%、速效氮 212 mg/kg、速效磷 188 mg/kg,并含丰富微量元素	可作饲料、吸附剂、栽培基质,腐熟后可作基肥和追肥
城市垃圾	处理后垃圾肥含有机质 2.2%~9.0%、全氮 0.18%~0.20%、全磷 0.23%~0.29%、全钾 0.29%~0.48%	经腐熟并无害化后多作基肥施用

四、微生物肥料及其科学施用

微生物肥料是指用于农业生产中、起着肥料作用的一类含有活微生物的特定制品。目前微生物肥料可分为常规微生物肥料、功能性微生物菌剂、复合微生物肥料、生物有机肥、有机物料腐熟剂等。

1. 常规微生物肥料

常规微生物肥料主要有根瘤菌肥料、固氮菌肥料、磷细菌肥料、钾细菌肥料等。

(1)根瘤菌肥料。根瘤菌能和豆科作物共生、结瘤、固氮,用人工选育出来的高效根瘤菌株,经大量繁殖后,用载体吸附制成的生物菌剂称为根瘤菌肥料。剂型主要有固体和液体。固体含活菌数 1 亿~2 亿/g,液体含活菌数 5 亿~10 亿/L。

根瘤菌肥料多用于拌种,一级用量为每亩地种子用 30~40 g 菌剂,加 3.75 kg 水混匀后拌种。拌种时要仔细阅读产品说明书,选择与作物相对应的根瘤菌肥,并根据说明书配制菌液。作物出苗后,发现结瘤效果不佳时,可在幼苗附近浇泼兑水的根瘤菌肥料。

(2)固氮菌肥料。固氮菌肥料是指含有大量好气性自生固氮菌的生物制品。固氮菌肥料可分为自生固氮菌肥和联合固氮菌肥。自生固氮菌肥能直接固定空气中的氮素,并产生很多激素类物质刺激植物生长。联合固氮菌肥对增加作物氮素来源、提高产量、促进植物根系的吸收、增强抗逆性有重要作用。固氮菌肥料的剂型有固体、液体、冻干剂 3 种。固体剂型含活菌数 1 亿/g 以上,液体剂型含活菌数 5 亿/L 以上,冻干剂型含活菌数 5 亿/L 以上。

固氮菌肥料适用于各种作物,可作基肥、追肥和种肥,也可与有机肥、磷肥、钾肥及微量元素肥料配合施用。作基肥施用时可与有机肥配合沟施或穴施,施后立即覆土。也可蘸秧根或作基肥施在蔬菜菌床上或与棉花盖种肥混施。作追肥时把菌肥用水调成糊状,施于作物根部,施后覆土,一般在作物开花前施用较好。作种肥时一般拌种施用,加水混匀后拌种,将种子阴干后即可播种。对于移栽作物,可采取蘸秧根的方法施用。固体固氮菌肥一般每亩用量 250~500 g,液体固氮菌肥每亩用量约 100 mL,冻干剂固氮菌肥一般每亩用量 500 亿~1 000 亿活菌。

(3)磷细菌肥料。磷细菌肥料是指含有能强烈分解有机或无机磷化合物的磷细菌生物制品,有液体和固体两种剂型。液体剂型含活细菌 5 亿~15 亿/mL,固体剂型有效活细菌数大于 3 亿/g。

磷细菌肥料可作基肥、追肥和种肥。作基肥可与有机肥、磷矿粉混匀后沟施或穴施,一般每亩用量为 1.5~2 kg,施后立即覆土。作追肥可将磷细菌肥料用水稀释后在作物开花前施用,菌液施于根部;作种肥主要是拌种,可先将菌剂加水调成糊状,然后加入种子拌匀,阴干后立即播种,防止阳光直接照射。一般每亩种子用固体磷细菌肥料 1.0~1.5 kg 或液体磷细菌肥料 0.3~0.6 kg,加水 4~5 倍稀释。

(4)钾细菌肥料。又名硅酸盐细菌肥料、生物钾肥。钾细菌肥料是指含有能对土壤中云母、长石等含钾的铝硅酸盐及磷灰石进行分解,释放出钾、磷和其他矿质元素,改善作物营养条件的钾细菌的生物制品,有液体和固体两种剂型。液体剂型有效活菌数大于 10 亿/mL,固体剂型有效活菌数大于 1 亿/g。

钾细菌肥料可作基肥、追肥、种肥。作基肥,固体剂型与有机肥料混合沟施或穴施,立即覆土,每亩用量 3~4 kg,液体用 2~4 kg 菌液。果树施用钾细菌肥料,一般在秋末或早春,根据树冠大小,在距树身 1.5~2.5 m 处环树挖沟(深、宽各 15 cm),每亩用菌剂 1.5~2.5 kg 混细肥土 20 kg,施于沟内后覆土即可。作追肥,每亩用菌剂 1~2 kg 兑水 50~100 kg 混匀后灌根。作种肥,每亩用 1.5~2.5 kg 钾细菌肥料与其他种肥混合施用。可将固体菌剂加适量水制成菌悬液或液体菌加适量水稀释,然后喷到种子上拌匀,稍干后立即播种;也可将固体菌剂或液体菌稀释5~6倍,搅匀后,把水稻、蔬菜的根蘸入,蘸后立即插秧或移栽。

2. 功能性微生物菌剂

传统意义上的微生物肥料主要是指根瘤菌肥料、固氮菌肥料、磷细菌肥料、钾细菌肥料等常规微生物菌肥,但最近几年来随着枯草芽孢杆菌、地衣芽孢杆菌、纤维分解菌剂等兼具防治病虫害的功能性微生物菌剂的应用,功能性微生物菌剂成为当前微生物肥料的发展方向之一。目前市场上销售的主要功能性微生物菌剂及其主要功效见表3-39。

表3-39　常见功能性微生物菌剂及其主要功效

菌剂	主要功效
枯草芽孢杆菌	（1）抑制土壤中病原菌的繁殖和对植物根部的侵袭,减少植物土传病害,缓解重茬,预防多种害虫爆发,尤其能够防治根瘤病、寄生虫、土壤线虫病等 （2）提高种子的出芽率和保苗率,提高作物成活率,促进根系生长,提高作物抗病性 （3）提高土壤有机质含量,改善土壤团粒结构,提高土壤保水性和地温,提高土壤肥力,提高肥料利用率 （4）平衡土壤 pH,改善根系生态环境,形成优势菌落,防止土传病害连作障碍 （5）增强光合作用,促进作物生长,促进成熟,增产效果明显
地衣芽孢杆菌	（1）能对根际环境产生保护屏障,在土壤及作物体内能迅速繁殖成为优势菌群,防治根腐病、立枯病、流胶病、灰霉病等功效显著 （2）能显著改良土壤,抑制有害病菌的生长,可使土壤微生态平衡 （3）使用后能产生大量的植物内源酶,提高作物对氮、磷、钾及中、微量元素等的相互协调和吸收率,促进作物根系生长,促进叶片光合作用,膨果效果好,增产效果明显 （4）增强作物抗逆性,增强土壤缓冲能力,保水保湿,增强作物抗重茬、抗旱、抗寒、抗涝能力
巨大芽孢杆菌	（1）抑制土壤中病原菌的繁殖和对植物根部的侵袭,减少作物土传病害,预防多种害虫爆发 （2）具有较强的固氮、解磷、解钾作用,减少化肥用量 （3）改善土壤团粒结构,改良土壤,提高土壤保水能力和地温 （4）促进作物生长,提前开花、多开花、增加结果率,提高作物品质
解淀粉芽孢杆菌	（1）对番茄叶霉病菌、灰霉病菌、黄瓜枯萎病菌、炭疽病菌、甜瓜枯萎病菌、辣椒晚疫病菌、小麦和水稻纹枯病菌、玉米小斑病菌、大豆根腐病菌等土传病害具有显著防效 （2）能诱导植物快速分泌内源生长素,促进作物快速生根,提高根系发育能力,促进植株健壮生长 （3）能改善作物根际微生态,活化土壤中难溶的磷、钾等养分,提高并延长肥效,减少化学肥料的用量 （4）改善土壤板结情况,遏制土壤退化,可降解土壤及果实中的残留农药,提高土壤肥力 （5）提高果蔬维生素和糖含量,改善农产品品质,提高作物产量,易贮藏运输

续表

菌剂	主要功效
淡紫紫孢菌	（1）对多种线虫都有防治效能,其寄主有根结线虫、胞囊线虫、金色线虫、异皮线虫等,能分泌毒素对线虫起毒杀作用,可明显减轻多种作物根结线虫、胞囊线虫、茎线虫等植物线虫病的危害 （2）能产生丰富的衍生物,其一是类似吲哚乙酸产物,能促进植株营养器官的生长,对种子的萌发与生长也有促进作用 （3）能分泌几丁质酶促进线虫卵的孵化,提高拟青霉菌对线虫的寄生率,产生细胞裂解酶、葡聚糖酶与丝蛋白酶,促进作物细胞分裂
哈茨木霉	（1）可用于防治田间和温室内蔬菜、果树、花卉等农作物的白粉病、灰霉病、霜霉病、叶霉病、叶斑病等叶部真菌性病害 （2）能在植物根围生长并形成"保护罩",以防止根部病原真菌的侵染并保证植株能够健康地成长 （3）改善根系的微环境,增强植物的长势和抗病能力,提高作物的产量
多黏类芽孢杆菌	（1）可有效防治植物细菌性和真菌性土传病害 （2）对植物具有明显的促生长、增产作用
胶质芽孢杆菌	（1）具有溶磷、释钾和固氮功能 （2）菌体自身代谢产生的有机酸、氨基酸、多糖、激素等物质,有利于植物吸收和利用 （3）可刺激作物生长,抑制有害微生物的活动,有较强的增产效果 （4）有效抑制各种土传病害的发生,减少农药使用
胶冻样类芽孢杆菌	（1）具有解磷、解钾的功能,能显著增加土壤速效磷、速效钾含量,活化土壤中硅、钙、镁中量元素作用,提高铁、锰、铜、锌、钼、硼等微量元素的有效性;延长肥效,减少化肥用量,增产效果明显 （2）有效提高作物抗逆性,预防或减轻病害,如小麦的白粉病、棉花立枯病、黄枯萎病
长枝木霉	（1）抑制病原菌的侵染,对多种线虫都有防治效能,增强作物抗病虫害能力,使植株健康生长 （2）改善根系的微环境,促进作物健康生长,提高作物的产量,改善农产品的品质

3. 复合微生物肥料

复合微生物肥料由两种或两种以上的有益微生物或一种有益微生物与营养物质复配而成,是能提供、保持或改善植物的营养,提高农产品产量或改善农产品品质的活体微生物制品。复合微生物肥料可以增加土壤有机质,改善土壤菌群结构,并通过微生物自身的代谢物刺激植物生长,抑制有害病原菌。目前按剂型分主要有液体和固体两种。液体剂型有效活菌数≥0.50亿/mL,总养分($N+P_2O_5+K_2O$)6.0%~20.0%;固体剂型有效活菌数≥0.20亿/mL,总养分($N+P_2O_5+K_2O$)8.0%~25.0%,有机质≥20.0%。

复合微生物肥料要选择在农业农村部正式登记的产品,选购时要注意产品是否经过检测,并附有产品合格证;还要注意产品的有效期,最好选用当年生产的产品。

复合微生物肥料作基肥时每亩用 50~100 kg,与有机肥料或细土混匀后沟施、穴施、撒施均可,沟施或穴施后立即覆土;结合整地可撒施,应尽快将肥料翻于土中;果树或林木施用,幼树每棵 200 g 环状沟施、成年树每棵 0.5~1 kg 放射状沟施。蘸根或灌根每亩用肥 2~5 kg 兑水 5~20 倍,移栽时蘸根或干栽后适当增加稀释倍数灌于根部。拌苗床土每平方米苗床土用肥 200~300 g 与之混匀后播种;花卉草坪可用复合微生物肥料作基肥,每千克盆土加 10~15 g。冲施时根据不同作物每亩用 3~5 kg 复合微生物肥料,与化肥混合,用适量水稀释后灌溉时随水冲施。

4. 生物有机肥

生物有机肥是指特定功能的微生物与经过无害化处理、腐熟的有机物料(主要是动植物残体,如农作物秸秆,或畜禽粪便)复合而成的一类肥料,兼有微生物肥料和有机肥料效应。剂型有粉剂和颗粒剂两种,有效活菌数≥0.2 亿/g,有机质(以干基计)≥40.0%。

生物有机肥应根据不同的作物选择不同的施肥方法,常用的施肥方法有:

(1)播种。大田作物播种时,将颗粒生物有机肥与少量化肥混匀,随播种机施入土壤,一般每亩施 20~50 kg;结合深耕或在播种时将生物有机肥均匀地施于根系集中分布的区域和经常保持湿润状态的土层中,做到土肥相融,一般每亩施 200~500 kg。

(2)条播。对于作物或葡萄等果树,开沟后施肥播种或在距离果树 5 cm 处开沟施肥,一般每亩施 200~500 kg;苹果、桃、梨等幼年果树,距树干 20~30 cm,绕树干开一环状沟,施肥后覆土,一般每株施 10~60 kg;苹果、桃、梨等成年果树,距树干 30 cm 处,按果树根系伸展情况向四周开 4~5 个 50 cm 长的放射状沟,施肥后覆土,一般每株施 10~60 kg。

(3)点播或移栽作物,如玉米、棉花、番茄,将肥料施入播种穴,然后播种或移栽,一般每亩施 30~60 kg。对移栽作物,如水稻、番茄,按 1 份生物有机肥加 5 份水配成肥料悬浊液,浸蘸苗根,然后定植。也可开沟播种后,将生物有机肥均匀地覆盖在种子上面。一般每亩施用量为 100~150 kg。

5. 有机物料腐熟剂

有机物料腐熟剂是指能够加速各种有机物料(包括农作物秸秆、畜禽粪便、生活垃圾及城市污泥等)分解、腐熟的微生物活体制剂。按剂型可分为粉状、颗粒、液体等。其特点为:能快速促进堆料升温,缩短物料腐熟时间;有效杀灭病虫卵、杂草种子、除水、脱臭;腐熟过程中释放部分速效养分,产生大量氨基酸、有机酸、维生素、多糖、酶类、植物激素等多种促进植物生长的物质。主要有腐秆灵、CM 菌、催腐剂、酵素菌等。

五、新型肥料及其科学施用

新型肥料有别于传统的、常规的肥料,表现在功能拓展或功效提高、肥料形态更新、新型材料的应用、肥料运用方式的转变或更新等方面,能够直接或间接地为作物提供必需的营养成分;调节土壤酸碱度、改良土壤结构、改善土壤理化性质、生物化学性质;调节或改善作物的生长机制;改善肥料品质和性质或能提高肥料的利用率。新型肥料主要有:水溶肥料、缓控释肥料、尿素改性肥料等。

1. 水溶肥料

水溶肥料是我国目前大量推广应用的一类新型肥料,多为通过叶面喷施或随灌溉施入。可分为营养型水溶肥料和功能型水溶肥料。营养型水溶肥料包括微量元素水溶肥料、大量元素水溶肥料、中量元素水溶肥料等;功能型水溶肥料包括含氨基酸水溶肥料、含腐殖酸水溶肥料、有机水溶肥料等。

(1) 微量元素水溶肥料。微量元素水溶肥料是由铜、铁、锰、锌、硼、钼等微量元素按照所需比例制成的或由单一微量元素制成的液体或固体水溶肥料。固体剂型要求微量元素含量≥10.0%,液体剂型要求微量元素含量≥100 g/L,其中应至少包含一种微量元素。

(2) 大量元素水溶肥料。大量元素水溶肥料是以氮、磷、钾大量元素为主,按照适合植物生长所需比例,添加铜、铁、锰、锌、硼、钼等微量元素或钙、镁中量元素制成的液体或固体水溶肥料。中量元素型大量元素水溶肥料分固体和液体两种剂型,固体剂型要求大量元素含量≥50.0%、中量元素含量≥1.0%,液体剂型要求大量元素含量≥500 g/L、中量元素含量≥10 g/L。大量元素含量指 N、P_2O_5、K_2O 含量之和,产品应至少包含两种大量元素。中量元素含量指钙、镁元素含量之和,产品应至少包含一种中量元素。微量元素型大量元素水溶肥料分固体和液体两种剂型。固体剂型要求大量元素含量≥50.0%、微量元素含量为 0.2%～3.0%,液体剂型要求大量元素含量≥500 g/L、微量元素含量≥2～30 g/L。大量元素含量指 N、P_2O_5、K_2O 含量之和,产品应至少包含两种大量元素。微量元素含量指铜、铁、锰、锌、硼、钼等微量元素含量之和,产品应至少包含一种微量元素。

(3) 中量元素水溶肥料。中量元素水溶肥料是以钙、镁中量元素为主,按照适合植物生长所需比例,或添加铜、铁、锰、锌、硼、钼等微量元素制成的液体或固体水溶肥料。分固体和液体两种剂型,固体剂型要求中量元素含量≥10.0%,液体剂型要求中量元素含量≥100 g/L,中量元素含量指钙含量、镁含量或钙镁含量之和。

(4) 含氨基酸水溶肥料。含氨基酸水溶肥料是以游离氨基酸为主体,按适合植物生长所需比例,添加适量钙、镁中量元素或铜、铁、锰、锌、硼、钼微量元素而制成的液体或固体水溶肥料。分微量元素型和中量元素型两种类型。中量元素型又分为固体和液体两种剂型:固体剂型要求游离氨基酸含量≥10.0%、中量元素含量≥3%,液体剂型要求游离氨基酸含量≥100 g/L、中量元素含量≥30 g/L,中量元素含量指钙、镁元素含量之和,产品应至少包含一种中量元素。微量元素型也分为固体和液体两种剂型:固体剂型要求游离氨基酸含量≥10.0%、微元素含量≥2.0%,液体剂型要求游离氨基酸含量≥100 g/L、微量元素含量≥20 g/L。微量元素含量指铜、铁、锰、锌、硼、钼元素含量之和,产品应至少包含一种微量元素。

(5) 含腐殖酸水溶肥料。含腐殖酸水溶肥料是含适合植物生长所需比例的腐殖酸,添加适量比例的氮、磷、钾大量元素或铜、铁、锰、锌、硼、钼微量元素而制成的液体或固体水溶肥料。分大量元素型和微量元素型两种类型。大量元素型分固体和液体两种剂型:固体剂型要求游离腐殖酸含量≥3.0%、大量元素含量≥20.0%,液体剂型要求游离腐殖酸含量≥30 g/L、大量元素含量≥200 g/L,大量元素含量指总 N、P_2O_5、K_2O 含量之和,产品应至少包含两种大量元素。微量元素型只有固体剂型,要求游离腐殖酸含量≥3.0%、微量元素含量≥6.0%,微量元素含量指铜、铁、锰、锌、硼、钼元素含量之和,产品应至少包含一种微量元素。

(6) 有机水溶肥料。有机水溶肥料是采用有机废弃物原料经过处理后提取有机水溶原料,再与氮、磷、钾大量元素以及钙、镁、锌、硼等中微量元素复配,研制生产的全水溶、高浓缩、多功能、全营养的增效型水溶肥料产品。目前农业农村部(原农业部)还没有统一的登记标准,其活性有机物质一般包括腐殖酸、黄腐酸、氨基酸、海藻酸、甲壳素等。目前,农业农村部(原农业部)登记有 100 多个品种,有机质含量均在 20~500 g/L 以上,水不溶物小于 20 g/L。

水溶肥料不但配方多样,而且使用方法十分灵活,一般有三种使用方法:① 土壤浇灌或灌溉施肥。土壤浇灌或者灌溉的时候,将水溶肥料先行混合在灌溉水中,这样可以让植物根部全面接触到肥料,通过根的呼吸作用把化学营养元素运输到植株的各个组织中。利用水溶肥料与节水灌溉相结合进行施肥,适用于极度缺水地区、规模化种植的农场,以及高品质高附加值的作物生产上,是今后现代农业技术发展的方向之一。② 叶面喷施。把水溶肥料先行稀释溶解于水中进行叶面喷施。③ 浸种蘸根。微量元素水溶肥料用量为 0.01%~0.1%,含氨基酸水溶肥料、含腐殖酸水溶肥料为 0.01%~0.05%。水稻、甘薯、蔬菜等移栽作物可用含腐殖酸水溶肥料进行浸根、蘸根等,浸根浓度为 0.05%~0.1%,蘸根浓度为 0.1%~0.2%。

2. 缓控释肥料

缓控释肥料是指通过某种技术手段将肥料养分速效性与缓效性相结合,具有较高养分利用率的肥料。其养分的释放模式(释放时间和释放率)以实现或更接近作物的养分需求规律为目的,主要有聚合包膜肥料、硫包衣肥料、包裹型肥料等类型。

(1) 聚合包膜肥料。聚合包膜肥料是指肥料颗粒表面包裹了高分子膜层的肥料。通常有两种制备工艺方法:一是喷雾相转化工艺,即将高分子材料制备成包膜剂后,用喷嘴涂布到肥料颗粒表面形成包裹层的工艺方法;二是反应成膜工艺,即将反应单体直接涂布到肥料颗粒表面,直接反应形成高分子聚合物膜层的工艺方法。

(2) 硫包衣肥料。硫包衣肥料是在传统肥料颗粒外表面包裹一层或多层阻滞肥料养分扩散的膜,来减缓或控制肥料养分的溶出速率。硫包衣尿素是最早产业化应用的硫包衣肥料。硫包衣尿素是以硫黄为主要包裹材料对颗粒尿素进行包裹,实现对氮素缓慢释放的缓控释肥料,一般含氮 30%~40%,含硫 10%~30%。生产方法有 TVA 法、改良 TVA 法等。

（3）包裹型肥料。包裹型肥料是一种或多种植物营养物质包裹另一种植物营养物质而形成的植物营养复合体,为区别聚合包膜肥料,包裹型肥料特指以无机材料为包裹层的缓释肥料产品,包裹层的物料所占比例达 50% 以上。具体要求可参照包裹肥料的化工行业标准《无机包裹型复混肥料(复合肥料)》(HG/T 4217—2011)。

施用缓控释肥料要做到种肥隔离,沟(条)施覆土。种子与肥料间隔距离:农作物、蔬菜一般在 7~10 cm,果树一般在 15~20 cm。施入深度:农作物、蔬菜一般在 10 cm,果树一般在 30~50 cm。

3. 尿素改性肥料

尿素改性肥料是对传统尿素进行再加工,使其营养功能得到提高或使之具有新的特性和功能的一类改性肥料。主要有脲醛类肥料、稳定性肥料、增值尿素三种类型。

（1）脲醛类肥料。脲醛类肥料是由尿素和醛类在一定条件下反应制成的有机微溶性缓释性氮肥。目前主要有脲甲醛、异丁叉二脲、丁烯叉二脲、脲醛缓释复合肥等,其中最具代表性的产品是脲甲醛。脲甲醛肥料的各成分标准为:总氮(TN)≥36.0%,尿素氮(UN)≤5.0%,冷水不溶性氮(CWIN)≥14.0%,热水不溶性氮(HWIN)≤16.0%,缓效有机氮≥8.0%。脲醛类肥料只适合作基肥施用,除了草坪和园林外,如果在水稻、小麦、棉花等大田作物施用时,应适当配合速效水溶氮肥。

（2）稳定性肥料。稳定性肥料是指在肥料生产过程中加入了脲酶抑制剂和(或)硝化抑制剂,使肥效期得到延长的一类含氮(酰胺态氮/铵态氮)肥料,包括含硝化抑制剂和脲酶抑制剂的缓释产品。稳定性肥料可以作基肥和追肥,施肥深度 7~10 cm,种肥隔离 7~10 cm。作基肥时,将总施肥量折合纯氮的 50% 施用稳定性肥料,另外 50% 施用普通尿素。稳定性肥料施用时应注意:由于稳定性肥料速效性慢,持久性好,需要较普通肥料提前 3~5 d 施用。稳定性肥料的肥效可达到 60~90 d,常见蔬菜、大田作物一季施用一次就可以,注意配合施用有机肥,效果较理想。

（3）增值尿素。增值尿素是指在基本不改变尿素生产工艺基础上,增加简单设备,向尿液中直接添加生物活性类增效剂,所生产的尿素增值产品。增效剂主要是指利用海藻酸、腐殖酸和氨基酸等天然物质经改性获得的、可以提高尿素利用率的物质。市场上的增值尿素产品主要有:木质素包膜尿素、腐殖酸尿素、海藻酸尿素、禾谷素尿素、纳米尿素、多肽尿素、微量元素增值尿素等。增值尿素可以和普通尿素一样,应用在所有适合施用尿素的作物上,但是不同的增值尿素其施用时期、施用量、施用方法等是不一样的,施用时需注意以下事项:① 木质素包膜尿素不能和普通尿素一样,只能作基肥一次性施用;其他增值尿素可以和普通尿素一样,既可以作基肥,也可以作追肥。② 增值尿素可以提高氮肥利用率 10%~20%,施用量可比普通尿素减少 10%~20%。③ 应当采取沟施、穴施等方法,并应适当配合有机肥、普通尿素、磷钾肥及中微量元素肥料施用。增值尿素不适合作叶面肥施用,不适合作冲施肥、滴灌或喷灌水肥一体化施用。

4. 功能性肥料

功能性肥料是指除了具有提供植物营养和培肥土壤的功能以外的特殊功能的肥料。功能性肥料主要包括：高利用率肥料，改善水分利用率肥料，改善土壤结构的肥料，适于优良品种特性的肥料，改善作物抗倒伏特性的肥料，具有防治杂草作用的肥料，以及具有抗病虫害作用的肥料。目前普遍推广的是药肥（除草、抗病虫害）。药肥是将农药和肥料按一定的比例配方相混合，并通过一定的工艺技术将肥料和农药稳定于特定的复合体系中而形成的新型生态复合肥料，一般以肥料作农药的载体。

药肥可以作基肥、追肥、叶面喷施等：① 作基肥和处理种子。药肥可与作基肥的固体肥料混在一起撒施，然后把混于土壤中。对于含除草剂多的药肥，深施会降低其药效，一般应施于3~5 cm的土层。具有杀菌剂功能的药肥可以处理种子，处理种子的方法有拌种和浸种。② 追肥。药肥可以在作物生长期作为追肥应用。在旱地施用时注意土壤湿度，结合灌溉或下雨施用。③ 叶面喷施。常和农药（特别是植物生长调节剂）混用的水溶肥料，可通过叶面喷施方法进行施用。

能力培养

一、常用肥料的简易识别

（1）训练准备。准备以下用品：试管、小勺、蒸馏水、pH试纸、木炭、铁片、火炉、酒精灯、烧杯；并准备当地常见化肥品种少许。

（2）操作规程。选取当地市场常见的肥料样品，参照表3-40进行简易识别。

表3-40　常见肥料的简易识别

常见肥料	简易识别要点	主要事项
尿素	（1）颜色和形态：肥料尿素一般为粒状，为半透明白色、乳白色或淡黄色颗粒 （2）气味：无特殊气味 碱水鉴别法：取少许样品放入石灰水中，闻不到氨味的为真尿素，能闻到氨味的为其他化肥或掺入了其他物质的氮素肥料 （3）溶解性：尿素完全溶于水 （4）灼烧：点燃几块木炭，或将铁片或瓦片用火烧红，将少许尿素样品放在其上灼烧，冒出白烟、有刺鼻氨味，同时很快化成水的为真尿素	若灼烧时看到轻微沸腾状，且发生"吱吱"响声，则表明掺有硫酸铵，为劣品；若散发出盐酸刺激气味，则表明其中掺有氯化铵；若灼烧时出现轻微火焰，则其中掺有硝酸铵；如样本在灼烧前就有较强的臭味（氨味），说明尿素中掺有碳酸氢铵；若灼烧时发出"噼噼啪啪"的爆炸声，又有轻微的氨味，说明掺有食盐

续表

常见肥料	简易识别要点	主要事项
过磷酸钙	（1）颜色和形态：外观为深灰色、灰白色、浅黄色等疏松块状物，块状物中有许多细小的气孔，俗称"蜂窝眼" （2）气味：稍带酸味 （3）溶解性：一部分能溶于水，水溶液呈酸性 （4）灼烧：在火上加热时，可见其微冒烟，并有酸味	市场上过磷酸钙差异很大，有效磷含量也差异较大，如果外观不能简易识别，就需要到正规检验部门进行进一步化验
钙镁磷肥	（1）颜色和形态：钙镁磷肥多呈灰白色、浅绿色、墨绿色、黑褐色等，为粉末状，看起来极细，在阳光的照射下，可见粉碎的、类似玻璃体的物体存在，闪闪发光 （2）手感识别：钙镁磷肥属于枸溶性磷肥，溶于弱酸，呈碱性，用手触摸无腐蚀性，不吸潮不结块 （3）气味：钙镁磷肥没有任何气味 （4）溶解性：不溶于水 （5）灼烧：在火上加热时，看不出变化	钙镁磷肥在南方酸性土壤施用效果显著，在北方石灰性土壤施用效果不如过磷酸钙
氯化钾	（1）颜色和形态：白色结晶小颗粒粉末，外观如同食盐 （2）气味：无臭、味咸 （3）溶解性：溶于水 （4）灼烧：没有变化，但有爆裂声，没有氨味；焰色反应为紫色（透过蓝色钴玻璃）	有些国外品牌的氯化钾颜色为红色
硫酸钾	（1）颜色和形态：无色或白色结晶、颗粒或粉末，质硬 （2）气味：无气味，味苦 （3）溶解性：能溶于水和甘油，不溶于乙醇；氯化钾、硫酸铵可以增加其在水中的溶解度，但几乎不溶于硫酸铵的饱和溶液；水溶液呈中性，pH 约为 7。 （4）灼烧：没有变化，但有爆裂声，没有氨味；焰色反应为紫色（透过蓝色钴玻璃）	有些国外品牌的硫酸钾颜色为淡红色
硝酸磷肥	（1）颜色和形态：形态为灰白色颗粒，光滑明亮；硬度较大，一般不能用手捏碎 （2）气味：无特殊气味 （3）溶解性：易溶于水，在水中搅拌片刻便很快溶解 （4）灼烧：取几粒硝酸磷肥放在红热的烟头上，马上会有刺激性气体产生，并可观察到气泡；硝酸磷肥在烧红的木炭上灼烧能很快熔化并放出氨气	硝酸磷肥的生产方法不同，其养分含量不同，颜色、形态、溶解性也会有差异

续表

常见肥料	简易识别要点	主要事项
磷酸二铵	(1)颜色和形态:磷酸二铵在不受潮情况下,中间为黑褐色,边缘微黄,颗粒外观稍有半透明感,表面略光滑,是不规则颗粒;真的磷酸二铵油亮而不渍手,有些假磷酸二铵油得渍手;真的磷酸二铵很硬,不易被碾碎,有些假的磷酸二铵容易被碾碎 (2)气味:无特殊气味 (3)溶解性:溶于水;磷酸二铵溶解摇匀后,静置状态下可长时间保持悬浊液状态,而有些假磷酸二铵溶解摇匀后,静置状态下很快出现分离、沉淀且液色透明。合格磷酸二铵的水溶性磷达90%以上,溶解度高,只有少许沉淀 (4)灼烧:磷酸二铵在烧红的木炭上灼烧能很快熔化并放出氨气;真的磷酸二铵因含氮(氨)加热后冒泡,并有氨味溢出,灼烧后只留下痕迹较少的渣滓,真磷酸二铵因含磷量高而易被"点燃"	受潮后颗粒颜色加深,无黄色和边缘透明感,湿过水后颗粒同受潮颗粒表现一样,并在表面泛起极少量的粉白色;不合格的磷酸二铵水溶性磷含量低,溶解度也低,沉淀也相对较多;有些假磷酸二铵烧后渣滓较多,假的磷酸二铵不易被"点燃"
磷酸二氢钾	(1)颜色和形态:磷酸二氢钾一般为白色、浅黄色或灰白色的结晶体或粉末;硫酸钾和硫酸钠外观发白,而磷酸二氢钾晶体透明,因此可以从外观上简单区别 (2)气味:磷酸二氢钾没有特殊气味。 (3)溶解性:磷酸二氢钾能完全溶解于水,没有沉淀,并且溶解的速度很快;检查溶液的酸碱性,能够发现 pH 试纸变红,说明其溶液呈酸性。 (4)灼烧:观察磷酸二氢钾灼烧时的火焰,能够发现钾离子特有的紫色火焰;在铁片上燃烧没有反应,将磷酸二氢钾放在铁片上加热,肥料会熔解为透明的液体,冷却后凝固为半透明的玻璃状物质——偏磷酸钾	有不法分子以硫酸钾、硫酸钠等假冒磷酸二氢钾,农民在购买时常常无法辨别真伪,首先应以外观辨别
复混肥料	(1)颜色与形态:无机复混肥多为白色颗粒状,也有的由于采用红色的氯化钾作为原料,呈红色颗粒状,1~4 mm 大小颗粒占90%以上;优质复混肥颗粒一致,无大硬块,粉末较少,可见红色细小钾肥颗粒或白色尿素颗粒;含氮量较高的复混肥,存放一段时间肥粒表面可见许多附着的白色微细晶体;劣质复混肥没有这些现象	(1)假冒无机复混肥颗粒性差,多为粉末,颜色为灰色或黑色 (2)国家标准规定三元低浓度复混肥料的水分含量应小于或等于5%,如果超过这个指标,抓在手中会感觉黏手,并可以捏成饼状

续表

常见肥料	简易识别要点	主要事项
复混肥料	（2）气味：复混肥料一般来说无异味（有机-无机复混肥除外）。 （3）溶解性：无机复混肥溶解性能良好；将几粒复混肥放入容器中，加少量水后迅速搅动，颗粒会迅速消失，消失越快，无机复混肥的质量越好；溶解后即使有少量沉淀物，也较细小；假冒的无机复混肥溶解性差，放入水中搅动后不溶解或溶解少许，留下大量不溶的残渣，残渣粗糙而坚硬 （4）灼烧：将复混肥放在烧红的木炭上或燃烧的香烟头上，化肥会马上熔化并呈泡沫沸腾状，同时有氨气放出，假的复混肥不会熔化或熔化极少的一部分；取少量复混肥置于铁皮上，放在明火中灼烧，有氨臭味说明含有氮，出现黄色火焰说明含有钾，氨味浓、紫色火焰长的是优质复混肥，反之，为劣质品	（3）如果有异味，是由于基础原料氮肥为农用碳酸氢铵，或是基础原料磷肥中含有毒物质三氯乙醛（酸），三氯乙醛（酸）进入农田后轻则引起烧苗，重则使农作物绝收，而且毒性残留期长，影响下季作物生长，因此，最好不要买有异味的复混肥 （4）假冒的无机复混肥溶解性差，放入水中搅动后不溶解或溶解少许，留下大量不溶的残渣，残渣粗糙而坚硬
硫酸锌	（1）颜色与形态：常用的七水硫酸锌为无色斜方晶体，农用硫酸锌因含微量的铁而显淡黄色 （2）气味：无臭，味涩 （3）溶解性：本品在水中极易溶解，在甘油中易溶，在乙醇中不溶；水溶液无色、无味，显酸性。	（1）七水硫酸锌在空气中部分失水而成为一水硫酸锌，一水硫酸锌为白色粉状；两种硫酸锌均不易吸收水分，外存不结块 （2）目前市场上大量销售的"镁锌肥""铁锌肥"，含锌量只有真正锌肥的20%左右，是一种质量差、价格高、肥效低的锌肥，购买时要认清商品名称
硫酸亚铁	（1）颜色和形态：硫酸亚铁为绿中带蓝色的单斜晶体 （2）气味：无臭，味咸、涩；具有刺激性 （3）溶解性：易溶于水，水溶液为浅绿色，呈酸性 （4）灼烧：将硫酸亚铁放在坩埚内，置于电炉上加热，真硫酸亚铁首先失去结晶水，变成灰色粉末，继续加热，则硫酸亚铁被氧化成硫酸铁，粉末变成土黄色，高热时放出刺鼻气味	硫酸亚铁在空气中渐渐风化和氧化而呈黄褐色，此时的铁已变成三价，大部分植物不能直接吸收三价铁

常见肥料	简易识别要点	主要事项
硼砂	（1）颜色和形态：真品硼砂为白色细小晶体，看起来与绵白糖极像 （2）气味：味甜略带咸 （3）溶解性：可溶于水，易溶于沸水或甘油中。取硼砂样品如花生粒大小，置于杯中，加水半杯。真品硼砂在冷水中溶解度极小，所以溶化速度很慢。还可用 pH 试纸测试硼砂溶液的酸碱性，硼砂为弱酸强碱性，pH 在 9～10 （4）灼烧：易熔融，初则膨大松松似海绵，继续加热则熔化成透明的玻璃球状	（1）假冒品为白色柱状结晶颗粒，晶粒大小类似白砂糖，甚至比白砂糖粒还大，有的略带微黄色，挤压其包装会发出"沙沙"声 （2）假冒品稍微搅拌便迅速溶解。假冒品 pH 为 6～7
缓控释肥料	（1）检查包膜法：缓控释肥的包衣材料是树脂，如果是热塑性树脂其厚度通常只有 20～100 mm，一般用指甲盖就可以拨开膜；如果是热固性树脂，膜比较难拨开，可用小刀轻轻切开，然后再撕开膜，膜厚度也是 20～100 mm。包衣比例一般 3%～10% （2）水溶对比法：分别将缓控释肥和普通复合肥放在 2 个盛满水的玻璃杯里，轻轻搅拌几分钟，复合肥颗粒会变小或完全溶解，水呈浑浊状，而缓控释肥则不会溶解，水质清澈，无杂质，颗粒周围有气泡冒出。因为缓控释肥的核心是三元复合肥料，所以将剥去外壳的缓释肥放在水中，会较快溶解，而剥去外壳不溶解的，是劣质肥料或是假肥料 （3）热水冲泡法：这种方法比较容易快速地检测；缓控释肥在热水中虽然释放加快，但比普通肥料要慢很多。将热水倒入装有肥料的容器中，等水冷却到常温后，用手指用力地捏肥料，如果发软的或一捏就碎的肥料占大多数，则不是缓控释肥；如果发软的是极少数，则可以基本确定是缓控释肥	（1）包硫尿素一般是金黄色的，如果染色，也很容易看到它的底色也是金黄色的。包硫尿素不是缓控释肥，现在之所以缓控释肥满天飞，就是因为很多小厂把包硫尿素冒充缓控释肥，就是大家所说的概念炒作 （2）根据颜色辨别并不十分准确，有些厂家仿冒缓控释肥的颜色，把普通肥做成与缓控释肥相同的颜色，如果将肥料放在水里，水质浑浊且带色，说明是仿冒产品，真正的缓控释肥外膜是不脱色的
生物有机肥	（1）查看包装是否规范：① 看产品登记证，规范产品、包装的右上角应有农业农村部微生物肥料登记证号，表示为微生物肥（登记年）准字（编号）号；② 看产品技术指标：有效活菌数≥0.2 亿个/g 或 0.5 亿个/g（严格规定，在保存期的最后一天必须要达到这个数值）；③ 看产品有效期，包装的背面下部必须有产品有效期，自产品出厂，有效期不能大于 6 个月	（1）微生物肥料省级部门无登记权，有些厂家标注省级部门登记证的多为有机肥 （2）一些企业为了迎合市场，将有效活菌数标成几十亿个，这是不科学的（目前的技术很难达到）、是错误的

常见肥料	简易识别要点	主要事项
生物有机肥	（2）检查肥料外观是否正常：① 看含水量，抓一把肥料在阳光下观察物料是否潮湿、是否起灰尘，潮湿结块、干燥成灰都非合格产品；② 闻气味，在生物有机肥料中所使用的有机肥料载体是由多种有机营养物质组成的"套餐"（如菜粕、黄豆粉等发酵制成），应该能看到多种原料组成的痕迹，或能闻到原料的特殊气味；在选购该肥料时应在晴天选购较易分辨	（3）因为生物有机肥的特殊功能菌种是活的、有生命的，随着产品保存时间的延长，特殊功能菌种的有效活菌数会不断减少，所以产品有效期标得太长（超过 6 个月）是对用户不负责
新型水溶肥料	（1）看配方：一般高品质的水溶肥料都会有好几个配方，从苗期到采收都能找到适宜的配方使用，如常用的高钾配方氮∶磷∶钾的配比控制在 2∶1∶4 效果最好；好的水溶肥料，6 种微量元素必须都含有，而且有一个科学的配比 （2）看登记的适用作物：目前我国水溶肥料实行的是农业农村部肥料登记证管理办法，一般都会在包装上注明已登记的适用作物，对于没有登记的作物需要有各地使用经验说明 （3）看含量：原料多为食品级，氮磷钾总含量一般不低于 50%，单一元素含量不低于 4%；微量元素含量是铜、锌、铁、锰、钼、硼等元素之和，产品应至少包含一种微量元素，单一微量元素含量不应低于 0.05% （4）看养分标注：高品质的水溶肥料对成分标注得非常清楚，而且都是单一标注，养分含量明确 （5）看标准和证号：水溶肥料都有执行标准，一般为农业农村部行业标准；实行农业农村部登记证管理办法，有登记证号，可在农业农村部官网上查到 （6）看防伪标识：正规厂家生产的水溶肥料在肥料包装袋上都有防伪标识，它是肥料的"身份证"，每包肥料的防伪标识是不一样的，刮开后在网上或打电话输入数字便可知肥料的真假 （7）看重金属标注：正规厂家生产的水溶肥料重金属离子含量都是低于国家标准的，并且有明确的标注 （8）看水溶性：鉴别水溶肥料的水溶性只需要把肥料溶解到清水中，看溶液是否清澈透明，如果除了肥料的颜色之外和清水一样，水溶性较好，表明肥料质量好 （9）闻味道：好的水溶肥料都是用高纯度的原材料做出来的，没有霉味、怪味，会有一种非常淡的清香味	（1）我国市场上有不少水溶肥料，个别微量元素如硼、铁等含量比较高，但如果大量元素不能满足需求，则微量元素的吸收利用率并不高 （2）质量差的水溶肥料一般养分含量低，低含量的水溶肥料对原料和生产技术要求比较低，一般采用农业级的原材料，含有比较多的杂质和填充料，这些杂质和填充料，不仅对土壤和作物没有任何益处，还会对环境造成破坏，应避免购买使用 （3）有异味的肥料要么是添加了激素，要么是有害物质太多，这种肥料用起来见效很快，但对作物的抗病能力和持续生产能力，以及产品品质没有任何好处

（3）问题处理。目前我国肥料市场的情况是：单质肥料除尿素外，多为复混肥料、新型肥料，因而市场上各产品鱼龙混杂、良莠不齐。判断肥料真假，除了以上的简单识别，还需要更专业的知识、检测检验，才能确定真伪。

二、有机物料腐熟剂在秸秆腐熟上的应用

（1）训练准备。准备以下用品：有机物料腐熟剂、作物秸秆（小麦或玉米）、营养调节物质、秸秆还田机械及腐熟用工具等。

（2）操作规程。选取当地小麦或玉米收获田块，参照表3-41进行秸秆腐熟。

表3-41　有机物料腐熟剂在秸秆腐熟上的应用

操作环节	操作规程	操作要求
选取秸秆种类或腐熟方式	根据当地实际情况，选取小麦秸秆、玉米秸秆等植物中的一种，确定直接还田还是堆沤腐熟	秸秆要选取当季收获的
选取有机物料腐熟剂	根据选取的作物秸秆或腐熟方式，选取当前使用较多、效果较好的有机物料腐熟剂，并根据秸秆量备足，一般一亩地秸秆用量为2~3 kg	（1）有机物料腐熟剂，液体剂型有效活菌数≥1.0 亿/mL；固体剂型有效活菌数≥0.5 亿/g （2）选取有机物料腐熟剂时应注意有无农业农村部微生物肥料登记证号 （3）腐熟剂应放在阴凉干燥处，避免阳光直晒
腐熟剂活化	（1）营养液配制：取30℃左右的温水20~30 kg、加入20~30 g红糖、10~15 g尿素、10~15 g磷酸二铵溶解混匀 （2）腐熟剂活化：将腐熟剂和营养液按1∶（10~20）的质量比均匀混合，放置2~3 h，每小时搅拌1~2次	腐熟剂活化要根据秸秆还田时间提前3 h进行
秸秆直接还田腐熟	（1）秸秆处理：作物收获后，将秸秆粉碎成15~20 cm长的小段，均匀、不规则地平铺在田间 （2）营养调节：按每亩加畜禽粪便300~500 kg，或每亩18~20 kg尿素、10~15 kg磷酸二铵混合，均匀撒施在秸秆表面 （3）将已活化好的有机物料腐熟剂，静置10 min后取其上部清液，于上午10点前或下午3点后混匀喷洒在作物秸秆上；或根据还田亩数，按产品推荐使用量，按每亩2~3 kg有机物料腐熟剂均匀撒施在作物秸秆上	（1）平铺秸秆时切忌碎草成堆 （2）拍打秸秆使有机物料腐熟剂和尿素落到秸秆下面 （3）腐熟剂不能与杀菌剂农药混合施用

续表

操作环节	操作规程	操作要求
秸秆直接还田腐熟	（4）覆土灌水：采用旋耕机及时对处理好的秸秆进行还田，并及时灌水；土壤湿度掌握在田间持水量的 40%～60% 为宜 （5）腐熟效果评价：还田后 3～5 d 秸秆表观颜色变深，物料结构疏松，具有轻微氨味，无恶臭味，即表明秸秆腐熟，可以播种	
秸秆堆沤还田腐熟	（1）地块选择：充分利用田间地头、沟渠或者空地挖坑，作为秸秆堆沤场地 （2）粉碎秸秆：作物收获后，将秸秆粉碎成 10～15 cm 长的小段 （3）准备有机物料腐熟剂混合液：按照每 1 000 kg 秸秆，加 2 kg 有机物料腐熟剂、5 kg 尿素，兑水 50 倍稀释混合后备用 （4）堆置秸秆：分层堆置，每层厚度 20 cm 左右，铺完一层秸秆后用水浇透，均匀淋洒有机物料腐熟剂与尿素的混合液，再在上面铺一层生泥土，然后再铺第二层秸秆，依次铺 5～6 层秸秆后用泥浆封盖或黑塑料布密封 （5）后期管理：根据当地气候条件及时检查，秸秆干燥后应立即补水，一般夏天 10～14 d、春冬季 20～15 d，即可腐熟做基肥 （6）腐熟效果评价：还田后 3～5 d 秸秆表观颜色变深，物料结构疏松，具有轻微氨味，无恶臭味，即表明秸秆腐熟了	（1）有条件的地方，可将秸秆粉碎成 5～10 cm 长的小段 （2）秸秆含水量掌握在 50%～60% 为宜，捏之手湿，指缝间有水流出 （3）有机物料腐熟剂用量可参照产品说明书，也可按照每 1 000 kg 秸秆加 2～3 kg 有机物料腐熟剂使用

（3）问题处理。除作物秸秆外，也可以利用其他发酵材料，如畜禽粪便、生活垃圾、河泥等，按照堆肥工艺要求适当调节物料的碳氮比，然后依据农田秸秆堆沤方法进行堆沤。

随堂练习

1. 请解释：植物营养关键期；科学施肥；化学肥料；有机肥料；微生物肥料；缓控释肥料。

2. 简述科学施肥的基本原理。

3. 氮、磷、钾缺素症状及施用要点有哪些？试列表总结。

4. 当地常见的微生物肥料有哪些？如何合理施用？

5. 当地常见的新型肥料有哪些？如何合理施用？

任务 3.4   作物减肥增效技术

 **任务目标**

知识目标：1. 了解作物测土配方施肥技术、作物水肥一体化技术、有机肥替代化肥技术。

2. 了解作物测土配方施肥技术的主要内容。

3. 了解作物水肥一体化技术的特点、组成和操作。

4. 了解果、菜、茶有机肥替代化肥技术。

能力目标：调查当地作物减肥增效技术实施状况。

知识学习

作物减肥增效技术是指从肥料配方制订、施肥量计算、减少肥料损失、有机肥替代等各个环节和层面综合设计、实施，以减少化肥的施用量而不减产的技术。下面简述几种主要的减肥增效技术：测土配方施肥技术、水肥一体化技术、有机肥替代化肥技术等。

一、作物测土配方施肥技术

作物测土配方施肥技术是以肥料的田间试验和土壤测试为基础，根据作物需肥规律、土壤供肥性能和肥料效应，在合理施用有机肥料的基础上，提出氮、磷、钾及中、微量元素等肥料的施用品种、数量、施肥时期和施用方法。配方肥料是以肥料田间试验和土壤测试为基础，根据作物需肥规律、土壤供肥性能和肥料效应，用各种单质肥料和（或）复混肥料为原料，配制成的适于特定区域、特定作物的肥料。

作物测土配方施肥技术应用实例

作物测土配方施肥技术包括测土、配方、配肥、供应、施肥指导 5 个核心环节，以及野外调查、田间试验、土壤测试、配方设计、校正试验、配方加工、示范推广、宣传培训、数据库建设、效果评价、技术创新 11 项重点内容。

5 个核心环节内容可操作性强，介绍如下：

（1）测土。在广泛的资料收集整理、深入的野外调查和典型农户调查、掌握耕地的立地条件、土壤理化性质与施肥管理水平的基础上，按确定的取样单元及取样农户地块，采集有代表的土样 1 个。对采集的土样进行有机质、全氮、水解氮、有效磷、缓效钾、速效钾及中、微量元素等养分的化验,为制订配方和田间肥料试验提供基础数据。

（2）配方。开展田间肥料小区试验,摸清土壤养分校正系数、土壤供肥量、作物需肥规律和肥料利用率等基本参数,建立不同施肥分区主要作物的氮、磷、钾肥料效应模式和施肥指标体系,以此为基础,由专家分区域、分作物根据土壤养分测试数据、作物需肥规律、土壤供肥特点和肥料效应,在合理配施有机肥的基础上,提出氮、磷、钾及中、微量元素等肥料配方。

（3）配肥。依据施肥配方,以各种单质或复混肥料为原料,配制配方肥料。目前,在推广上有两种模式:一是农民根据测土配方施肥建议卡自行购买各种肥料配合施用;二是由配肥企业按配方加工配方肥料,农民直接购买施用。

（4）供应。测土配方施肥技术最具活力的供肥模式是通过肥料招投标,以市场化运作、工厂化生产和网络化经营将优质配方肥料供应到户、到田。

（5）施肥指导。制订、发放测土配方施肥建议卡到户或供应配方肥到点,并建立测土配方施肥示范区,通过树立样板田的形式来展示测土配方施肥技术效果,引导农民应用测土配方施肥技术。

二、作物水肥一体化技术

水肥一体化技术也称为灌溉施肥技术,通俗地讲,就是将肥料溶于灌溉水中,通过管道在浇水的同时施肥,将水和肥料均匀、准确地输送到作物根部土壤。

作物水肥一体化技术应用实例

1. 水肥一体化技术的特点

水肥一体化技术与传统地面灌溉和施肥方法相比,具有以下优点:① 节水效果明显,节水率为 30%~40%;节肥增产效果显著,与常规施肥技术相比可节省化肥 30%~50%,并增产 10% 以上;② 减少农药用量,利于生产绿色农产品,与常规施肥技术相比,利用水肥一体化技术每亩农药用量减少 15%~30%,可降低生产成本,改善作物品质,改善土壤微生态环境;③ 便于精确施肥和标准化栽培,适应恶劣环境和多种作物。水肥一体化技术在实施过程中也存在诸多缺点:① 系统维持不好易引起管道堵塞,系统运行成本高;② 易引起盐分积累,污染水源;③ 限制根系发育,降低作物抵御风灾能力;④ 工程造价高,维护成本高。

2. 水肥一体化技术系统的组成。

水肥一体化技术系统主要有微灌系统和喷灌系统。这里以常用的微灌系统为例进行介绍。微灌系统主要由水源、水泵枢纽(由水泵及动力机、过滤器等水质净化设备,施肥池,控制阀门,进排水阀,压力表,流量计等设备组成)、输配水管网(包括干、支管和毛管三级管道)、灌水器(主要由滴头、滴灌带、微喷头、渗灌滴头、渗灌管等)四部分组成(图 3-12)。

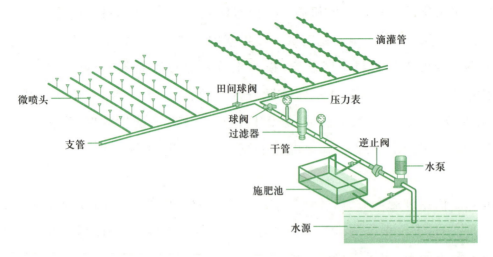

图 3-12　水肥一体化微灌系统组成示意图

3. 水肥一体化系统的操作

水肥一体化系统的操作包括运行前的准备、灌溉操作、施肥操作、轮灌组更替和结束灌溉等工作。

（1）运行前的准备。运行前的准备工作主要是检查系统是否按设计要求安装到位,检查系统主要设备和仪表是否正常,修复损坏的配件和漏水的管段。

（2）灌溉操作。水肥一体化系统包括单户系统和组合系统,组合系统需要分组轮灌。系统的简繁不同、灌溉作物和土壤条件不同都会影响到灌溉操作。灌溉系统主要包括管道充水试运行、水泵启动、监控压力表和流量表、冲洗管道和田间巡查。

（3）施肥操作。施肥过程是伴随灌溉同时进行的,施肥操作在灌溉进行 20~30 min 后开始,并确保在灌溉结束前 20 min 以上的时间内结束,这样可以保证对灌溉系统的冲洗和尽可能地减少化学物质对灌水器的堵塞。施肥操作前要按照施肥方案将肥料准备好,对于溶解性差的肥料可先将肥料溶解在水中。不同的施肥装置在操作细节上有所不同。

（4）轮灌组更替。根据水肥一体化灌溉施肥制度,观察水表水量确定达到要求的灌水量时,更换下一轮灌组地块,注意不要同时打开所有分灌阀。首先打开下一轮灌组的阀门,再关闭上一轮灌组的阀门,进行下一轮灌组的灌溉,操作步骤按以上重复。

（5）结束灌溉。所有地块灌溉施肥结束后,先关闭灌溉系统水泵开关,然后关闭田间的各开关。对过滤器、施肥罐、管路等设备进行全面检查,确保达到下一次正常运行的标准。注意冬季灌溉结束后要把田间位于主、支管道上的排水阀打开,将管道内的水尽量排净,以避免管道留有积水冻裂管道,此阀门冬季不必关闭。

三、有机肥替代化肥技术

有机肥替代化肥技术是通过增施有机肥料、生物肥料、有机无机复混肥料等措施提供土壤和作物必需的养分,从而达到利用有机肥料减少化肥投入的目的。以苹果有机肥替代化肥技术为例,其他作物可参考当地农业技术部门有关资料。

柑橘、茶树有机肥替代化肥技术

1.“有机肥+配方肥”模式

(1)基肥。基肥施用最适宜的时间是 9 月中旬到 10 月中旬,对于红富士等晚熟品种,可在采收后马上进行,越快越好。基肥施肥类型包括有机肥、土壤改良剂、中微肥和复合肥等。有机肥的类型及用量为:农家肥(腐熟的羊粪、牛粪等)30 t/hm²,或优质生物肥 7 500 kg/hm²,或饼肥 3 000 kg/hm²,或腐殖酸 1 500 kg/hm²。土壤改良剂和中微肥建议硅钙镁钾肥 750~1 500 kg/hm²、硼肥 15 kg/hm² 左右、锌肥 30 kg/hm² 左右。复合肥建议采用平衡型如 15-15-15(或类似配方),用量 750~1 125 kg/hm²。

基肥施用方法为沟施或穴施。沟施时沟宽 30 cm 左右、长 50~100 cm、深 40 cm 左右,分为环状沟、放射状沟以及株(行)间条沟。穴施时根据树冠大小,每株树 4~6 个穴,穴的直径和深度为 30~40 cm。每年交换位置挖穴,穴的有效期为 3 年。施用时要将有机肥与土充分混匀。

(2)追肥。追肥建议 3~4 次,第一次在 3 月中旬至 4 月中旬,建议施一次硝酸铵钙(或 25-5-15 硝基复合肥),施肥量 450~900 kg/hm²;第二次在 6 月中旬,建议施一次平衡型复合肥(15-15-15 或类似配方),施肥量 450~900 kg/hm²;第三次在 7 月中旬到 8 月中旬,施肥类型以高钾配方为主(10-5-30 或类似配方),施肥量 375~450 kg/hm²,配方和用量要根据果实大小灵活掌握,如果个头够大则要减少氮素比例和用量,否则可适当增加。

2.“果-沼-畜”模式

(1)沼渣沼液发酵。根据沼气发酵技术要求,将畜禽粪便、秸秆、果园落叶、粉碎枝条等物料投入沼气发酵池中,按 1∶10 的比例加水稀释,再加入复合微生物菌剂,对其进行腐熟和无害化处理,充分发酵后经干湿分离,分出沼渣和沼液直接施用。

(2)基肥。沼渣施用 45~75 t/hm²、沼液 750~1 500 m³/hm²;苹果专用配方肥选用平衡型(15-15-15 或类似配方),用量 750~1 125 kg/亩;另外施入硅钙镁钾肥 750 kg/hm² 左右、硼肥 15 kg/hm² 左右、锌肥 30 kg/hm² 左右。秋施基肥最适时间在 9 月中旬到 10 月中旬。对于晚熟品种如富士,建议在采收后马上施肥,越快越好。采用条沟(或环沟)法施肥,施肥深度在 30~40 cm,先将配方肥撒入沟中,然后将沼渣施入,沼液可直接施入或结合灌溉施入。

(3)追肥。参照“有机肥+配方肥”模式中的追肥方法。

3.“有机肥+生草+配方肥+水肥一体化”模式

(1)果园生草。果园生草一般在果树行间进行,可人工种植,也可自然生草后人工管理。人工种草可选择三叶草、小冠花、早熟禾、高羊茅、黑麦草、毛叶苕子和鼠茅草等,播种时间以 8 月中旬到 9 月初为佳,早熟禾、高羊茅和黑麦草也可在春季 3 月初播种。播深为种子直径的

2~3倍,土壤墒情要好,播后喷水2~3次。自然生草果园行间不进行中耕除草,由马唐、稗、光头稗、狗尾草等当地优良野生杂草自然生长,及时拔除豚草、苋菜、藜、苘麻、葎草等恶性杂草。不论人工种草还是自然生草,当草长到40 cm左右时都要进行刈割,割时保留约10 cm高,割下的草覆于树盘下,每年刈割2~3次。

（2）基肥。基肥施用最适宜的时间是9月中旬到10月中旬,对于红富士等晚熟品种,可在采收后马上进行,越快越好。用量为农家肥（腐熟的羊粪、牛粪等）22.5 t/hm², 或优质生物肥6 t/hm², 或饼肥2 250 kg/hm², 或腐殖酸1 500 kg/hm²。土壤改良剂和中微肥建议硅钙镁钾肥750~1 500 kg/hm²、硼肥15 kg/hm²左右、锌肥30 kg/hm²左右。复合肥建议采用平衡型如15-15-15（或类似配方）,用量750~1 125 kg/hm²。

基肥施用方法为沟施或穴施。沟施时沟宽30 cm左右、长50~100 cm、深40 cm左右,分为环状沟、放射状沟以及株（行）间条沟。穴施时根据树冠大小,每株树4~6个穴,穴的直径和深度为30~40 cm。每年交换位置挖穴,穴的有效期为3年。施用时将有机肥等与土充分混匀。

（3）水肥一体化。产量45 t/hm²苹果园水肥一体化追肥量一般为：纯氮（N）135~225 kg, 纯磷（P_2O_5）67.5~112.5 kg, 纯钾（K_2O）150~262.5 kg, 各时期氮、磷、钾施用比例如表3-42。对黄土高原地区,应采用节水灌溉模式,总灌水定额在2 250~2 550 m³/hm²,另外在雨季如果土壤湿度可以,则用少量水施肥即可。

表 3-42　盛果期苹果树灌溉施肥计划

生育时期	灌水定额 /[m³/(hm²·次)]	灌溉加入养分占总量比例/%		
		N	P_2O_5	K_2O
萌芽前	375	20	20	0
花前	300	10	10	10
花后2~4周	375	15	10	10
花后6~8周	375	10	20	20
果实膨大期	225	5	0	10
	225	5	0	10
	225	5	0	10
采收前	225	0	0	10
采收后	300	30	40	20
封冻前	450	0	0	0
合计	3 075	100	100	100

4."有机肥+覆草+配方肥"模式

（1）果园覆草。果园覆草的适宜时期为3月中旬到4月中旬。覆盖材料因地制宜,作物秸秆、杂草、花生壳等均可采用。覆草前要先整好树盘,浇一遍水,施一次速效氮肥(每亩约5 kg)。覆草厚度以常年保持在15~20 cm为宜。覆草适用于山丘地、砂土地,土层薄的地块效果尤其明显,黏土地覆草由于易使果园土壤积水,引起旺长或烂根,不宜采用。另外,树干周围20 cm左右不覆草,以防积水影响根颈透气。冬季较冷地区深秋覆一次草,可保护根系安全越冬。覆草果园要注意防火。风大地区可在草上零星压土、石块、木棒等,防止草被大风吹走。

（2）基肥。基肥施用时间、方法和肥料用量同"有机肥+生草+配方肥+水肥一体化"模式。

（3）追肥。同前述"有机肥替代化肥技术"中的追肥方法。

 **能力培养**

进行下列调查活动。

当地主要作物减肥增效技术应用调查

（1）调查准备。选择当地推广应用最为成功的一项技术(测土配方施肥技术、水肥一体化技术、有机肥替代化肥技术),通过网络查询、期刊查询、图书借阅等途径,了解其基本情况。

（2）实践活动。在查阅资料的基础上,通过走访群众、农业生产部门技术人员等,知道当地有哪些作物生产应用了该项技术,应用效果如何,有哪些典型经验。

（3）问题处理。请用不少于800字,以某个作物为例,介绍该项技术的应用情况,并在教师的组织下与同学们交流。

随堂练习

1. 请解释:作物测土配方施肥技术;作物水肥一体化技术;有机肥替代化肥技术。

2. 作物测土配方施肥技术包括哪些核心环节?

3. 作物水肥一体化技术有哪些优缺点?

项 目 小 结

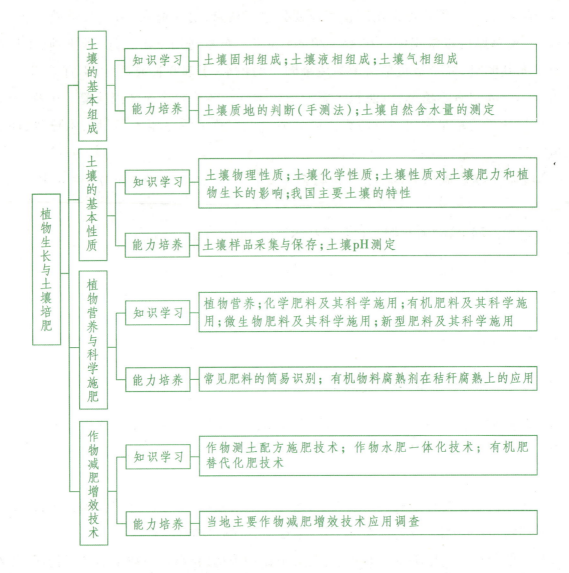

项 目 测 试

一、名词解释

土壤;土壤肥力;土壤质地;土壤腐殖质;田间持水量;土壤通气性;土壤孔隙度;土壤结构体;土壤耕性;土壤吸收性;土壤缓冲性;植物营养临界期;植物营养最大效率期;化学肥料;复合微生物肥料;有机肥料;测土配方施肥技术;配方肥料。

二、单项选择题(请将正确选项填在括号内)

1. 土壤的基本组成物质是(　　　)。

A. 固相　　　　　　B. 液相　　　　　　C. 气相　　　　　　D. 有机质

2. 土壤有机质的主体是(　　　)

A. 秸秆　　　　　　B. 动植物残体　　　　C. 腐殖质　　　　　D. 糖类

3. 一般土壤生物中最活跃的部分是(　　)。

A. 微生物　　　　　B. 动物　　　　　　　C. 植物　　　　　　D. 蚂蚁

4. 土壤有机质在微生物的作用下分解为简单无机物的过程称为(　　)。

A. 腐殖化　　　　　B. 矿质化　　　　　　C. 有机质积累　　　D. 氨化作用

5. 土壤有效水的下限为(　　)。

A. 质量含水量　　　B. 田间持水量　　　　C. 萎蔫系数　　　　D. 相对含水量

6. 土壤含水量占田间持水量的(　　)最适合植物的生长发育。

A. 20%~45%　　　B. 55%~80%　　　　C. 60%~80%　　　D. 100%

7. 对旱地植物多余,对水生植物有效的是(　　)。

A. 膜状水　　　　　B. 吸湿水　　　　　　C. 毛管水　　　　　D. 重力水

8. 进行土壤分析需采集土壤混合样品,混合样品的采集点是(　　)。

A. 5~20 点　　　　B. 5~25 点　　　　　C. 5~30 点　　　　D. 5~35 点

9. 用手测法测定土壤质地时,可搓成直径约 3 mm 的土条,将土条弯成直径 2~3 cm 的圆环时断裂的是(　　)。

A. 沙壤土　　　　　B. 砂土　　　　　　　C. 重壤土　　　　　D. 中壤土

10. 旱作农田的犁底层常形成(　　)不良结构。

A. 块状　　　　　　B. 核状　　　　　　　C. 柱状　　　　　　D. 片状

11. 在酸性土壤条件下,(　　)的有效性最低。

A. Mo　　　　　　　B. Mn　　　　　　　C. Zn　　　　　　　D. Fe

12. 因土壤水分过多而使土粒易吸附在农具上的土壤结构性是(　　)。

A. 黏着性　　　　　B. 黏结性　　　　　　C. 可塑性　　　　　D. 胀缩性

13. 起通气透水作用的孔隙是(　　)。

A. 通气孔隙　　　　B. 毛管孔隙　　　　　C. 无效孔隙　　　　D. 非活性孔隙

14. 一般植物在土壤 pH 为(　　)都能正常生长。

A. 4.5~8.5　　　　B. 6.0~8.0　　　　　C. 3.5~9.5　　　　D. 8~9

15. 以下属酸性土壤的指示植物是(　　)。

A. 杜鹃　　　　　　B. 柽柳　　　　　　　C. 羊角草　　　　　D. 碱蓬

16. 作物磷素营养临界期一般在植物生长的(　　),所以要保证此期磷素的供应。

A. 早期　　　　　　B. 中期　　　　　　　C. 开花期　　　　　D. 成熟期

17. 植物在生长(　　),若缺少某种养分,作物的生长发育将受到很大影响,即使以后再补施该养分,也难以弥补。

A. 中期　　　　　　B. 营养最大效率期　　C. 营养临界期　　　D. 后期

18. 对必需营养元素的生理作用描述错误的是（　　）。

A. 只能构成植物体的结构物质

B. 在植物新陈代谢中起催化作用

C. 参与植物体物质的转化与运输

D. 构成植物体的结构物质、贮藏物质和生活物质

19. 果树施用微量元素肥料常用（　　）。

A. 打洞填埋法　　　B. 拌种　　　　C. 撒施　　　　D. 条施

20. 植物吸收的氮素有（　　）来自土壤。

A. 30%～60%　　　B. 40%～60%　　　C. 50%～70%　　　D. 70%～80%

21. 土壤微量元素中，（　　）含量最高。

A. 氮　　　　　　B. 钼　　　　　　C. 铁　　　　　　D. 锌

22. 在室温下有刺激性氨臭味的肥料是（　　）。

A. 碳酸氢铵　　　B. 硫酸铵　　　　C. 硝酸铵　　　　D. 氯化铵

23. 我国磷肥的当季利用率一般为（　　）。

A. 20%～50%　　　B. 40%～60%　　　C. 10%～25%　　　D. 50%～60%

24. 磷酸铵的含磷量为（　　）。

A. 16%～18%　　　B. 12%～15%　　　C. 46%～48%　　　D. 35%

25. 下列肥料属于生理酸性肥料的是（　　）。

A. 尿素和碳酸铵　　　B. 硝酸钠和硝酸铵　　　C. 硫酸铵和氯化铵　　　D. 硝酸铵和尿素

26. 根据土壤条件合理分配磷肥，中度缺磷土壤要（　　）。

A. 少量施用、巧施磷肥　　　　　　B. 适量施用、看苗施用

C. 优先施用、足量施用　　　　　　D. 优先施用、看苗施用

27. 以下关于复合肥料的施用说法错误的是（　　）。

A. 根据土壤条件合理施用　　　　　B. 根据复混肥料的养分形态合理施用

C. 以基肥为主合理施用　　　　　　D. 养分齐全，单独施用

28. 厩肥、堆肥完全腐熟可概括为（　　）。

A. 棕、软、霉　　　B. 棕、烂、臭　　　C. 灰、粉、土　　　D. 黑、烂、臭

29. 我国目前大量推广应用的新型肥料是（　　）。

A. 缓控释肥料　　　B. 尿素改性肥料　　　C. 水溶肥料　　　D. 功能性肥料

30. 作物测土配方施肥技术的核心是（　　）。

A. 田间试验　　　B. 土壤测试　　　C. 配方设计　　　D. 校正试验

三、判断题（正确的在题后括号内打"√"，错误的打"×"）

1. 在农业生产中，通过掺砂掺黏可改良土壤质地。　　　　　　　　　　（　　）

2. 通气良好时,土壤呈氧化状态,有利于有机质矿化和土壤养分释放。（　　）

3. 毛管水是土壤水分中对植物最有效的水分。（　　）

4. 土壤生物是指全部生命周期在土壤中生活的那些生物。（　　）

5. 当田间土壤表面出现积水时的含水量称为田间持水量。（　　）

6. 土壤耕性可反映土壤的熟化程度,也可反映土壤的物理机械性。（　　）

7. 我国土壤的酸碱变化呈"南酸北碱"的规律。（　　）

8. 高产水田土壤要有发育良好的犁底层,旱地土壤要有适当偏黏的犁底层。（　　）

9. 土壤的缓冲性使土壤在自然条件下不会因环境变化而剧烈变化。（　　）

10. 根外追肥可以替代土壤施肥。（　　）

11. 尿素作追肥应提前施用。（　　）

12. 磷肥具有后效,水旱轮作周期中,应本着"旱重水轻"原则分配和施用磷肥。（　　）

13. 水溶性钾是指以离子形态存在于土壤中的钾,只占土壤全钾量的 $1\% \sim 10\%$。（　　）

14. 沼气发酵属于严格无氧条件下的嫌气发酵过程。（　　）

15. 配方落实到农户田间是提高和普及测土配方技术的最关键环节。（　　）

四、简答题

1. 怎样利用手测法判断一个未知土壤的质地?

2. 土壤中的有机质和生物各有何重要作用?

3. 农业生产中,如何判断土壤墒情为黄墒?

4. 如何根据生产实际,判断土壤宜耕期?

5. 什么是土壤通气性? 土壤通气性对植物生长发育有何影响? 怎样进行调节?

6. 土壤的主要物理性质有哪些? 对土壤肥力有何影响?

7. 土壤的主要化学性质有哪些? 对土壤肥力有何影响?

8. 列表比较三种质地土壤的肥力特性与农业生产性状。

9. 旱地土壤高产肥沃的特征是什么?

10. 水田土壤高产肥沃的特征是什么? 怎样改良低产水田?

11. 氮、磷、钾等植物必需营养元素的生理作用是什么?

12. 简述合理施肥的基本原理。

13. 农作物和果树的施肥方法有哪些? 有何异同?

14. 总结一下常见氮肥、磷肥和钾肥的施肥要点。

15. 总结一下常见微量元素肥料的施肥要点。

16. 微量元素肥料有哪些施用方法? 应注意哪些问题?

17. 怎样合理施用复混肥料?

18. 如何积制厩肥? 厩肥和堆肥腐熟有何特征? 怎样合理施用厩肥和堆肥?

19. 新型肥料有何特点？主要新型肥料有哪些？

20. 测土配方施肥技术的核心环节是什么，具体包括哪些内容？

五、能力应用

1. 根据测定当地土壤的水分含量、pH 及质地名称，判断一下当地土壤的肥力状况，并提出改良意见。

2. 根据当地旱地土壤、水田土壤的管理实际情况，提出合理培肥改良的实施方案。

3. 某农户发现自家一块地的作物生长异常，想让农技推广站测土，就到地头取了一小袋土。请问这个土样能不能用，请你给出合理建议。

项目链接

设施蔬菜有机肥替代化肥技术

自 2017 年以来，农业农村部每年都会发布设施蔬菜有机肥替代化肥技术方案，这里以设施番茄和黄瓜为例进行介绍。

一、"有机肥+配方肥"模式

1. 设施番茄

基肥：移栽前，基施猪粪、鸡粪、牛粪等经过充分腐熟的优质农家肥 22.5~36 t/hm²，或商品有机肥（含生物有机肥）4 500~9 000 kg/hm²，同时基施 45% 配方肥（18-18-9 或相近配方）450~600 kg/hm²。

追肥：每次追施 45%（15-5-25 或相近配方）的配方肥 105~150 kg/hm²，分 7~11 次随水追施。施肥时期为苗期、初花期、坐果期、果实膨大期；根据收获情况，每收获 1~2 次追施 1 次肥。

2. 设施黄瓜

基肥：移栽前，基施猪粪、鸡粪、牛粪等经过充分腐熟的优质农家肥 31.5~45 t/hm²，或施用商品有机肥（含生物有机肥）6 000~12 000 kg/hm²，同时基施 45% 配方肥（18-18-9 或相近配方）450~600 kg/hm²。

追肥：每次追施 45% 配方肥（17-5-23 或相近配方）150~225 kg/hm²。追肥时期为三叶期、初瓜期、盛瓜期；初花期以控为主，盛瓜期根据收获情况每收获 1~2 次追施 1 次肥。秋冬茬和冬春茬共分 7~9 次追肥，越冬长茬共分 10~14 次追肥。每次追肥控制纯氮用量不超过 60 kg/hm²。

二、"菜-沼-畜"模式

沼渣沼液发酵：将畜禽粪便、蔬菜残茬和秸秆等物料投入沼气发酵池中，按 1∶10 的比例加水稀释,再加入复合微生物菌剂,对畜禽粪便、蔬菜残茬和秸秆等进行无害化处理,生产沼气。充分发酵后的沼渣、沼液直接作为有机肥施用在设施菜田中。

1. 设施番茄

基肥:施用沼渣 22.5～36 t/hm²,或用猪粪、鸡粪、牛粪等经过充分腐熟的优质农家肥 22.5～36 t/hm²,或商品有机肥(含生物有机肥)4 500～9 000 kg/hm²,同时根据有机肥用量,基施 45%配方肥(14-16-15 或相近配方)450～600 kg/hm²。

追肥:在番茄苗期、初花期,结合灌溉分别冲施沼液 13.5～18 t/hm²;在坐果期和果实膨大期,结合灌溉将沼液和配方肥分 5～8 次追施。其中沼液每次追施 13.5～18 t/hm²,45%配方肥(15-5-25 或相近配方)每次施用 120～150 kg/hm²。

2. 设施黄瓜

基肥:施用沼渣 27～36 t/hm²,或用猪粪、鸡粪、牛粪等经过充分腐熟的优质农家肥 31.5～45 t/hm²,或商品有机肥(含生物有机肥)6 000～12 000 kg/hm²,同时根据有机肥用量,基施 45%配方肥(14-16-15 或相近配方)450～600 kg/hm²。

追肥:在黄瓜的苗期、初花期,结合灌溉分别冲施沼液肥 13.5～18 t/hm²。在初瓜期和盛瓜期,结合灌溉将沼液和配方肥分 8～12 次追施。其中每次追施沼液 13.5～18 t/hm²、45%配方肥(17-5-23 或相近配方)120～180 kg/hm²。

三、"有机肥+水肥一体化"模式

1. 设施番茄

基肥:移栽前每亩基施猪粪、鸡粪、牛粪等经过充分腐熟的优质农家肥 22.5～27 t/hm²,或商品有机肥(含生物有机肥)4 500～9 000 kg/hm²,同时根据有机肥用量基施 45%配方肥(18-18-9 或相近配方)450～600 kg/hm²。

追肥:定植后前两次只灌水,不施肥,灌水量为 225～300 m³/hm²。苗期每次推荐施用 50%水溶肥(20-10-20 或相近配方)45～75 kg/hm²,每隔 5～10 d 灌水施肥一次,灌水量为每次 150～225 m³/hm²,共 3～5 次;开花期、坐果期和果实膨大期每次施用 54%水溶肥(19-8-27 或相近配方)45～75 kg/hm²,灌水量为 75～225 m³/hm²,每隔 7～10 d 一次,共 10～15 次。注意秋冬茬前期(8—9 月)灌水施肥频率较高,而冬春茬在果实膨大期(4—5 月)灌水施肥频率较高。

2. 设施黄瓜

基肥:移栽前,基施猪粪、鸡粪、牛粪等经过充分腐熟的优质农家肥 31.5～45 t/hm²,或商品有机肥(含生物有机肥)6 000～12 000 kg/hm²,同时根据有机肥用量基施 45%配方肥(18-18-9 或相近配方)450～600 kg/hm²。

追肥:定植后前两次只灌水,不施肥,每次灌水量为 225～300 m³/hm²。苗期推荐配方为 50%水溶肥(20-10-20 或相近配方),每次用量为 30～45 kg/hm²,每隔 5～6 d 灌水施肥一次,每次灌水量为 150～225 m³/hm²,共 3～5 次;开花坐果后,每次采摘结合灌溉施用配方为 49%水溶肥(18-6-25 或相近配方)一次,每次用量为 $45\sim75$ kg/hm^2,每次灌溉量为 $150\sim225$ m^3/hm^2,共 $8\sim15$ 次。

四、"秸秆生物反应堆"模式

秸秆生物反应堆构建。晚秋、冬季、早春建植株行下内置反应堆,如果不受茬口限制,最好在作物定植前 $10\sim20$ d 做好,浇水、打孔待用。晚春和早秋可现建现用。

● 植株行下内置式反应堆:在小行(定植行)位置,挖一条略宽于小行宽度(一般 70 cm)、深 20 cm 的沟,把秸秆填入沟内,铺匀、踏实,填放秸秆的高度为 30 cm,两端让部分秸秆露出地面(以利于往沟里通氧气),再把 $150\sim200$ kg 饼肥和用麦麸拌好的菌种均匀地撒在秸秆上,再用铁锨轻拍一遍,让部分菌种漏入下层,其上覆土 $18\sim20$ cm。然后在大行内浇大水湿透秸秆,水面高度达到垄高的 3/4。浇水 $3\sim4$ d 后,在垄上用 14 号钢筋打 3 行孔,行距 $20\sim25$ cm,孔距 20 cm,孔深以穿透秸秆层为准,等待定植。

● 植株行间内置式反应堆:在大行间,挖一条略窄于小行宽度(一般 $50\sim60$ cm)、深 15 cm 的沟,将土培放垄背上,或放两头,把提前准备好的秸秆填入沟内,铺匀、踏实,高度为 25 cm,南北两端让部分秸秆露出地面,然后把用麦麸拌好的菌种均匀地撒在秸秆上,再用铁锨轻拍一遍,让部分菌种漏入下层,覆土 10 cm。浇水湿透秸秆后,及时打孔即可。

秸秆生物反应堆构建的注意事项:① 秸秆用量要和菌种用量搭配好,每 500 kg 秸秆用菌种 1 kg。② 浇水时不冲施化学农药,尤其禁冲杀菌剂,仅可在作物上喷农药预防病虫害。③ 浇水浇大管理行,浇水后 $4\sim5$ d 及时打孔,用 14 号钢筋每隔 25 cm 打一个孔,打到秸秆底部,浇水后孔被堵死则再打孔,地膜上也打孔。每次打孔要与前次打的孔错位 10 cm,生长期内保持每月打一次孔。④ 减少浇水次数,一般常规栽培浇 $2\sim3$ 次水的,用该项技术只浇 1 次水即可。有条件的,用微灌控水增产效果最好。在第一次浇水湿透秸秆的情况下,定植时不再浇大水,只浇小缓苗水。

1. 设施番茄

基肥:基肥采用配方为 45% 的配方肥(18-18-9 或相近配方),施用量为 $450\sim600$ kg/hm^2,施用方式为穴施。

追肥:追肥采用 45% 的配方肥(15-5-25 或相近配方),每次施用 $150\sim300$ kg/hm^2,分 $7\sim11$ 次随水追施。施肥时期为苗期、初花期、初果期、盛果期,盛果期根据收获情况,每收获 $1\sim2$ 次追施 1 次肥,结果期每次追施氮肥(N)不超过 60 kg/hm^2。

2. 设施黄瓜

基肥:基肥采用配方为 45% 的配方肥(18-18-9 或相近配方),施用量为 $450\sim600$ kg/hm^2,施用方式为穴施。

追肥:追肥配方为 45% 配方肥(17-5-23 或相近的配方),每次施用 $225\sim300$ kg/hm^2,初花期以控为主,秋冬茬和冬春茬分 $7\sim9$ 次追肥,越冬长茬分 $10\sim14$ 次追肥。每次追施氮肥数量不超过 60 kg/hm²。追肥时期为三叶期、初瓜期、盛瓜期,盛瓜期根据收获情况每收获 1~2 次追施 1 次肥。

考 证 提 示

获得农业技术员、农作物植保员等中级资格证书,需具备以下知识和能力:

◆ 知识点:土壤肥力;土壤基本组成;土壤基本性质;高产土壤的肥力特征;植物营养基本原理;常见化学肥料与有机肥料的合理施用;作物测土配方施肥技术基本知识、作物水肥一体化技术基本知识。

◆ 技能点:土壤质地鉴定;土壤水分含量测定;土壤样品采集与保存;土壤 pH 测定;常见肥料的简易识别;有机物料腐熟剂在秸秆腐熟上的应用。

项目 *4*

植物生产与科学用水

项目导入

陈静加入了学校的养花社团,几天来,老师的话一直萦绕在耳边:"浇死的花多,旱死的花少,养花不能太勤劳"。

饭后,她约同学漫步校园,不知不觉来到水池边,她俩望着翠绿的竹子,同时发出惊叹:"同一个校园,这里的竹子比那边的好看!"

"那边的是不是太干了?"

"可能吧!不过,俺家去年买的兰花不几天叶子就掉光了,真可惜!"

"俺家的仙人球烂了,不知道能不能救过来?"

"我家的樱桃树能浇,花开得可多了!"

"我家的樱桃树不能浇,花开得可少!"

…………

水可是植物的命根,植物生产的关键在于如何调控植物水分。接下来,就让我们共同探讨植物科学用水的学问。通过本项目的学习,我们将掌握植物生产的水分条件(如大气水分、降水和土壤水分),能进行水分环境调控。树立节约用水的意识,培养勤于观察、勤于思考、乐于实践、尊重科学、勇于创新的理念。

本项目将要学习2个任务:(1) 植物生产的水分条件;(2) 植物生产的水分调控。

任务 4.1 植物生产的水分条件

任务目标

知识目标:1. 熟悉空气湿度的表示方法及月变化和年变化。

　　　　　2. 了解水汽凝结条件和水汽凝结物。

　　　　　3. 了解降水成因,熟悉降水表示方法和种类。

　　4. 了解土壤水分蒸发的三个阶段。

能力目标：1. 能收集当地降水量资料。

　　　　　2. 能正确进行空气湿度的观测。

 **知识学习**

　　植物生长需要的水分包括地下部分的土壤水分和地上部分的大气水分。土壤水分主要依赖于自然降水和人工灌溉。大气中水分的存在形式有气态、液态和固态；多数情况下，水分是以气态存在于大气中。

一、大气水分

　　大气中的水分是由地球上的江河湖海等水体，以及土壤与植物的蒸发而进入大气，又通过气流运动得以输送和交换，呈现出云、雾、雨、雪、霜、露和冰雹等复杂的天气现象。

1. 空气湿度

　　空气湿度是表示空气潮湿程度的物理量。

　　（1）空气湿度的表示方法。空气湿度常用水汽压表示，常用单位为百帕（hPa）。通常情况下，空气中水汽含量多，水汽压大；反之，则水汽压小。若水汽含量正好达到了某一温度下空气所能容纳水汽的最大限度，则水汽已达到饱和，这时的水汽压称饱和水汽压。

　　相对湿度是指空气中实际水汽压与同温度下饱和水汽压的百分比。

　　（2）空气湿度的时间变化。近地面空气湿度有一定的日变化和年变化规律，尤以相对湿度最为明显。

　　相对湿度的变化与气温及大气中的水汽含量有关。在大陆内部，日相对湿度最大值出现在日出前后气温最低的时候，最小值出现在气温最高的14—15时。因此，内陆地区的相对湿度为早晨高下午低。而沿海一带，白天的风是由海洋吹向陆地，将大量水汽由海上带到陆地，因此这时相对湿度较高。夜间和清晨，风由陆地吹向海洋，风阻止海上湿空气进入陆地，因此相对湿度较低。所以，沿海地区相对湿度的日变化表现为白天高夜晚低。一天中相对湿度的差值一般陆地大于海洋、内陆大于沿海、夏季大于冬季、晴天大于阴天。

　　相对湿度的年变化，温暖季节相对湿度较小，寒冷季节相对湿度较大。在季风盛行地区，由于夏季风来自海洋的潮湿空气，冬季风来自大陆的干燥空气，因此相对湿度年变化与上述情况相反，最大值出现在夏天雨季或雨季到来之前，最小值出现在冬季。

2. 水汽凝结

　　水汽由气态转变为液态或固态的过程称为凝结。大气中水汽发生凝结的条件有两个：一是大气中的水汽必须达到饱和或过饱和状态；二是大气中必须有凝结核，两者缺一不可。

水汽凝结形成了露、霜、雾凇、雨凇、雾和云。

（1）露和霜。在晴朗无风或微风的夜晚,地面和地面物体因迅速降温至一定低点,水分就会在地面或地面物体上凝结为露;温度更低些,就凝结为霜。

（2）雾凇。形成于地面物体迎风面,呈白色松脆的、似雪易散落晶体的水汽凝结物,称为雾凇,俗称树挂。有晶状雾凇和粒状雾凇两种。雾凇多发生于有雾的阴沉天气。

（3）雨凇。由过冷的雨滴降落到0℃以下的地面或物体上,直接冻结成毛玻璃状或光滑透明的冰层,称为雨凇。雨凇常出现在无雾、风速较大的严寒天气。

（4）雾。是空气中的水汽凝结成小水滴或水冰晶,弥漫在空气中,使水平方向上的能见度不到1 km的天气现象。雾削弱了太阳辐射,减少了日照时数,抑制了白天温度的增高,减少了叶片蒸发和行光合作用,限制了植物根系的吸收,不利于喜光植物的生长发育。

（5）云。云是大气中的水汽凝结或凝华而形成的微小水滴、过冷却水滴、冰晶或者由它们混合形成的可见悬浮物。云和雾没有本质区别,只是云离地远而雾贴近地。

在气象观测中,根据云底高度和云的基本外形特征,将云分成高云、中云和低云三族。一般来说,高云云底离地面4.5 km以上,中云云底离地面2.5~4.5 km,低云云底离地面0.1~2.5 km。世界气象组织将云分为10种。其中低云有积云（Cu）、积雨云（Cb）、层积云（Sc）、层云（St）和雨层云（Ns）,中云有高积云（Ac）和高层云（As）,高云则有卷云（Ci）、卷层云（Cs）、卷积云（Cc）。

二、降水

降水是指从云中降落到地面的液态或固态水,即雨和雪。广义的降水是地面从大气中获得的各种形态的水分,包括云中降水（也称垂直降水）和地面凝结物（也称水平降水）。国家气象局《地面气象观测规范》中规定,降水量指的是云中降水。

1. 降水成因

降水来自云中,但有云未必有降水。只有当云滴增大到能克服空气阻力和上升气流的抬升,并在下降过程中不被蒸发掉,才能降到地面形成降水。因此,要形成较强的降水:一是要有充足的水汽;二是要使气块能够被持久抬升并冷却凝结;三是要有较多的凝结核。

2. 降水的表示方法

降水的表示方法有:降水量、降水强度、降水变率、降水保证率等。常用的是降水量和降水强度。

降水量是指一定时段内从大气中降落到地面,未经蒸发、渗透和流失而在地面上积聚的水层厚度。降水量是表示降水多少的物理量,通常以mm为单位。

降水强度是指单位时间内的降水量。降水强度是反映降水急缓的物理量,单位为mm/d或mm/h。按降水强度的大小可将降水分为若干等级（表4-1）。

表 4-1　降水等级的划分标准　　　　　　　　　　　　　单位:mm

种类	时间	等级					
		小	中	大	暴	大暴	特大暴
雨	12 h	0.1~4.9	5.0~14.9	15.0~29.9	30.0~69.9	70.0~139.9	≥140
	24 h	0.1~9.9	10.0~24.9	25.0~49.9	50.0~99.9	100.0~249.9	≥250.0
雪	12 h	0.1~0.9	1.0~2.9	3.0~5.9	6.0~9.9	10.0~14.9	≥15.0
	24 h	0.1~2.4	2.5~4.9	5.0~9.9	10.0~19.9	20.0~29.9	≥30.0

注:小于 0.1 mm 为微量降雨(零星小雨)或微量降雪(零星小雪)。

在没有测量雨量仪器的情况下,也可以从当时的降雨、降雪状况来判断降水强度,其中的降雪,在气温低于-4℃时,可大致按照积雪深度与表 4-1 中雪的降水量的比例为 10∶1 进行换算(表 4-2)。

表 4-2　降水等级的判断标准

降水强度等级	降水状况
小雨	雨滴下降清晰可辨,落地不四溅;地面全湿,但无积水或洼地积水形成很慢;屋上雨声微弱,檐下只有雨滴
中雨	雨滴下降连成线,落硬地雨滴四溅;地面积水形成较快;屋顶有沙沙雨声
大雨	雨如倾盆,模糊成片,雨滴落地四溅很高;地面积水形成很快;屋顶有哗哗雨声
暴雨	雨如倾盆,雨声猛烈,开窗说话时,声音受雨声干扰而听不清楚;积水形成特快,下水道往往来不及排泄,常有外溢现象
小雪	24 h 积雪不超过 3 cm
中雪	24 h 积雪达 2.5~4.9 cm
大雪	24 h 积雪达 5.0~9.9 cm
暴雪	24 h 积雪超过 10 cm

3. 降水的种类

(1)按降水性质可分为:**连续性降水**,强度变化小,持续时间长,降水范围大,多降自雨层云或高层云。**间歇性降水**,时小时大,时降时止,变化慢,多降自层积云或高层云。**阵性降水**,骤降骤止,变化很快,天空云层巨变,一般范围小,强度较大,主要降自积雨云。**毛毛状降水**,雨滴极小,降水量和强度都很小,持续时间较长,多降自层云。

(2)按降水物态形状可分为:**雨**,从云中降到地面的液态水滴,直径一般为 0.5~7 mm。下降速度与直径有关,雨滴越大,其下降速度也越快。**雪**,从云中降到地面的各类冰晶的混合物。雪大多呈六角形的星状、片状或柱状晶体。**霰**,是白色或淡黄色不透明而疏松的锥形或球形小冰球,直径1~5 mm。霰常见于降雪之前或与雪同时降落。直径小于1 mm的称为米雪。**雹**,由透明和不透明冰层组成的坚硬球状、锥状或形状不规则的固体降水物。雹块大小不一。其直径由几毫米到几十毫米,最大可达十几厘米。

（3）按降水强度可分为:小雨、中雨、大雨、暴雨、特大暴雨、小雪、中雪、大雪、暴雪等(参见表4-1)。

三、土壤水分蒸发

水从液态或固态转变为气态的过程称为**蒸发**。土壤水分蒸发与植物根系吸水关系密切,一般将土壤水分蒸发过程分为三个阶段:

第一阶段:由于降水、灌溉或土壤毛细管的吸水作用,表层土壤中的水分充分湿润时,土壤蒸发主要发生在土表,其蒸发速度与同温度下的水面蒸发相似。在这个阶段的后期,可以采取**松土**的方式切断土壤毛细管的上下联系,减少水分的过度蒸发,以达到保墒的目的。

第二阶段:土壤表层已因蒸发而变干,土壤内部的水分通过土壤孔隙进入大气,蒸发速度下降。在这个阶段,植物生产中一般采用将土压实以封堵土壤孔隙的**镇压**措施来保墒。

第三阶段:土壤含水量已经很低,植物开始萎蔫,这时土壤毛细管吸水作用已经停止,水分蒸发速度较慢,植物根系难以吸到水,必须及时**灌水**才能满足植物对水分的需要。

能力培养

一、空气湿度的测定(选做)

（1）训练准备。根据班级人数,按2~5人一组,分为若干组,每组准备以下观测仪器和用具:干湿球温度表、通风干湿表、毛发湿度表、毛发湿度计和蒸馏水等,并熟悉以下仪器。

① 干湿球温度表。干湿球温度表由两支型号完全一样的普通温度表组成,放在同一环境中(如百叶箱)。其中一支用来测定空气温度,就是干球温度表,另一支球部缠上湿的纱布,称为湿球温度表。

② 毛发湿度表。毛发湿度表的感应部分是脱脂毛发,它具有随空气湿度变化而改变其长度的特性。其构造如图4-1。当空气相对湿度增大时,毛发伸长,指针向右移动;反之,相对湿度降低时,指针向左移动。

③ 通风干湿表。通风干湿表携带方便,精确度较高,常用于野外测定气温和空气湿度。测定空气湿度的湿球温度表如图4-2所示,干球、湿球温度表感应部分分别在其双层辐射防护管内,防护管借三通管和两支温度表之间的中心圆管与风扇相通。

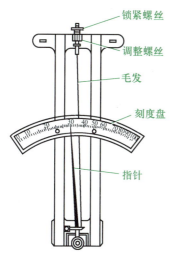

湿球纱布包扎

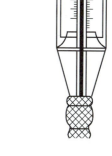

湿球纱布冻结时包扎

图 4-1　毛发湿度表示意图　　　　　　图 4-2　湿球纱布包扎示意图

④ 毛发湿度计。毛发湿度计由感应、传递放大和自记装置三部分组成,形同温度计。感应部分由一束脱脂毛发组成,当相对湿度增大时,发束伸长,杠杆曲臂使笔杆抬起,笔尖上移;反之,笔尖下降。

(2)操作规程。在观测场内操作表 4-3 中的全部或部分内容。

表 4-3　空气湿度的测定

操作环节	操作规程	操作要求
安置仪器	(1)干湿球温度表的安装方法参考温度观测 (2)毛发湿度表应垂直悬挂在温度表支架的横梁上,表的上部用螺丝固定 (3)毛发湿度计要安置在大百叶箱内温度计的后上方架子上,底座保持水平 (4)通风干湿表于观测前将仪器挂在测杆上(仪器温度表感应部分离地面高度视观测目的而定)	仪器安置正确、牢固
主要仪器的使用	(1)湿球温度表的使用: 第一步,湿球的包扎:先用清洁的水将温度表的球部洗净,然后将长约 10 cm 的纱布在蒸馏水中浸湿,平贴无皱地包卷在水银球上,纱布的重叠部不要超过球部周围的 1/4;包扎后,用纱线把高出球部上面的纱布扎紧,再用纱线把球部下面的纱布紧靠着球部扎好,不要扎得过紧,冬季比夏季松些,最后剪去多余的纱布;湿球纱布要保持清洁、湿润,每周应换一次纱布 第二步,湿球用水:湿度计球部下面的纱布浸在一个带盖的水杯中,水杯中装满蒸馏水	(1)湿球示度的准确性与包缠用的纱布、纱布的清洁度及湿润用水的纯净度有关,把纱布的下部浸到一个带盖的水杯内,杯口距离湿球球部约 3 cm,杯中盛满蒸馏水,供润湿湿球纱布用

操作环节	操作规程	操作要求
主要仪器的使用	第三步,湿球融冰:用一杯相当于室温的蒸馏水,将湿球纱布浸入水杯中,使湿球纱布上的冰层完全融化,然后把水杯移开,用杯沿除去纱布头上的水滴 (2) 通风干湿表的使用:观测前先将仪器挂在测杆上(仪器温度表感应部分离地面高度视观测目的而定),暴露 15 min(冬季 30 min),用玻璃滴管湿润温度表的纱布,然后上好风扇发条,规定的观测时间一到,就可读数 (3)《湿度查算表》的使用:根据观测的干球温度值 t,在简化后的《湿度查算表》中确定待查找部分,在该部分内分别找到湿球温度 t_w 与 e、r、t_d 交叉的各点数值,即为相应的水汽压(e)、相对湿度(r)、露点(t_d)值。饱和水汽压(E)值为该部分湿球温度与干球温度相等时的水汽压值 (4) 毛发湿度表的使用:当气温降到-10.0℃以下时正式记录使用,在换用毛发湿度表的前一个半月用干湿球温度表进行订正,用回归法做订正线,以备订正时使用	(2) 湿球用水:如果没有蒸馏水,可用清洁的雨雪水,但要用纸或棉花过滤。只有在毫无办法的情况下才能用河水,但必须烧开、过滤、冷透至与当时的空气温度相近;禁止使用井水、泉水
观测	(1) 各仪器每天观测 3 次(7 时、13 时、17 时)。 (2) 观测时,要保持视线与水银柱顶或刻度盘齐平,以免因视差而使读数偏高或偏低 (3) 观测顺序为:干球温度→湿球温度→毛发湿度表→湿度计 (4) 湿度计的读数为读取湿度计瞬时值,并做时间记号;每天 14 时换纸,换纸方法同温度计 (5) 通风干湿表观测时间和次数与农田中观测时间和次数一致	(1) 按时观测,严禁迟测、漏测、缺测 (2) 毛发湿度表,只有当气温降到-10.0℃以下时才作正式记录使用,观测值要经过订正,以减小误差
查算《湿度查算表》	根据观测的干球温度值 t,在简化后的《湿度查算表》中分别查出水汽压(e)、相对湿度(r)和饱和水汽压(E)值	查算准确,无误
记录观测结果	记录时,除温度、水汽压、饱和水汽压保留 1 位小数外,其他均为整数;将观测结果记录在表4-4 中	记录要清楚,准确,不能主观臆造数据

(3) 问题处理。训练结束后,完成以下问题:

① 根据测定结果,分析一下当地空气湿度状况。

② 测定空气湿度的仪器设备使用时应注意哪些问题?

③ 湿球用水应用什么水质的水?

表 4-4　空气湿度观测记录表

观测结果	观测时间(7时)	观测时间(13时)	观测时间(17时)
干球温度表/℃			
湿球温度表/℃			
毛发湿度表/%			
水汽压/hPa			
相对湿度/%			
饱和水汽压/hPa			
毛发湿度计/100%			

二、当地降水量资料收集

（1）训练准备。根据班级人数,按 5~6 人一组,分为若干组。

（2）操作规程。到当地气象部门抄录月、季、年降水量,也可根据实际情况抄录当地生长季的降水量,将所得资料分别填入表 4-5、表 4-6,并分析当地降水量对农业生产的利弊。

表 4-5　××地各月降水量　　　　　　　　　　　　　　　　　　单位:mm

月份	1	2	3	4	5	6	7	8	9	10	11	12
降水量												

表 4-6　××地各季降水量　　　　　　　　　　　　　　　　　　单位:mm

季度	第一季度	第二季度	第三季度	第四季度
降水量				

（3）问题处理。训练结束后,完成以下问题:

根据所得资料及当地农业生产状况,分析降水量对当地农业生产的影响。

随堂练习

1. 请解释:相对湿度;云;降水量;降水强度。

2. 空气湿度常有哪些表示方法?

3. 请描述当地空气湿度的日变化和年变化规律。

4. 当地常见的水汽凝结物有哪些?

5. 降水有哪些种类?降水的表示方法有哪些?

任务 4.2 植物生产的水分调控

任务目标

知识目标：1. 了解水分与植物生长的关系、细胞吸水原理、根系吸水过程。

2. 了解植物的蒸腾作用、指标及影响因素，熟悉植物蒸腾的调节。

3. 了解植物需水规律，熟悉合理灌溉指标。

4. 熟悉植物水分调控的有关措施。

能力目标：1. 能正确进行植物蒸腾强度的测定。

2. 能根据当地设施类型正确调控水分。

知识学习

一、水分与植物生长

1. 水分对植物生长的作用

水是植物的重要组成成分，水对植物的生命具有决定性作用，水利是农业的命脉。

（1）水分是细胞新陈代谢的重要物质。细胞原生质含水量在 70% 甚至 80% 以上，才能保持新陈代谢活动正常进行。水分参与光合作用、呼吸作用及有机物质的合成、分解。

（2）水分是细胞内外物质运输的介质。植物体内的各种生理生化过程都需要水分。

（3）水分能保持植物的固有姿态。植物缺水萎蔫而失去固有姿态就是最好的例子。

（4）水分具有重要的生态作用。如植物通过蒸腾散热来调节体温；在水稻栽培中，常通过排水灌水措施，以水调温，改善农田小气候；此外，可以通过水分促进肥料的释放，从而调节养分的供应速度。

2. 植物细胞吸水

一切生命活动都是在细胞内进行的，吸水也不例外。植物细胞吸水有三种方式：

（1）渗透吸水。是指含有液泡的细胞吸水，如根系吸水、气孔开闭时保卫细胞的吸水，主要是由于溶质水势的下降而引起的细胞吸水过程。当液泡的水势高于外液的水势时，易引起细胞的质壁分离（图 4-3）。质壁分离是指由于细胞壁的伸缩性小于原生质层的伸缩性，当细胞不断失水时，原生质层萎缩得比细胞壁快，便和细胞壁慢慢分离开来的现象。细胞质壁分离是细胞缺水的表现，细胞长期缺水，会引起植株萎蔫至死亡。

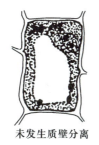  

未发生质壁分离　　　　　初始质壁分离　　　　原生质体与细胞壁完全分离

图 4-3　植物细胞的质壁分离现象

（2）吸胀吸水。主要是由于细胞壁和原生质体内有很多亲水物质，如纤维素、蛋白质，它们的分子结构中有亲水基，能够吸附水分子，从而使细胞吸水。吸胀吸水易发生于无液泡的分生组织和干燥的种子。

（3）降压吸水。主要是指因压力势的降低而引发的细胞吸水。如蒸腾旺盛时，木质部导管和叶肉细胞的细胞壁都因失水而收缩，使压力势下降，从而引起这些细胞水势下降而吸水。

3. 植物根系吸水

植物吸收水分的主要器官是根，而根系吸水的主要区域是根毛区。植物根系吸收土壤水分后，便要将其运输到植株各部位供其利用，多余的水分随蒸腾拉力从气孔溢出。其运输途径为：土壤中的水→根毛→根的皮层→根的中柱鞘→根的导管或管胞→茎的导管→叶柄导管→叶脉导管→叶肉细胞→叶肉细胞间隙→气孔→大气（图 4-4）。

（1）植物根系吸水的动力。根系吸水的动力主要有根压和蒸腾拉力两种。

根压是指由于植物根系生理活动而促使液流从根部上升的压力。根压可使根部吸进的水分沿导管输送到地上部分，同时土壤中的水分又不断地补充到根部，从而形成了根系的主动吸水。

蒸腾拉力是指因叶片蒸腾作用而产生的、使导管中水分上升的力量。蒸腾作用使叶脉导管失水，产生压力梯度导致水分从土壤通过根毛、皮层、内皮层，再经中柱薄壁细胞进入根、茎、叶导管，从而形成根的被动吸水现象。蒸腾拉力是比根压更强的一种吸水动力，可达到根压的十几倍，是植物吸水的主要动力。

（2）土壤对根系吸水的影响。植物根系吸水一方面取决于根系的生长状况，另一方面受土壤状况影响，并且土壤状况对根系吸水的影响很大。

土壤水分状况与植物吸水有密切关系，植物吸收的水分是土壤中的有效水。当土壤干旱时，有效水含量减少，植物便发生萎蔫；如果土壤干旱严重，失去更多有效水，植物便发生永久萎蔫，导致植株死亡。

一般情况下，在适宜温度范围内，土壤温度升高，植物根系吸水增大；土壤温度降低，根系吸水受阻。但不同植物对温度敏感程度不同。另外，土壤温度急剧下降比逐渐降温对根系吸水影响更大，因此生产中应尽量避免中午在土壤温度较高时用冷水灌溉。

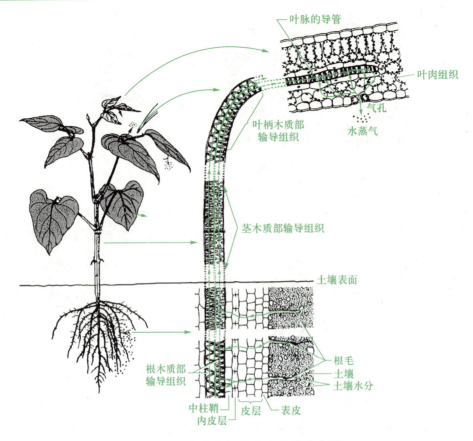

图 4-4　水分从根部向上运输的途径

　　土壤通气良好时,根系呼吸作用旺盛,根系吸水能力较强;通气不良时,根系代谢活动不能正常进行,根系吸水受到限制。生产中,旱田的中耕松土、水田的排水晒田,以及通过增施有机肥料使土壤形成较多的团粒结构等措施,就是通过改善土壤通气条件,提高根系吸水和吸肥的能力。

　　一般情况下,土壤溶液浓度较低,根系易于吸水。盐碱地中,盐分含量高,土壤溶液浓度较高,根系吸水困难。生产中如施肥过多或过于集中,也会使土壤溶液浓度过高,阻碍根系吸水,甚至会导致根细胞水分外流而产生"烧苗"。

二、植物的蒸腾作用

　　蒸腾作用是指植物体内的水分以气态散失到大气中去的过程。蒸腾作用虽然会造成植物体内水分的亏缺,甚至会引起危害,但它对植物的生命活动有很大的益处:蒸腾作用产生的蒸腾拉力是植物吸水的主要动力;根系吸收的矿物质或合成的物质可随着水分上升在植物体内转运;蒸腾作用散失大量水分,高温环境中可降低植物体的温度,避免高温危害;叶片进行蒸腾作用时,气孔开放,CO_2 易进入叶内被同化,促进光合产物的积累。

1. 蒸腾作用的方式

　　植物蒸腾水分的部位主要是叶片。叶片的蒸腾方式有两种:一是角质蒸腾,是指植物体内的水分通过角质层而蒸腾的过程;二是气孔蒸腾,是指植物体内的水分通过气孔而蒸腾的过程。植物的蒸腾作用以气孔蒸腾为主。

2. 蒸腾作用的指标

蒸腾作用的强弱常用蒸腾速率、蒸腾效率和蒸腾系数来表示。

（1）蒸腾速率。又称蒸腾强度,是指植物在单位时间内,单位叶面积上通过蒸腾作用散失的水量。大多数植物白天的蒸腾速率为 $15 \sim 250$ g/（$m^2 \cdot$ h）,夜晚为 $1 \sim 20$ g/（$m^2 \cdot$ h）。

（2）蒸腾效率。是指植物每蒸腾 1 kg 水时所形成的干物质的克数。蒸腾效率一般为 $1 \sim 8$ g/kg。

（3）蒸腾系数。是指植物每制造 1 g 干物质所消耗水分的克数。蒸腾系数在 $125 \sim 1\,000$ 之间（表 4-7）,蒸腾系数越小,则表示该植物利用水分的效率越高。

表 4-7　一些主要植物的蒸腾系数

植物	蒸腾系数	植物	蒸腾系数	植物	蒸腾系数
小麦	$450 \sim 600$	棉花	$300 \sim 600$	蔬菜	$500 \sim 800$
燕麦	$600 \sim 800$	大麻	$600 \sim 800$	松树	450
玉米	$250 \sim 300$	亚麻	$400 \sim 500$	云杉	500
荞麦	$500 \sim 800$	向日葵	$500 \sim 600$	橡树	560
黍子	$200 \sim 250$	牧草	$500 \sim 700$	椈树	800
水稻	$500 \sim 800$	马铃薯	$300 \sim 600$	白蜡	850

3. 影响蒸腾作用的因素

影响蒸腾作用的因素主要有光照、空气湿度、温度、风速、土壤条件等。

（1）光照。光照除影响气孔开闭外,还可通过改变气温、叶温而影响水的汽化、扩散与蒸腾。所以,光照强度高,蒸腾强度随之升高。但光照强度过高,会引起气孔关闭,蒸腾强度则会大大下降。

（2）空气湿度。植物叶片与空气之间的水势差越大,即空气越干燥,蒸腾强度越大。

（3）温度。在一定的温度范围内,随着温度的升高,蒸腾作用加强。

（4）风速。适当增加风速,能促进叶面水蒸气的扩散,促进蒸腾;但是,如果风速过大,气孔关闭,反而抑制蒸腾。

（5）土壤条件。影响根系吸水的各种土壤条件如土壤温度,都间接地影响蒸腾作用;地下部的水分供应充足,地上部的蒸腾作用也相应地加强。

4. 植物蒸腾作用的调节

植物通过蒸腾作用会散失大量水分,因此在实际生产上,可采取有效措施适当减少蒸腾消耗：

（1）减少蒸腾面积。移栽植物时，可去掉一些枝叶，减少蒸腾面积，降低蒸腾失水量，有利于成活。

（2）降低蒸腾速率。避开促进蒸腾的外界条件，在午后或阴天移栽植物，或栽后搭棚遮阳，或实行设施栽培，都能降低移栽植物的蒸腾速率。

（3）使用抗蒸腾剂。如使用苯汞乙酸、硅酮、乳胶、聚乙烯蜡、高岭土等，减少蒸腾量。

三、植物的需水规律

1. 植物的需水量与需水关键时期

在植物生活的全过程中，需要大量的水分，不同植物或同一植物不同品种，其需水量不同。如 1 hm² 玉米一生需消耗 900 万 kg 的水；1 hm² 小麦约需 400 万 kg 的水。植物每制造 1 kg 干物质所消耗水分的量（g），称为该植物的需水量。

植物生活全过程中，有两个关键需水时期：

（1）植物需水临界期。是指植物在生命周期中对水分缺乏最敏感、最易受害的时期。如小麦一生中有两个临界期：孕穗期和灌浆开始乳熟末期。

（2）植物最大需水期。是指植物在生命周期中对水分需要量最多的时期。而植物最大需水期多在植物生长旺盛时期，即生活中期。

2. 合理灌溉的指标

植物是否需要灌溉可依据气候特点、土壤墒情、作物形态、生理指标等加以判断。

（1）土壤指标。适宜植物正常生长发育的根系活动层（0~90 cm），其土壤含水量为田间持水量的 60%~80%，如果低于此含水量，应及时灌溉。

（2）形态指标。植物幼嫩的茎叶在中午前后易发生萎蔫，生长速度下降，绿色叶、茎变色等情况下，要及时灌溉。

（3）生理指标。常用植物叶片的细胞液浓度、渗透势、水势和气孔开度等作为灌溉的生理指标。不同植物的灌溉生理指标临界值见表 4-8。

表 4-8　不同植物的灌溉生理指标临界值

作物生育期	叶片渗透势/MPa	叶片水势/MPa	叶片细胞液浓度/%	气孔开度/μm
冬小麦				
分蘖-孕穗期	-1.1~-1.0	-0.9~-0.8	5.5~6.5	
孕穗-抽穗期	-1.2~-1.1	-1.0~-0.9	6.5~7.5	
灌浆期	-1.5~-1.3	-1.2~-1.1	8.0~9.0	
成熟期	-1.6~-1.3	-1.5~-1.4	11.0~12.0	

续表

作物生育期	叶片渗透势/MPa	叶片水势/MPa	叶片细胞液浓度/%	气孔开度/μm
春小麦				
分蘖−拔节期	−1.1~−1.0	−0.9~−0.8	5.5~6.5	6.5
拔节−抽穗期	−1.2~−1.1	−1.0~−0.9	6.5~7.5	6.5
灌浆期	−1.5~−1.3	−1.2~−1.1	8.0~9.0	5.5
棉花				
花前期		−1.2		
花期−棉铃期		−1.4		
成熟期		−1.6		

四、植物水分环境的调控技术

在植物生产实践中,可以通过一些水分调控技术来提高农田土壤水分的生产效率,发展节水高效农业。

1. 集水蓄水技术

蓄积自然降水、减少降水径流损失是解决农业用水的重要途径,除了拦河筑坝、修建水库、修筑梯田等大型集水蓄水和农田基本建设工程外,在干旱少雨地区,采取适当方法,汇集、积蓄自然降水,发展径流农业是十分重要的措施。

(1)沟垄覆盖集中保墒技术。基本方法是平地(或坡地沿等高线)起垄,农田呈沟、垄相间状态,垄作后拍实,紧贴垄面覆盖塑料薄膜,降雨时雨水顺薄膜集中于沟内,渗入土壤深层,沟要有一定深度,保证有较厚的疏松土层,降雨后要及时中耕以防板结,雨季过后要在沟内覆盖秸秆,以减少蒸腾失水。

(2)等高耕作种植。基本方法是沿等高线筑埂,改顺坡种植为等高种植,埂高和带宽的设置既要有效地拦截径流,又要节省土地和劳力,适宜等高耕作种植的山坡土层厚 1 m 以上,坡度在 6°~10°,带宽 10~20 m。

(3)微集水面积种植。我国的鱼鳞坑就是其中之一:在一小片植物,或一棵树周围,筑高 15~20 cm 的土埂,坑深 40 cm,坑内土壤疏松,覆盖杂草,以减少蒸腾。

2. 节水灌溉技术

目前,节水灌溉技术在植物生产上发挥着越来越重要的作用,主要有喷灌、地下灌、微灌、膜上灌等技术。

(1)喷灌技术。喷灌是利用专门的设备将水加压,或利用水的自然落差将高位水通过压力管道送到田间,再经喷头喷射到空中散成细小水滴,均匀散布在农田中,达到灌溉目的。喷灌可按植物不同生育期需水要求适时、适量供水,且具有明显的增产、节水作用。对一般土质,喷灌可节水 30%~50%;对透水性强、保水能力弱的土质,可节水 70%以上。

(2)地下灌技术。是把灌溉水输入地下铺设的透水管道或采用其他工程措施普遍抬高地下水位,依靠土壤的毛细管作用浸润根层土壤,供给植物所需水分的灌溉技术。地下灌溉可减少表土蒸发损失,水分利用率高。如新疆的"坎儿井",即利用地下灌溉系统,保证高温干燥的大陆性气候下水分需求,是一项了不起的工程。

(3)微灌技术。微灌技术是一种新型的节水灌溉工程技术,包括滴灌、微喷灌和涌泉灌等。微灌比地面灌溉省水 60%~70%,比喷灌省水 15%~20%;微灌灌水均匀,均匀度可达80%~90%。微灌的不利因素在于一次性投资大、灌水器易堵塞等。

(4)膜上灌技术。这是在地膜栽培的基础上,把以往的地膜旁侧灌水改为膜上灌水,水沿放苗孔和膜旁侧进行灌溉。膜上灌投资少,操作简便,便于控制水量,加速输水速度,可减少土壤的深层渗漏和蒸发损失,因此可显著提高水分的利用率。与常规沟灌玉米、棉花相比,可省水 40%~60%。

(5)植物调亏灌溉技术。调亏灌溉是从植物生理角度出发,在一定时期内人为减少水的供应量,使植物经历有益的亏水锻炼。调亏可控制植物地上部分的生长量,实现矮化密植,减少整枝等工作量,达到节水增产、改善品质的目的。

3. 少耕免耕技术

(1)少耕。少耕是指在常规耕作基础上尽量减少土壤耕作次数或全田间隔耕种,减少耕作面积的一类耕作方法。少耕的方法主要有以深松代翻耕、以旋耕代翻耕、间隔带状耕种等。我国的松土播种法就是采用凿形或其他松土器进行松土,然后播种。间隔带状耕作法是把耕翻土局限在行内,行间不耕地,植物残茬留在行间。

(2)免耕。免耕是指植物播种前不用犁、耙整理土地,直接在茬地上播种,播后和植物生育期间也不使用农具进行土壤管理的耕作方法。免耕省工省力、省费用,效益高;抗倒伏、抗旱,保苗率高;有利于集约经营和发展机械化生产。国外免耕法一般由三个环节组成:① 利用前作残茬或播种牧草作为覆盖物;② 采用联合作业的免耕播种机,开沟、喷药、施肥、播种、覆土、镇压一次完成;③ 采用农药防治病虫、杂草。

4. 地面覆盖技术

(1)沙田覆盖。沙田覆盖在我国西北干旱、半干旱地区十分普遍,它是将细沙甚至砾石覆盖于土壤表面,抑制蒸发,减少地表径流,促进自然降水充分渗入土壤中,从而起到增墒、保墒作用。此外,沙田还有压碱、提高土温、防御冷害的作用。

(2)秸秆覆盖。秸秆覆盖指在两茬植物间的休闲期,或在植物生育期,将麦秸、玉米秸、稻草、绿肥等覆盖于已翻耕过或免耕的土壤表面。可以将秸秆粉碎后覆盖,也可整株秸秆直接覆盖,播种时将秸秆扒开,形成半覆盖形式。

（3）地膜覆盖。地膜覆盖有提高地温、防止蒸发、湿润土壤、稳定耕层含水量的保墒作用，从而有显著增产作用。

（4）化学覆盖。化学覆盖指利用高分子化学物质制成乳状液，喷洒到土壤表面，形成一层覆盖膜，抑制土壤蒸发，并有增湿保墒作用。化学覆盖在阻隔土壤水分蒸发的同时，不影响降水渗入土壤，因而可使耕层土壤水分含量增加。

5. 保墒技术

植物生产中，常见的保墒技术如下：

（1）适当深耕。生产实践中，通过打破犁底层、增厚耕作层，可以增加土壤孔隙度，达到提高土壤蓄水性和透水性的目的。如果深耕再结合施用有机肥，还能有效提高土壤肥力，改善植物生长的土壤环境。

（2）中耕松土。通过适期中耕松土，可以破坏土壤浅层的毛管孔隙，使耕作层的土壤水分不易从表土层蒸发，减少了土壤水分消耗，同时又可铲除杂草。特别是降水或灌溉后，及时中耕松土显得更加重要。

（3）表土镇压。对含水量较低的沙土或疏松土壤，适时镇压，能减少土壤表层的孔隙数量，减少水分蒸发，增加土壤耕作层及耕作层以下的毛管孔隙数量，吸引地下水，从而起到保墒和提墒的作用。

（4）创造团粒结构体。在植物生产活动中，通过增施有机肥料、种植绿肥、建立合理的轮作套作等措施，可提高土壤有机质含量，再结合少耕、免耕等合理的耕作方法，创造良好的土壤结构和适宜的孔隙状况，增加土壤的保水和透水能力，从而使土壤保持一定量的有效水。

（5）植树种草。植树种草能涵养水分，保持水土。树冠能截留部分降水，通过林地的枯枝落叶层大量下渗，使林地土壤涵养大量水分。同时林草又能减少地表径流，防止土壤冲刷和养分的流失。森林还可以调节小气候，增加降水量。

6. 水土保持技术

（1）水土保持耕作技术。主要有两大类：一是以改变小地形为主的耕作法，包括等高耕种、等高带状间作、沟垄种植（如水平沟、垄作区田、等高沟垄、等高垄作、蓄水聚肥耕作、抽槽聚肥耕作）、坑田、半旱式耕作、水平犁沟等。二是以增加地面覆盖为主的耕作法，包括草田带轮作、覆盖耕作（如留茬覆盖、秸秆覆盖、地膜覆盖、青草覆盖）、少耕（如少耕深松、少耕覆盖）、免耕、草田轮作、深耕密植、间作套种、增施有机肥料等。

（2）工程措施。主要措施有修筑梯田、等高沟埂（如地埂、坡或梯田）、沟头防护工程、谷坊等。

（3）林草措施。主要措施有封山育林、荒坡造林（水平沟造林、鱼鳞坑造林）、护沟造林、种草等。

一、植物蒸腾强度的测定

（1）训练准备。根据班级人数，按2~4人一组，分为若干组，并准备扭力天平、打孔器、秒表等。

（2）操作规程。选取当地种植农作物、蔬菜等植物的田间，进行如表4-9的植物蒸腾强度测定。

表4-9 植物蒸腾强度的测定

操作环节	操作规程	操作要求
田间取样	在田间选择要测定的材料，用打孔器（已知孔口面积）取样	选取的材料要有代表性
称样计时	用50 mg扭力天平（准确到0.1 mg）进行测定；用秒表准确计时，从取样起到第一分钟时，第一次读数；再过三分钟第二次读数	在采用离体称重法时，必须防止植株上所附着的尘土对称重的影响，所以在剪取材料前，应轻轻去掉植株上所附着的浮土
结果计算	由两次质量差计算蒸腾强度或用后次重计算蒸腾强度，计算式为： $$蒸腾强度1 = \frac{(前次重-后次重)\times 60}{3\times 面积}$$ $$蒸腾强度2 = \frac{(前次重-后次重)\times 60}{3\times 后次重}$$	测定时，应同时测定气温、日照、风速、空气湿度，以便测定结果的相互比较
结果评价	根据上述观测或测定结果，评价当地土壤墒情、降水量与蒸发量对植物生长的保障情况	可到当地气象站查阅近5年资料进行评价

（3）问题处理。训练结束后，完成以下问题：

① 田间取样的时候应注意什么？

② 比较蒸腾强度的两次计算有何区别？

③ 植物蒸腾强度测定有何意义？

二、设施条件下的水分调控

（1）训练准备。了解当地土壤墒情的经验判断方法；熟悉当地调控土壤水分和空气湿度的有关措施。

（2）操作规程。了解当地生产中设施条件下对水分的调控（表4-10）。具体操作根据当地实际情况实施。

表 4-10　设施条件下的水分调控

操作环节	操作规程	操作要求
设施环境土壤水分调控	目前主要推广的是以管道灌溉为基础的多种灌溉方式，包括直接利用管道进行的输水灌溉，以及滴灌、微喷灌、渗灌等节水灌溉技术 应用灌溉自动控制设备，根据设施内的温度、湿度、光照等因素及植物生长不同阶段对水分的要求，采用计算机综合控制技术进行灌溉调控	大型智能化设施应尽量选择杂质少、位置近的水源，同时要对水源的水质进行处理，使其满足灌溉要求
设施环境湿度的调控	（1）降低湿度。主要有：一是地膜覆盖，抑制土壤蒸发；二是寒冷季节控制灌水量，提高室温；三是通风降湿；四是加温除湿；五是使用除湿机；六是热泵除湿 （2）增加湿度。主要有：一是间歇采用喷灌或微喷灌技术；二是喷雾加湿；三是湿帘加湿	（1）采用通风降湿，冬季应注意减少次数与时间，春季应加大通风量 （2）加湿的主要方法是灌水。加湿最好和降温结合应用

（3）问题处理。训练结束后，完成以下问题：

① 试述当地日光温室等栽培设施如何调控土壤水分。

② 当地日光温室等栽培设施如何降低或增加环境空气湿度？

随堂练习

1. 请解释：质壁分离；蒸腾作用；植物需水临界期；植物最大需水期。

2. 水分如何影响植物生长发育？

3. 植物细胞如何吸水？

4. 试描述植物根系如何吸水，主要靠什么做动力。

5. 植物蒸腾作用的方式有哪些？有哪些衡量指标？

6. 当地调控植物生长水分环境有哪些技术措施？

项目小结

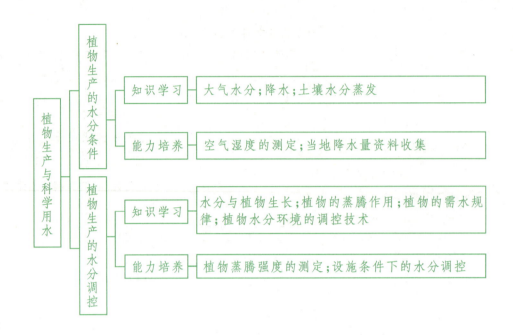

```
植物生产与科学用水
├─ 植物生产的水分条件
│   ├─ 知识学习 ── 大气水分;降水;土壤水分蒸发
│   └─ 能力培养 ── 空气湿度的测定;当地降水量资料收集
└─ 植物生产的水分调控
    ├─ 知识学习 ── 水分与植物生长;植物的蒸腾作用;植物的需水规律;植物水分环境的调控技术
    └─ 能力培养 ── 植物蒸腾强度的测定;设施条件下的水分调控
```

项目测试

一、名词解释

空气湿度;水汽压;相对湿度;降水量;降水强度;蒸腾作用;需水临界期。

二、单项选择题(请将正确选项填在括号内)

1. 饱和水汽压表示(　　)。

A. 空气的潮湿程度　　　　　　　　　　B. 空气中水汽所产生的分压力

C. 一定温度下,空气中能含水汽的最大限度　　D. 空气中水汽的含量

2. 内陆地区一天中,相对湿度最小值出现在(　　)。

A. 8—9 时　　　　　B. 15—16 时　　　　　C. 14—15 时　　　　　D. 20—21 时

3. 季风盛行的地方,相对湿度的年变化最大值出现在(　　)。

A. 夏天雨季　　　　　B. 春季　　　　　C. 冬季　　　　　D. 秋季

4. 降水量的单位为(　　)。

A. cm　　　　　B. mm　　　　　C. mm/d　　　　　D. cm/d

5. 某地 12h 的降水强度为 18 mm,则该地的降水等级为(　　)。

A. 小雨　　　　　B. 中雨　　　　　C. 大雨　　　　　D. 暴雨

6. 云和雾的主要区别是(　　)。

A. 云对地面的保温作用比雾大

B. 雾与地面接触而云底距地面有一定高度

C. 雾与云一样,没区别

D. 雾对水平能见度的影响比云大

7. 要形成较强的降水,其条件不包括( )。

A. 要有充足的水汽　　　　　　　　　　B. 要使气块能够被持久抬升并冷却凝结

C. 要有较多的凝结核　　　　　　　　　D. 较低的温度

8. 在土壤蒸发的( )阶段的后期常采取松土等方式,以减少水分的过度蒸发。

A. 第一　　　　　　B. 第二　　　　　　C. 第三　　　　　　D. 第一和第二

9. 植物的水分临界期是指( )。

A. 植物需水量多的时期

B. 植物对水分利用率最高的时期

C. 植物对水分缺乏最敏感的时期

D. 植物对水分的需求由低到高的转折时期

10. 植物蒸腾作用主要是通过植物叶片上的( )进行的。

A. 角质层　　　　　　B. 叶肉细胞　　　　　　C. 气孔　　　　　　D. 叶脉

11. 进行蒸腾作用测定时,称量的第一次读数时间是( )。

A. 从取样起到第一分钟时　　　　　　　B. 从取样起到第二分钟时

C. 从取样起到第三分钟时　　　　　　　D. 从取样起到第四分钟时

12. 根系吸水的主要方式为( )。

A. 吸胀吸水　　　　　B. 渗透吸水　　　　　C. 降压降水　　　　　D. 主动吸水

13. ( )是植物吸水的主要动力。

A. 根压　　　　　　B. 蒸腾拉力　　　　　C. 光合作用　　　　　D. 呼吸作用

14. 大苗移栽时要适当剪掉部分枝叶,其主要原因是( )。

A. 尽量降低呼吸作用　　　　　　　　　B. 尽量降低光合作用

C. 尽量降低蒸腾作用　　　　　　　　　D. 无任何意义

15. 下列不属于节水灌溉技术的是( )。

A. 微灌技术　　　　　B. 喷灌技术　　　　　C. 大水漫灌技术　　　　D. 调亏灌溉技术

三、判断题(正确的在题后括号内打"√",错误的打"×")

1. 多数情况下,水分是以气态存在于大气中。 ( )

2. 通常情况下,空气中水汽含量多,水汽压大;反之,水汽压小。 ( )

3. 降水产生于云层中,有云就有降水。 ( )

4. 相对湿度是空气中的实际水汽压占同温度下饱和水汽压的百分比。 ( )

5. 相对湿度的日较差一般为阴天大于晴天,冬季大于夏季。　　　　　　　(　　)

6. 具有液泡的细胞吸水是靠细胞的渗透作用进行。　　　　　　　　　　　(　　)

7. 蒸腾作用会造成植物体水分亏缺,甚至引起危害,因此对植物生长有害无益。(　　)

8. 植物蒸腾系数越大,则表示该植物利用水分的效率越高。　　　　　　　　(　　)

9. 土温急剧下降比逐渐降温对根系吸水影响大,因此要避免在温度较高的中午用冷水灌溉。　　　　　　　　　　　　　　　　　　　　　　　　　　　　　(　　)

10. 一次施化肥过多导致的烧苗是由于土壤溶液浓度过大。　　　　　　　　(　　)

四、简答题

1. 描述当地空气湿度的日变化和年变化规律。

2. 产生降水的条件是什么?降水可分为哪些类型?

3. 影响植物蒸腾的因素有哪些?如何调节植物的蒸腾作用?

4. 水分对植物生长发育有何重要作用?

5. 当地应用了哪些节水灌溉技术?有什么优缺点?

6. 当地常采取哪些地面覆盖技术?其关键技术是什么?

五、能力应用

1. 测定空气湿度的仪器有哪些?如何正确使用?

2. 怎样测定植物蒸腾强度?举例说明如何计算蒸腾强度。

3. 当地常采取哪些技术措施调控植物生产的水分环境?

4. 植物长期淹水会死亡。请解释其生理原因。

项目链接

半干旱区农田降水高效利用技术

农田降水高效利用技术是依据雨水富集、土壤覆盖抑蒸保墒原理而应用的重要旱作集雨技术,其充分利用有效降水资源,促进农业增产增收,是提高我国旱作区农田生态系统生产力极为有效的技术。

(1)果园集雨节水滴灌技术。采用"山地梯田+水窖+果园滴灌"模式,将果园附近有一定径流面积的道路、庭院、场院或人工集水场作为水窖的集水场,集蓄水来自降水产生的径流,并配以穴灌进行果园补灌,实现果园的高效用水。

(2)日光温室膜面集雨滴渗灌节水技术。采用"梯田+日光温室膜面集雨+水窖+配套滴灌设备"的应用模式。充分利用日光温室膜面集水、水窖蓄水、棚内滴灌节水、地膜覆盖抑蒸保墒,控制温室内温湿度变化,生产优质无公害的蔬菜。山地梯田建造日光温室时,采用膜面集水、水窖储存、滴灌供水的联合设计。

（3）**双垄沟集流增墒技术**。双垄沟播种能使膜上所接纳的雨水集中流入播种孔，入渗到作物根系周围，增加膜下土壤墒情，有效提高降水利用率，延长土壤水分的利用时间。当土壤水分含量在 140 g/kg 以上时，可采用先点种子后覆膜的播种办法；当土壤水分含量在 100～120 g/kg 时，先注水再播种（即坐水种）后覆膜方法；当土壤水分在 80 g/kg 时，先覆膜再等雨播种，以保证作物生长发育。

（4）**地膜周年覆盖少免耕技术**。该技术是一年覆膜两年使用少免耕栽培技术，是旱地覆盖保墒模式。可充分利用玉米收获到翌年播前 130 d 的全程覆盖，可减轻雨雪对土壤的冲刷，对冬春两季的风蚀侵害具有明显的保护作用，还能充分利用覆盖物的蓄水保墒作用，提高作物生产潜力，并能节省第二年的地膜投入，经济效益可观。

（5）**微垄覆膜集雨技术**。该技术是将垄上覆膜作为集水区，沟内种植作物作为种植区的一种集雨技术。由于春季土壤蒸发特别强烈，降雨量少且变率大，种植区内也可覆盖秸秆，同时可补灌。微垄覆膜集雨技术可提高降水利用率 14.4%。

（6）**其他节水技术**。主要通过选育抗旱作物品种、使用保水剂、培肥地力、使用农机具耕土等措施，增强作物抗旱能力。还可引进具有抗旱节水特征的粮食作物、蔬菜、果树等优良品种，使用抗旱保水剂结合播种或基施，增强种子和土壤对水分的亲和力，从而提高作物的抗旱保水能力。

考 证 提 示

获得农业技术员、农作物植保员等中级资格证书，需具备以下知识和能力：

◆ 知识点：空气湿度；水汽凝结物；降水；植物吸水原理；植物蓄水规律；植物蒸腾作用。

◆ 技能点：空气湿度的测定；当地降水量资料收集；植物蒸腾强度测定；植物生长水分环境的调控。

项目 **5**

植物生产与光能利用

📋 项目导入

　　欢欢的姐姐就职于北京花木有限公司,趁着假期探亲,她要好好向姐姐讨教一番:玉簪为啥栽植在树林下? 桃花、紫荆花、樱花栽在空地上? 牡丹花春天开,而菊花的花期却在秋天? 昙花黑夜开花,能不能白天开花? 家里的君子兰为啥不能放到朝南的窗户边? ……

　　"花和人一样,每种花喜好不同。有的花喜欢强光,譬如樱花、桃花;有的花必须要弱光,光照强了反而长得不正常,譬如咱家养的君子兰。我们公司引进的芦荟还需要搭盖遮阳网呢……"姐姐的话欢欢似懂非懂。

　　"植物生长靠的是太阳,像咱家那十几亩玉米,没有太阳光哪有好产量? 去年收成减,还不是老天爷天天阴着脸。"种地为生的爸爸也趁势开了口。

　　…………

　　带着满脑子的疑问,欢欢向老师吐露心声:"老师! 十种植物九不同,植物生产怎样合理调控光照环境?"

　　欢欢同学,不必着急,接下来我们将共同解决你所关心的问题——植物生产中如何提高光能的利用率。通过本项目的学习,我们将掌握植物的新陈代谢和植物生产的光照条件,并能进行植物光照环境的调控。同时理解碳达峰碳中和的重要性,并培养观察、比较、分析、解决具体问题的能力,养成科学、协作、严谨的职业习惯。

　　本项目将要学习3个任务:(1) 植物的新陈代谢;(2) 植物生产的光照条件;(3) 植物生产的光环境调控。

任务 5.1　植物的新陈代谢

☀️ 任务目标

　　知识目标:1. 了解光合作用的主要过程,认识光合作用的意义。

　　　　　　2. 了解呼吸作用的主要过程,认识呼吸作用的意义。

3. 熟悉光合作用和呼吸作用的联系与区别。

能力目标：1. 能进行光合作用和呼吸作用的调控及生产应用。

2. 能进行光合产物的验证、呼吸强度的简易测定。

 **知识学习**

绿色植物的新陈代谢是以水分和矿质元素为原料,通过光合作用来合成体内有机物,并把光能转变为化学能贮藏在有机物中;又通过呼吸作用分解体内的有机物,释放能量,生成 ATP,供给生命活动的需要。

一、植物的光合作用

1. 光合作用的概念和意义

光合作用是绿色植物利用光能,将二氧化碳和水合成有机物质,释放氧气,同时把光能转变为化学能贮藏在所形成的有机物中的过程。常以下面的反应式表示。

$$6CO_2 + 6H_2O \xrightarrow[\text{叶绿体}]{\text{光}} C_6H_{12}O_6 + 6O_2 \uparrow$$

光合作用的原料是二氧化碳和水,动力是光能,叶绿体是进行光合作用的场所,葡萄糖和氧气是光合作用的产物。

光合作用具有重要意义。光合作用是生物界获得赖以生存的氧气、有机物、能量的根本途径,被称为"地球上最重要的化学反应"。没有光合作用,就没有繁荣的生物世界。

2. 光合作用的主要过程

光合作用的实质是将光能转变成化学能。光合作用的产物有糖类、有机酸、氨基酸、蛋白质等,主要为糖类。根据能量转变的性质,可将光合作用分为三个阶段(表 5-1):第一阶段,通过原初反应,光能转变成电能;第二阶段,通过电子传递和光合磷酸化,电能转变为活跃的化学能;第三阶段,通过碳同化,活跃的化学能转变为稳定的化学能(糖类)。

表 5-1 光合作用中各种能量转变情况

反应阶段	光反应		暗反应
反应步骤	原初反应	电子传递和光合磷酸化	碳同化(CO_2 的固定)
能量转变部位	叶绿体的类囊体膜上		叶绿体的基质中
能量转变形式	光能(光量子)转变为电能(电子)	电能转变为活跃的化学能	活跃的化学能转变为稳定的化学能(糖类)
形成产物	氧气、ATP 和 $NADPH_2$		葡萄糖、蔗糖、淀粉

　　原初反应和光合磷酸化在叶绿体的基粒片层上进行,需在有光条件下进行,又称光反应;而碳同化过程可以在光下,也可在黑暗中进行,称为暗反应,它是在叶绿体的基质中进行(图 5-1)。

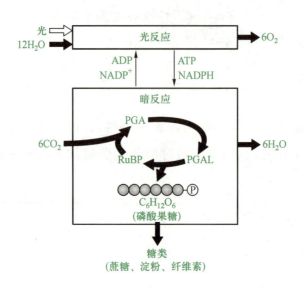

RuBP:二磷酸核酮糖　PGA:3-磷酸甘油酸　PGAL:3-磷酸甘油醛

图 5-1　光合作用的光反应和暗反应

3. 光合作用的调控

　　植物的光合作用受多种因素影响,而衡量光合作用影响程度的常用指标有光合速率和光合生产率。光合速率又称光合强度,是指单位时间、单位叶面积的二氧化碳吸收量或氧气的释放量,常用单位是 $mg/(dm^2 \cdot h)$。光合生产率又称同化率,是指单位时间、单位叶面积积累的干物质克数,常用的单位是 $g/(m^2 \cdot h)$。

　　常见的调控光合作用的方法有以下几种:

　　(1) 光照度调节。光饱和点和光补偿点是反映植物光合特性的两个重要指标。在一定范围内,植物的光合速率随光照强度增高而相应增加,但当光照达到一定值时,光合速率不再增加,称为**光饱和现象**,这时的光照强度称为**光饱和点**。当光照强度低于一定数值时,光合作用吸收的二氧化碳与呼吸作用放出的二氧化碳处于平衡状态,此时的光照强度称为**光补偿点**。适当增强光照,如合理密植、整枝修剪、去老叶,都可以改善田间的光照条件,加大光合速率。

　　(2) 增加 CO_2 浓度。CO_2 是光合作用的主要原料,光合速率随 CO_2 浓度增加而上升。可通过施用有机肥料、通风等措施来增加 CO_2 浓度。保护地栽培中使用 CO_2 气肥来增加 CO_2 浓度。

　　(3) 保持适宜土壤水分。水分是光合作用的原料之一,土壤水分含量对植物光合作用影响很大,若土壤干旱,则光合作用受到抑制。叶片缺水也会影响光合作用正常进行。合理灌溉、耕作可保证适宜的土壤水分含量,从而保证光合作用的正常进行。

（4）保持适宜温度。一般温带植物能进行光合作用的最低温度为 0~5 ℃。在 10~35 ℃ 范围内,光合作用能正常进行;35 ℃ 以上光合作用受阻,40 ℃ 以上光合作用完全停止。

（5）合理施肥。氮、镁、铁、锰、磷、钾、硼、锌等元素都会直接或间接对光合作用产生影响。如氮和镁是叶绿体的组成元素,铁和锰参与叶绿素的形成过程,磷、钾、硼能促进有机物质的转化和运输。因此,合理施肥才能保证光合作用顺利进行。

4. 光合作用在农业生产中的应用

（1）实行间作套种,提高单位面积产量。在同一块农田上实行间作套种,通过植株高矮搭配、生长期交错搭配等措施,可充分利用地块的光照条件,提高复种指数,增加单位面积的产量。

（2）增施二氧化碳气肥,增加光合作用原料。保护地栽培中,通过施用二氧化碳气肥来增加二氧化碳浓度,增强光合作用。

（3）培育高光效植物品种,减少呼吸消耗;选育理想株型,充分利用光能。高产农田植物群体充分利用光能的结构趋势是植株矮化、植物层薄。

（4）应用生长调节物质,提高光合作用效率。DCPTA 是迄今为止发现的第一种既能影响光合作用,又能增加产量的生物调节剂。

（5）利用不同光色,改善光合产物品质。使用有色薄膜在农、林、园艺等绿色生产上达到不同的目的。如甜瓜、小麦、棉花育苗、四季豆、辣椒应用红色地膜有明显增产效果,黄瓜和香菜应用蓝色地膜可促进维生素 C 含量的增加,黄色薄膜用于黄瓜、芹菜、莴苣、茶树等增产效果明显,番茄、茄子、韭菜在紫膜下产量增加,青色(蔚蓝色)薄膜进行水稻育秧效果较好。

二、植物的呼吸作用

1. 呼吸作用的概念和意义

呼吸作用是指生活细胞内的有机物质在一系列酶的作用下,逐步氧化分解,同时放出能量的过程。呼吸作用对植物生命活动具有十分重要的意义。

（1）为植物生命活动提供能量。除绿色细胞可直接利用光能进行光合作用外,其他生命活动所需的能量都依赖于呼吸作用。

（2）为其他有机物合成提供原料。呼吸作用的中间产物,如丙酮酸、α-酮戊二酸、苹果酸等都是进一步合成植物体内新的有机物的物质基础。

（3）提高植物抗病、抗伤害的能力。植物受伤或受到病菌侵染,通过旺盛的呼吸,促进伤口愈合,加速木质化或栓质化,以减少病菌的侵染。此外,呼吸作用的加强可促进具有杀菌作用的绿原酸、咖啡合成酸等合成,以增强植物的免疫能力。

2. 呼吸作用的类型

呼吸作用可分为有氧呼吸和无氧呼吸两类。

（1）有氧呼吸。是指生活细胞利用氧（O_2），将某些有机物彻底氧化分解，形成 CO_2 和 H_2O，同时释放能量的过程。有氧呼吸是高等植物呼吸的主要形式，通常所说的呼吸作用，主要是指有氧呼吸。呼吸作用中被氧化分解的有机物质称为呼吸基质。一般来说，淀粉、葡萄糖、果糖、蔗糖等糖类是最常见的呼吸基质。以葡萄糖作呼吸基质为例，其有氧呼吸的总反应式可表示为：

$$C_6H_{12}O_6+6O_2 \longrightarrow 6CO_2+6H_2O+能量$$

（2）无氧呼吸。是指生活细胞在无氧条件下，把某些有机物分解成为不彻底的氧化产物，同时释放能量的过程。这个过程在微生物中常称为发酵，如酒精发酵、乳酸发酵。可用下列反应式表示：

$$C_6H_{12}O_6 \longrightarrow 2C_2H_5OH+2CO_2+能量 \qquad （酒精发酵）$$

$$C_6H_{12}O_6 \longrightarrow 2CH_3CHOHCOOH+能量 \qquad （乳酸发酵）$$

（3）有氧呼吸与无氧呼吸的关系。从呼吸作用的过程中不难发现两种呼吸的区别，但两种呼吸也有相同点（表 5-2）。

表 5-2　有氧呼吸与无氧呼吸的异同

项目		有氧呼吸	无氧呼吸
不同点	反应场所	细胞质基质、线粒体	细胞质基质
	反应条件	需要氧气和酶	不需要氧气，需要酶
	基质氧化	葡萄糖彻底氧化	葡萄糖不彻底氧化
	物质转化	H_2O 和 CO_2	酒精或乳酸和 CO_2
	能量转化	释放大量能量	释放少量能量
相同点		都要经过糖酵解过程，并有能量释放	
		都是酶促反应	

3. 呼吸作用的主要过程

呼吸作用是将葡萄糖彻底氧化生成 CO_2 和 H_2O 的过程，可由多种途径实现，其中最主要的是糖酵解—三羧酸循环。

（1）糖酵解。是指葡萄糖在细胞质内经过一系列酶的催化作用，脱氢氧化，逐步转化为丙酮酸的过程。丙酮酸形成后，如果在缺氧条件下，则进入无氧呼吸途径；在有氧条件下，则进入三羧酸循环，从而被彻底氧化。在糖酵解过程中，既有物质的转化，又有能量转换。它是有氧呼吸和无氧呼吸都要经历的一段过程。

（2）三羧酸循环。是指在有氧条件下，丙酮酸在酶和辅助因素作用下，首先经过一次脱氢和脱羧，并和辅酶 A 结合形成乙酰辅酶 A，乙酰辅酶 A 和草酰乙酸作用形成柠檬酸，这样反复循环进行。

糖酵解和三羧酸循环过程中共生成 38 个 ATP,其余的热量散失。它们形成的一系列重要中间产物是合成脂肪、蛋白质的重要原料。ATP 是植物体内重要的高能化合物,化学名称是三磷酸腺苷。

4. 呼吸作用的调控

呼吸作用的强弱常用呼吸强度来表示,呼吸强度是指单位时间内,单位植物材料干重或鲜重所释放出的 CO_2 或所吸收的 O_2,常用单位是 mg/(g·h)。生产上通过调节温度、水分、O_2 和 CO_2 浓度等影响因素进行调控。

(1)温度调节。在一定范围内,呼吸强度随温度的升高而增强;而当温度超过最适温度之后,呼吸强度却会随着温度的升高而下降。温带植物呼吸作用的最适温度为 25~35 ℃。温度过高或光线不足,呼吸作用强。因此生产上常通过降低温度,可以降低呼吸强度。

(2)O_2 和 CO_2 浓度调节。增加 CO_2 浓度,降低 O_2 含量能够降低呼吸强度。但缺氧严重时会导致无氧呼吸。

(3)水分调节。降低种子含水量,可以降低呼吸强度。但根、叶萎蔫时,呼吸反而增强。

(4)防止植物受伤。植物受伤后,呼吸会显著增强。因此应在采收、包装、运输和贮藏多汁果实和蔬菜时,尽可能防止机械损伤。

5. 呼吸作用在生产中的应用

呼吸作用主要用于植物栽培、粮食和果蔬贮藏、保鲜等。

(1)植物栽培。许多栽培措施都是为了保证植物呼吸作用正常进行,如水稻浸种催芽时用温水淋种和时常翻种,水稻育秧采用湿润育种,中耕松土,黏土掺沙改良,低洼地开沟排水。

(2)粮食贮藏。贮藏粮油种子的原则是保持"三低",即降低种子的含水量、温度和空气中的含氧量。粮油种子以较低温度贮藏,可减弱呼吸并抑制微生物的活动,使贮藏时间延长;若能适当增加二氧化碳含量、降低氧含量,便可减弱呼吸消耗,延长贮藏时间。

(3)果蔬贮藏。多汁果实和蔬菜的贮藏、保鲜的原则是在尽量避免机械损伤的基础上,控制温度、湿度和氧气成分三个条件,降低呼吸消耗,使果实蔬菜保持新鲜状态。生产上常通过降低温度来推迟呼吸高峰的出现,达到贮藏、保鲜目的。贮藏期间相对湿度保持在 80%~90% 之间有利于推迟呼吸高峰的出现;降低氧气浓度,提高二氧化碳浓度,大量增加氮的浓度,可抑制呼吸及微生物活动,延长贮藏时间。

三、光合作用与呼吸作用的关系

光合作用与呼吸作用既相互对立,又相互依赖,两者共同存在于统一的有机体中。

1. 光合作用与呼吸作用的区别

光合作用与呼吸作用的区别见表 5-3。

表 5-3　光合作用与呼吸作用的区别

项目	光合作用	呼吸作用
原料	CO_2、H_2O	O_2、糖类等有机物
产物	糖类等有机物、O_2	CO_2、H_2O 等
能量转换	贮藏能量的过程 光能→电能→活跃化学能→稳定化学能	释放能量的过程 稳定化学能→活跃化学能
物质代谢类型	有机物质合成作用	有机物质降解作用
氧化还原反应	H_2O 被光解,CO_2 被还原	有机物被氧化,生成 H_2O
发生部位	绿色细胞、叶绿体、细胞质	活细胞、线粒体、细胞质
发生条件	光照下才可发生	光下、暗处均可发生

2. 光合作用与呼吸作用的联系

光合作用与呼吸作用相互依赖,紧密相连,两者互为原料与产物:光合作用释放 O_2 供呼吸作用利用,而呼吸作用释放 CO_2 也可被光合作用所同化。它们的许多中间产物是相同的,催化糖类之间的转化酶也是类同的。在能量代谢方面,光合作用中供光合磷酸化产生 ATP 所需的 ADP 和产生 NADPH 所需的 $NADP^+$,与呼吸作用所需的 ADP 和 $NADP^+$ 是相同的,它们可以通用。

 能力培养

一、光合作用产物(淀粉)验证

(1)训练准备。准备以下材料和用具:绿色植株(如萝卜)、95%酒精、I-KI 溶液、黑纸、回形针、剪刀,电炉、烧杯、放 I-KI 溶液的搪瓷盘。

(2)操作规程。根据当地实际情况,选择植物种类,进行如表 5-4 的操作。

表 5-4　光合作用产物(淀粉)验证

操作环节	操作规程	操作要求
熟悉验证淀粉的原理	绿色植物叶片在光下进行光合作用形成淀粉;把见光叶片浸入 I-KI 溶液时,见光部位因含有淀粉而显现蓝色,而遮光叶子不仅不能进行光合作用,积累淀粉,而且叶子内原有淀粉也由于呼吸及物质的输出而耗尽,因而浸入 I-KI 溶液时,不会显现蓝色,由此可以证明叶子在光下形成了淀粉	熟悉淀粉存在与否的鉴定依据

续表

操作环节	操作规程	操作要求
材料选取	晴天有日光的早晨,在蔬菜田里选择生长良好的绿色植株(萝卜),选一片能见光且可充分进行光合作用的叶片,用黑纸盖住叶子的一部分,上下表皮都要遮住,并用回形针夹紧、固定(图 5-2)	也可在黑纸上剪成花样或字母,将整个叶子包住,只使花样或字母的空白部分见光
材料处理	上述叶片在光下若干小时后,将叶片取下,放在沸水内煮沸 3 min,再置于 95% 酒精中,并于水浴上加热 15~20 min	天气晴朗时叶片光照时间可短些,约 4 h,多云时 5~6 h,照后加热至叶子褪去绿色为止
结果观察	从水浴中取出叶片,用水洗净后,浸入 I-KI 溶液中 5 min,观察其变化	见光的叶片处显蓝色,遮光的叶片处不显蓝色

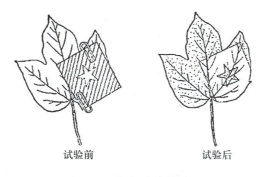

试验前   试验后

图 5-2 萝卜叶片的处理

(3)问题处理。训练结束后,完成以下问题:

① 根据测定结果,说说为什么会出现这样的结果。

② 针对材料处理时间和加热时应注意哪些问题?

二、光合作用的调控(豆芽的制作)

(1)训练准备。准备以下材料和用具:黄豆或其他豆类、水、培养皿或陶盆、黑色和白色塑料袋、试纸。

(2)操作规程。根据当地实际情况,选择黄豆或其他豆类,进行如表 5-5 的操作。

(3)问题处理。训练结束后,完成以下问题:

① 试解释为何两个培养皿的豆芽颜色、质量不同。

② 如果条件允许,可同时用绿豆进行试验,然后比较绿豆芽和黄豆芽有何区别。

表 5-5   光合作用的调控

操作环节	操作规程	质量要求
材料选取	选取市售黄豆 40 粒,剔除破损或坏豆,并剔除杂物	尽量选取大小一致、子粒饱满的黄豆或绿豆
加水浸泡	(1) 将黄豆分成两份,每份 20 粒 (2) 先将两份黄豆用水浸泡 2 d(冬季则需 3 d),发出小芽	黄豆浸泡以刚刚发芽为准
豆芽处理	(1) 将两份发芽黄豆摆放入两个铺有试纸的培养皿中,一份用黑塑料袋(塑料袋上用针扎 3~5 个小孔透气)覆盖,另一份用白塑料袋(塑料袋上用针扎 3~5 个小孔透气)覆盖 (2) 每天观察,保持培养皿中黄豆始终处于湿润状态,微干时应浇水	(1) 两个培养皿中黄豆摆放图形尽量一致 (2) 浇水以刚刚没过黄豆为宜
结果观察	(1) 培养一周后(冬季差不多要 10 d),观察两个培养皿中豆芽生长情况 (2) 分别取出两份豆芽,用同一天平、按同样方式称重	(1) 注意观察遮光与不遮光豆芽的颜色是否不同 (2) 两份豆芽质量是否有差异

三、植物呼吸强度的简易测定

(1) 训练准备。准备以下材料和用具:天平、小号帐钩、橡皮塞、广口瓶(500 mL)、小烧杯、玻璃管、纱布、棉线、石蜡;10% NaOH;水稻、小麦或大豆种子。

(2) 操作规程。将萌发的种子(或其他生活组织)置于一个密闭容器中,呼吸作用消耗容器中的氧气放出二氧化碳,而二氧化碳又为容器中碱液所吸收,致使容器中气体压力减少,容器内外产生压力差,使得玻璃管内水柱上升(图 5-3)。水柱上升的高度,即代表容器内外压力差的大小,亦即代表呼吸作用的大小。如果几套装置所用广口瓶的容积相等,玻璃管内径也一致,用于测定的材料数量也相等,则可从水柱上升高度(即玻璃管内上升的水的体积)粗略地计算种子呼吸作用吸收氧气的体积。根据当地实际情况,选择水稻、小麦或大豆种子,进行如表 5-6 的操作。

(3) 问题处理。训练结束后,完成以下问题:

① 请叙述呼吸强度简易测定的原理。

② 比较相对呼吸强度和呼吸强度测定有何区别。

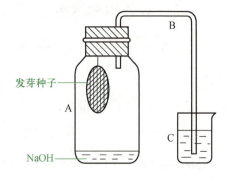

图 5-3   简易呼吸测定装置

表 5-6　植物的呼吸强度的简易测定

操作环节	操作规程	操作要求
材料选取	选取市售水稻、小麦、大豆种子20~30 g,剔除破损或坏种子,并剔除杂物	尽量选取大小一致、子粒饱满的种子
测定装置制作	如图5-3所示,包括广口瓶(A)(于瓶塞上钉一弯钩状小号帐钩)、曲管(B)、烧杯(C)	装置要固定牢固,防止漏气
材料处理	(1) 烧杯内装水(可加若干滴红墨水),广口瓶内加入20 mL 10% NaOH (2) 称取已经萌发的水稻、小麦或大豆种子若干克,用纱布包裹,用棉线结扎悬挂于广口瓶塞弯钩上	盖紧瓶塞,并用融化的石蜡密封,记录开始实验的时间
结果测定	经一定时间后,测量水柱上升高度,以下述方法表示呼吸作用的强弱: (1) 相对呼吸强度(cm/h)= 水柱高 (2) 呼吸强度(cm/h)= 水柱高×πr^2	水柱高的单位为 cm;π 值为 3.14,r 为玻管内半径(单位为 cm)

随堂练习

1. 请解释:光合作用;呼吸作用;呼吸强度。
2. 简述光合作用和呼吸作用的意义。
3. 如何进行光合作用和呼吸作用的调节?
4. 列举光合作用和呼吸作用在植物生产上的应用。

任务 5.2　植物生产的光照条件

任务目标

知识目标:1. 了解日地关系及四季、昼夜的形成。

　　　　　2. 熟悉太阳辐射、光照对植物生长发育的影响。

能力目标:能正确进行光照度的简易测定。

知识学习

一、四季与昼夜

1. 日地关系

地球是一个椭球体,其赤道半径 6 378.1 km,极半径 6 356.8 km。它不停地进行着绕太阳的公转,同时又绕地轴自西向东进行自转。地球公转一周需要 365 d 5 h 48 min 46 s,自转一周需要 23 h 56 min 4 s。

地球围绕太阳公转过程中,太阳光线垂直投射到地球上的位置不断变化,引起各地的太阳高度和日照时间长短发生改变,造成一年中各纬度(主要是中高纬度)所接受的太阳辐射能也发生变化。

当地球公转到 3 月 21 日左右的位置时,阳光直射在赤道上,这时北半球的阳光是斜射的,正是春季,南半球此时正是秋季。当地球转到 6 月 22 日左右的位置时,阳光直射在北回归线上,北半球便进入了夏季,而南半球正是冬季。9 月 23 日左右时,阳光又直射到赤道上,北半球进入秋季,南半球转为春季。当地球转到 12 月 22 日左右的位置时,阳光直射到南回归线上,北半球进入冬季,而南半球则进入夏季。接下来就进入了新的一年,新一轮的四季交替又开始了。

2. 昼夜形成

在地球自转过程中,在同一时间里,总是有半个球面朝向太阳,另半个球面背向太阳。朝向太阳的半球称昼半球,背向太阳的半球称夜半球,昼半球和夜半球的分界线称晨昏线。当地球自西向东自转时,昼半球的东侧逐渐进入黑夜,夜半球的东侧逐渐进入白天,由此形成了地球上的昼夜交替现象(图 5-4)。

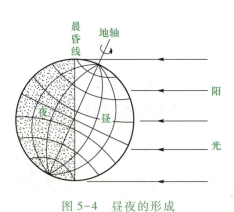

图 5-4　昼夜的形成

二、光照度与日照长短

1. 光照度

光照度表示物体被光照射的明亮程度,是指可见光在单位面积上的光通量,单位是勒克斯(lx)。光照度与太阳高度、大气透明度、云量等有关。一般来说,夏季晴天中午地面的光照度约为 1.0×10^5 lx,阴天或背阴处光照度为 $(1.0 \sim 2.0) \times 10^4$ lx。

2. 日照长短

日照时间分为可照时数与实照时数。在天文学上,某地的昼长是指从日出到日落太阳可能照射的时间间隔,称为**可照时数**。它是不受任何遮蔽时每天从日出到日落的总时数,以小时或分钟为单位,可由气象常用表查得。许多植物成花需要极限日照长度,即临界日长。长日照植物开花,日照时数需多于该植物临界日长;短日照植物则需少于该植物的临界日长,才能开花。实际上,由于受云雾等天气现象或地形和地物遮蔽的影响,太阳直接照射的实际时数会短于可照时数,将一日中太阳直接照射地面的实际时数称为实照时数,也叫日照时数。实照时数是用日照计测得的,日照计只能感应一定能量的太阳直接辐射,有云、地物遮挡时测不到。

在日出前与日落后的一段时间内,虽然没有太阳直射光投射到地面,但仍有一部分散射光到达地面,习惯上称为**曙光和暮光**。在曙暮光时间内也有一定的光照度,对植物的生长发育产生影响。包括曙暮光在内的昼长时间称为**光照时间**。即

$$光照时间 = 可照时数 + 曙暮光时间$$

生产上曙暮光是指太阳在地平线以下 0°~6°的一段时间。当太阳高度降低至地平线以下 6°时,晴天条件上的光照度约为 3.5 lx。曙暮光持续时间长短,因季节和纬度而异。全年以夏季最长,冬季最短。就纬度来说,高纬度要长于低纬度,夏季尤为明显。例如在赤道上,各季的曙暮光时间只有 40 多分钟,而在 60°的高纬度,夏季曙暮光时间可以长达 3.5 h,冬季也有 1.5 h。

3. 太阳辐射

太阳辐射能随波长的分布曲线称为太阳辐射光谱。在大气上界太阳辐射能量多数集中在 0.15~4.0 μm,按其波长可分为紫外线(波长小于 0.4 μm)、可见光(波长 0.4~0.76 μm)和红外线(波长大于 0.76 μm)三个光谱区。其中可见光区的能量占太阳辐射总能量的50%左右,由红、橙、黄、绿、青、蓝、紫 7 种光组成;红外线区占 43%左右;紫外线区占 7%左右(图 5-5)。由于大气吸收,地球表面测得的太阳辐射光谱在 0.29~5.3 μm 之间,而且在空间和时间上都有变化。

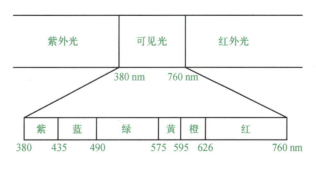

图 5-5　太阳辐射光谱

太阳辐射透过大气层后,由于大气的吸收、散射和反射作用,其到达地面时大大减弱。如果视大气上界的太阳辐射为 100%,被大气和云层吸收的约占 14%,被散射回宇宙空间的约占

10%,被反射回宇宙空间的约占 27%,其余的到达地面,地面又反射回宇宙空间一部分,地面实际接受的太阳辐射能只有大气上界的 43%,包括 27%的直接辐射和 16%的散射辐射(图 5-6)。

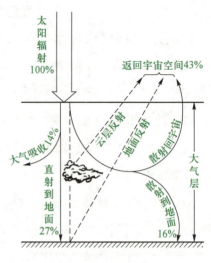

图 5-6　太阳辐射通过
大气层的衰减情况

三、光与植物生长发育

光照是植物进行光合作用的基础,影响着植物在光合作用过程中的同化作用、酶活化、气孔开放等。光照不足会影响植物光合产物的形成。

1. 光对光合作用的影响

光是光合作用的能量来源。在一定光强范围内,光合速率随光照强度的增加而增加,当光照超过或低于某一临界值(光饱和点和补偿点)以后,光合强度不再增加;在达到光饱和点以前,光合速率与光照强度成正比。另外,光质对光合代谢也有重要的影响。植物在蓝光下生长,其叶片或种子总蛋白质含量比红光下高,红光下生长的植物体内有较多糖类积累。

2. 光对植物种子萌发的影响

很多种子需要光照才能发芽良好,受影响的常是小种子,也有少数几种大种子的园艺植物。光质对种子萌发也有影响,白光、蓝光、黄光及黑暗下黄瓜种子能够萌发,红光及绿光的连续照射却抑制黄瓜种子的萌发。

3. 光对植物叶片生长的影响

光照促进叶片扩大,主要是由于加强了细胞分裂,细胞最终的大小和保持在黑暗中的并没有明显不同,光对叶片发育和成熟有一种全面的刺激效果,尤其是双子叶植物。

4. 光对植物茎生长的影响

红光促进茎的伸长,蓝光抑制茎的伸长。这是因为长波长光促进细胞的伸长,而短波长光具有相反的效果。

5. 光对叶绿素合成的影响

叶绿素的合成离不开光的参与,而且还与光质有关。蓝光下叶绿素合成含量最高,其次是白光和红光,黑暗和绿光中叶绿素合成量最低。

6. 光对花青苷形成的影响

一般情况下,蓝光促进花青苷合成。花青苷的合成还需要高强度的光。

7. 光对植物开花的影响

长日照植物一般在比临界日长更长的条件下才能开花,日照越长开花越早,在一定的连续日照下开花最早。短日照植物必须在短于临界日长时才能开花,日照缩短,开花提早,但不能短于光合作用对光的需要。

能力培养

图 5-7　ST-80C 数字照度计

光照度的测定

（1）训练准备。仪器可选用 ST-80C 数字照度计（图 5-7）。

（2）操作规程。可选择操场上阳光直射的位置、树林内、田间、日光温室等场所，进行如表 5-7 的操作。

表 5-7　光照度的测定

操作环节	操作规程	操作要求
熟悉照度计的结构	ST-80C 数字照度计由测光探头和读数单元两部分组成,两部分通过电缆用插头和插座联结,读数单元左侧有"电源""保持""照度""扩展"等操作键	学会使用各操作键
测量光照度	（1）压拉后盖,检查电池是否装好;然后调零,方法是完全遮盖探头光敏面,检查读数单元是否为零,不为零时仪器应检修 （2）按下"电源""照度"和任一量程键（其余键抬起）,然后将大探头的插头插入读数单元的插孔内 （3）打开探头护盖,将探头置于待测位置,光敏面向上,此时显示窗口显示数字,该数字与量程因子的乘积即为光照度值（单位:lx） （4）如欲保持测量数据,可按下"保持"键（注意:不能在未按下量程键前按"保持"键）,读完数后应将"保持"键抬起恢复到采样状态 （5）测量完毕将电源键抬起（关）,再用同样方法测定其他测点照度值;全部测完则抬起所有按键,小心取出探头插头,盖上探头护盖,照度计装盒带回	（1）根据光的强弱选择适宜的量程按键 （2）电缆线两端严禁拉动而松脱,测点转移时应关闭电源键,盖上探头护盖 （3）测量时探头应避免人为遮挡等影响,探头应水平放置并使光敏面向上 （4）每个测点连测 3 次,取平均值
整理数据	分不同时间测定场所内的光照度,记录测定数据,最后求出平均光照度	数据记录一般采用表格形式,可参照表 5-8

表 5-8　×年×月×日×时光照度观测记录　　　　　　　　　　　　单位：lx

测点	次数	读数	选用量程	光照度值	平均值
阳光直射	1				
	2				
	3				
树林内	1				
	2				
	3				
田间	1				
	2				
	3				
日光温室	1				
	2				
	3				

（3）问题处理。训练结束后，完成以下问题：

比较以上四种位置的光照度有何区别，并分析其原因。

随堂练习

1. 请解释：光照时间；光照度。
2. 简述光对植物生长发育的影响。

任务 5.3　植物生产的光环境调控

任务目标

知识目标：1. 熟悉植物光合性能及光能利用率有关知识。

　　　　　2. 了解植物对光的适应性。

能力目标：1. 能正确进行一般条件下光环境的调控。

　　　　　2. 能正确进行设施条件下光环境的调控。

知识学习

一、植物的光合性能与光能利用率

1. 植物的光合性能

植物的生物产量取决于光合面积、光合强度、光合时间、光合产物的消耗,可表示为:

$$生物产量=光合面积×光合强度×光合时间-呼吸消耗$$

$$经济产量=(光合面积×光合强度×光合时间-呼吸消耗)×经济系数$$

从上式可知,决定植物产量的因素是:叶面积、光合强度、光合时间、呼吸消耗和经济系数。

(1)光合面积。光合面积是指植物的绿色面积,主要是叶面积。通常以叶面积系数来表示叶面积的大小。

$$叶面积系数=\frac{该土地上绿叶总面积}{土地面积}$$

谷类植物单片叶的面积可用下式计算:

$$单叶面积=长×宽×折算系数(0.83)$$

在一定范围内,叶面积越大,光合作用积累的有机物质越多,产量也就越高。当叶面积超过一定范围时,必然导致株间光照弱、田间荫蔽、植物倒伏、叶片过早脱落。据研究,各种植物的最大叶面积系数一般不超过5。例如小麦为5、玉米为5、大豆为3.2、水稻为7。叶面积系数是反映植物群体结构的重要指标之一。

(2)光合时间。适当延长光合作用的时间,可以提高植物产量。当前主要是采取选用中晚熟品种、间作套种、育苗移栽、地膜覆盖等措施,使植物能更有效地利用生长季节,达到延长光照时间的目的。

多数植物产量的形成,主要在生长发育的中后期。试验证明,小麦子粒重的 2/3 ~ 4/5 是抽穗后积累的。因此,生产上应重视中后期光合作用的正常进行,防止后期叶片早衰。

2. 植物的光能利用率

一定土地面积上的植物体内有机物储存的化学能占该土地日光投射辐射能的百分数称为光能利用率。目前植物的光能利用率普遍不高。据测算,只有 0.5% ~ 1% 的辐射能用于光合作用。低产田植物的光能利用率只有 0.1% ~ 0.2%,而丰产田的光能利用率也只有 3% 左右。根据一般的理论推算,光能利用率可以达到 4% ~ 5%,如果生产上真的达到这一数字,则粮食产量可以成倍增长。

当前植物对光能利用率不高的主要原因:

(1) 漏光。植物的幼苗期,叶面积小,大部分阳光直射到地面上而损失掉。有人计算稻、麦等植物,因漏光损失光能在 50% 以上。尤其是生产水平低的田块,若植株直到生长后期仍未封行,损失的光能就更多了。

(2) 受光饱和现象的限制。光照度超过光饱和点以上的部分,植物就不能吸收利用,植物的光能利用率就随着光照强度的增加而下降。当光照度达到全日照时,光的利用率就会很低。

(3) 环境条件及植物本身生理状况的影响。自然干旱、缺肥、CO_2 浓度过低、温度过低或过高,以及植物本身生长发育不良、受病虫危害等,都会影响植物对光能的利用。

(4) 植物本身的呼吸消耗占光合作用的 15%～20%。在不良条件下,呼吸消耗可高达30%以上。

二、植物对光适应的不同类型

1. 植物对光照度的适应类型

按照植物对光照度的适应程度,将其分为以下三种类型:

(1) 阳性植物。是指在全光照或强光下生长发育良好,在荫蔽或弱光下生长发育不良的植物。如桃、杏、枣、扁桃、苹果等绝大多数落叶果树,多数露地一两年生花卉及宿根花卉(如一串红、鸡冠花、一品红、桃花、梅花、月季、米兰、海棠、菊花),仙人掌科、景天科等多浆植物,茄果类及瓜类等。

(2) 阴性植物。指在弱光条件下能正常生长发育,或在弱光下比强光下生长良好的植物。如蕨类植物、兰科、凤梨科、姜科、天南星科及秋海棠植物均为阴性植物。

(3) 中性植物。是介于阳性植物与阴性植物之间的植物。如桂花、夹竹桃、棕榈、苏铁、樱花、桔梗、白菜、萝卜、甘蓝、葱蒜类。

2. 植物对光照时间的适应类型

根据植物对光周期的不同反应,可把植物分为以下三种类型:

(1) 长日照植物。是指当日照长度超过临界日长才能开花的植物。也就是说,光照长度必须大于一定时数(这个时数称为临界日长)才能开花的植物。如凤仙花、令箭荷花、风铃草、小麦、油菜、萝卜、菠菜、蒜、豌豆。

(2) 短日照植物。是指日照长度短于临界日长时才能开花的植物。一般深秋或早春开花的植物多属此类,如牵牛花、一品红、菊花、芙蓉花、苍耳和水稻、大豆、高粱。

(3) 日中性植物。是指开花与否对光照时间长短不敏感的植物,只要温度、湿度等生长条件适宜,就能开花的植物。如月季、仙客来、蒲公英、番茄、黄瓜、四季豆。这类植物受日照长短的影响较小。

三、植物光照环境的调控技术

1. 一般条件下光环境调控技术

一般条件下的光环境调控技术主要是选育光能利用率高的品种、合理密植、间套复种、加强田间管理等。

（1）选育光能利用率高的品种。光能利用率高的品种特征是：矮秆抗倒伏，叶片分布较为合理，叶片较短并直立，生育期较短，耐阴性强，适于密植。选育具有光能利用高的品种特征的优良品种，提高光能利用率。

（2）合理密植。合理密植可增大绿叶面积，截获更多的太阳光，提高植物群体对光能的利用率，同时还能充分利用地力。

（3）间套复种。间套复种可以充分利用植物生长季节的太阳光，增加光能利用率；复种则可充分利用空闲生产季节。

（4）加强田间管理。整枝、修剪可以改善植物群体的通风透光条件，减少养料的消耗，调节光合产物的分配。增加空气中的 CO_2 浓度也能提高植物对光能的利用率。

2. 设施条件下光环境调控技术

设施条件下的光环境调控技术主要有增加光照和减少光照两种情况。

（1）增加光照。

选择优型设施和塑料薄膜设施。采用强度大、横断面积小的骨架材料，尽量建成无柱或少柱设施，以减少骨架遮阳面积。采用阶梯式栽培，保持植物体前低后高；采用南北行栽植，加大行距，缩小株距或采用主副行栽培，以减少株间遮阳。采果后去冠更新，及时进行夏剪，保持合理冠层，使植物体受光良好。调节好屋面的角度，尽量缩小太阳光线的入射角度。选用强度较大的材料，适当简化建筑结构，以减少骨架遮光。选用透光率高的薄膜，选用无滴薄膜、抗老化膜。

适时揭放保温覆盖设备。保温覆盖设备早揭晚放，可以延长光照时间。揭开时间以揭开后棚室内不降温为原则，通常在日出后 2 h 左右、早晨阳光洒满整个屋前面时揭开；覆盖时间，要求设施内有较高的温度，以保证设施内夜间最低温不低于植物同时期所需要的温度，一般太阳落山前半小时加盖，不宜过晚；否则，会使室温下降。

清扫薄膜。每天早晨，用笤帚或用布条、旧衣物等捆绑在木杆上，将塑料薄膜自上而下地把尘土和杂物清扫干净。至少每隔两天清扫一次。

减少薄膜水滴。选用无滴、多功能或三层复合膜。使用 PVC 和 PE 普通膜的设施应及时清除膜上的露滴，可用 70 g 明矾加 40 g 敌克松，再加 15 kg 水喷洒薄膜面清洗。

涂白和挂反光幕。在建材和墙上涂白,用铝板、铝箔或聚酯镀铝膜做反光幕,可增加光照强度,改善光照分布,还可提高室温。挂反光幕,后墙贮热能力下降,加大温差,有利于植物生长发育、增产增收。张挂反光幕时先在后墙、山墙的最高点横拉一细铁丝,把幅宽 2 m 的聚酯镀铝膜上端搭在铁丝上,折过来,用透明胶纸粘住,下端卷入竹竿或细绳中。

铺反光膜。在地面铺设聚酯镀铝膜,将太阳直射到地面的光,反射到植株下部和中部的叶片和果实上。这样光照强度增加,提高了树冠下层叶片的光合作用,使光合产物增加,果实增大,含糖量增加,着色面扩大。铺设反光膜在果实成熟前 30~40 d 进行。

人工补光。光照弱时,需强光或加长光照时间,连续阴天要进行人工补光。人工补光一般用电灯,要能模拟自然光源,具有太阳光的连续光谱。为此应将白炽灯(或弧光灯)与日光灯(或气体发光灯)配合使用。补光时,可按每 3.3 m² 用 120 W 灯泡的比例。

(2)减少光照。一是覆盖各种遮阳物。初夏中午前后,光照过强,温度过高,超过植物光饱和点,对生育有影响时应进行遮光。遮光材料要求有一定的透光率、较高的反射率和较低的吸收率。覆盖物有遮阳网、苇帘、竹帘等。二是玻璃面涂白。将玻璃面涂成白色可遮光 50%~55%,降低室温 3.5~5.0 ℃。三是屋面流水。使屋面安装的管道保持有水流,可遮光 25%。

3. 调控光照时间控制花期

调控光照时间控制花期主要有短日照处理、长日照处理、光暗颠倒处理等。

(1)短日照处理。可用于短日照处理的花卉有菊花、一品红、叶子花等。在长日照季节里可将此类花卉用黑布、黑纸或草帘等遮暗一定时间,使其有一个较长的暗期,可促使其开花。如菊花和一品红,使其 17 时至次日 8 时处于黑暗中,一品红 40 d 左右即可开花,菊花 50~70 d 即可开花。在短日照处理前,枝条应有一定的长度,并停施氮肥,增施磷钾肥,见效会更快。短日照处理夜间不能撤掉遮光设备,可将遮光物四周下部掀开通风。

(2)长日照处理。生产上最常见的品种唐菖蒲自然开花期是日照最长的夏季,要求 12~16 h 的光照时间。我国北方冬季种植唐菖蒲时,欲使其开花,必须人工增加光照时间,每天下午 4 时以后用 200~300 W 的白炽灯在 1 m 左右距离补充光照 3 h 以上,同时给予较高的温度,经过 100~130 d 的设施栽培,即可开花。

(3)光暗颠倒处理。昙花对光照的反应不同于其他花卉,其一般在夜间开放,不便于观赏,但如果在其花蕾长 6~10 cm 时,白天遮去阳光,夜晚照射灯光,则能改变其夜间开花的习性,使之在白天盛开,并可延长开花时间。

能力培养

一、一般条件下光环境的调控

（1）训练准备。选择当地种植的农作物、蔬菜、果树、花卉等地块,调查光照条件,查阅当地有关改善光环境资料。

（2）操作规程。选择当地种植农作物、蔬菜、果树、花卉等地块,观察植物生长情况,并进行如表 5-9 的操作。

（3）问题处理。训练结束后,完成以下问题:

① 了解一下当地在调控光照环境上有哪些典型经验。

② 比较一下短日照处理、长日照处理和光暗颠倒处理对花期调控有何差异。

表 5-9　一般条件下光环境的调控

操作环节	操作规程	操作要求
一般条件下光照环境的调控	（1）选择当地已有的光能利用率高的品种,提高光能利用率 （2）根据种植植物的种类,合理密植,提高植物群体对光能的利用率 （3）选择当地适宜间套复种的植物,增加光能利用率 （4）加强田间管理,如整枝、修剪、施 CO_2 等措施,调节光合产物的分配	根据当地生产实际灵活选用调控措施,并总结经验
通过调控光照时间控制花期	（1）短日照处理:可将菊花和一品红等植物处于黑暗中若干时间,然后观察其开花情况 （2）长日照处理:选择需要处理的植物,如唐菖蒲,人工用 200～300 W 的白炽灯在 1 m 左右距离补充光照 3 h 以上,同时给予较高的温度,经过 100～130 d 的设施栽培,即可开花 （3）光暗颠倒处理:选择如昙花等夜间开放的花卉,花蕾长 6～10 cm 时,白天遮去阳光,夜晚照射灯光,使之在白天盛开,并可延长开花时间	（1）在短日照处理前,枝条应有一定的长度,并停施氮肥,增施磷钾肥,见效会更快 （2）短日照处理夜间不能撤掉遮光设备,可将遮光物四周下部掀开通风 （3）处理过程中室温在 20 ℃左右,最低不能低于 15 ℃

二、设施条件下光环境的调控

（1）训练准备。选择当地种植设施蔬菜、果树、花卉等地块,调查光照条件,查阅当地有关改善光环境资料。

（2）操作规程。选择当地种植设施植物地块,观察植物生长情况,并进行如表 5-10 的操作。

（3）问题处理。训练结束后,完成以下问题:

① 了解当地日光温室设施中调控光照环境的典型经验。

② 比较增加光照、减弱光照对植物生长的差异。

表 5-10 设施条件下光环境调控

操作环节	操作规程	操作要求
设施环境下增加光照	（1）根据当地日光温室情况和材料类型,选择优型设施和塑料薄膜设施;尽量选用透光率高的薄膜、无滴薄膜、抗老化膜 （2）根据当地日光温室等设施情况,考虑天气情况,适时揭放保温覆盖设备 （3）及时清扫薄膜,至少每隔两天清扫一次 （4）使用 PVC 和 PE 普通膜的设施应及时清除膜上的露滴 （5）涂白和挂反光幕,铺反光膜,铺设反光膜在果实成熟前 30 ~ 40 d 进行 （6）人工补光:光照弱时,需强光或加长光照时间,连续阴天时要进行人工补光	根据当地生产实际灵活选用调控措施,并总结经验
设施环境下减弱光照（遮光技术）	（1）覆盖各种遮阳物:覆盖物有遮阳网、苇帘、竹帘等 （2）玻璃面涂白:将玻璃面涂成白色可遮光 50% ~ 55%,降低室温 3.5 ~ 5.0 ℃ （3）屋面流水:使屋面安装的管道保持有水流,可遮光 25%	根据当地生产实际灵活选用调控措施,并总结经验

随堂练习

1. 请解释:植物的光能利用率;阳性植物;阴性植物;长日照植物;短日照植物。

2. 简述植物对光的适应。

3. 简述植物光照环境的调控技术。

项 目 小 结

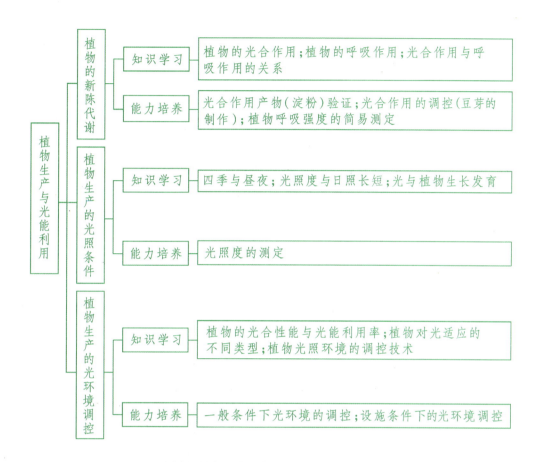

植物生产与光能利用
- 植物的新陈代谢
  - 知识学习：植物的光合作用；植物的呼吸作用；光合作用与呼吸作用的关系
  - 能力培养：光合作用产物（淀粉）验证；光合作用的调控（豆芽的制作）；植物呼吸强度的简易测定
- 植物生产的光照条件
  - 知识学习：四季与昼夜；光照度与日照长短；光与植物生长发育
  - 能力培养：光照度的测定
- 植物生产的光环境调控
  - 知识学习：植物的光合性能与光能利用率；植物对光适应的不同类型；植物光照环境的调控技术
  - 能力培养：一般条件下光环境的调控；设施条件下的光环境调控

项 目 测 试

一、名词解释

光合作用；光合强度；光合生产率；光饱和点；光补偿点；呼吸作用；光能利用率；叶面积系数。

二、单项选择题（请将正确选项填在括号内）

1. 光合作用的产物主要为（　　　）。

A. 蛋白质　　　　　B. 核酸　　　　　C. 脂肪　　　　　D. 糖类

2. 被称为"地球上最重要的化学反应"的是（　　　）。

A. 呼吸作用　　　　B. 光合作用　　　C. 新陈代谢　　　D. 都不是

3. 在光合作用过程中，实现了光能转化为电能的步骤是（　　　）。

A. 原初反应　　　　　　　　　　　　B. 电子传递

C. 碳同化　　　　　　　　　　　　　D. 光合磷酸化作用

4. 植物体内最普遍的呼吸基质为（　　　）。

A. 脂肪　　　　　　　B. 有机酸　　　　　　C. 糖类　　　　　　　D. 蛋白质

5. 糖酵解和三羧酸循环过程中共生成(　　　)个 ATP。

A. 32　　　　　　　　B. 30　　　　　　　　C. 38　　　　　　　　D. 8

6. 在(　　　)光合作用能正常进行。

A. 0~5 ℃　　　　　　B. 5~10 ℃　　　　　C. 10~35 ℃　　　　　D. 35 ℃以上

7. 大多数植物呼吸作用的最适温度为(　　　)。

A. 15~20 ℃　　　　　B. 20~25 ℃　　　　　C. 25~35 ℃　　　　　D. 35~45 ℃

8. 光合作用过程中,叶绿体内能量变化的顺序是(　　　)。

A. 光能→电能→稳定的化学能→活跃的化学能

B. 光能→活跃的化学能→电能→稳定的化学能

C. 光能→电能→活跃的化学能→稳定的化学能

D. 光能→稳定的化学能→电能→活跃的化学能

9. 能进行光合作用的细胞器是(　　　)。

A. 质体　　　　　　　B. 有色体　　　　　　C. 叶绿体　　　　　　D. 线粒体

10. 糖酵解和三羧酸循环发生的部位分别是(　　　)。

A. 细胞质　细胞质　　　　　　　　　　　　B. 细胞质　线粒体

C. 线粒体　线粒体　　　　　　　　　　　　D. 线粒体　细胞质

11. 多汁果实和蔬菜贮藏期间相对湿度保持在(　　　),有利于推迟呼吸高峰的出现。

A. 20%~30%　　　　　B. 50%~60%　　　　　C. 70%~80%　　　　　D. 80%~90%

12. 有氧呼吸和无氧呼吸的共同阶段是(　　　)。

A. 碳同化　　　　　　B. 原初反应　　　　　C. 糖酵解　　　　　　D. 三羧酸循环

13. 地面实际接收的太阳辐射能量只有大气上界的(　　　)。

A. 50%　　　　　　　B. 43%　　　　　　　C. 7%　　　　　　　　D. 27%

14. 太阳直射赤道在(　　　)。

A. 6 月 22 日和 3 月 21 日　　　　　　　　B. 9 月 23 日和 12 月 2 日

C. 9 月 23 日和 3 月 21 日　　　　　　　　D. 6 月 22 日和 12 月 2 日

15. 光促进了叶片的生长的影响主要是加剧细胞的(　　　)。

A. 分裂　　　　　　　B. 伸长　　　　　　　C. 分裂和伸长　　　　D. 衰老

16. 在一定范围内,叶面积系数越大,产量越高,但超过一定范围,产量反而降低,据研究,各种植物的最大叶面积系数一般不超过(　　　)。

A. 3　　　　　　　　　B. 4　　　　　　　　C. 5　　　　　　　　　D. 7

17. 理论上,植物的光能利用率能达到(　　　)。

A. 0.5%~1%　　　　　B. 3%　　　　　　　　C. 4%~5%　　　　　　D. 7%~8%

18. 下列属中性植物的是(　　)。

A. 桂花、白菜、萝卜　　　　　　　　　B. 梅花、菊花、鸡冠花

C. 秋海棠、兰科、蕨类　　　　　　　　D. 都不是

19. 与光能利用率关系不大的措施是(　　)。

A. 管理者身份　　　B. 合理密植　　　C. 间套复种　　　D. 整枝、修剪

20. 铺设反光膜在果实成熟前(　　)。

A. 15~20 d　　　B. 30~40 d　　　C. 50~60 d　　　D. 100~130 d

三、判断题(正确的在题后括号内打"√",错误的打"×")

1. 呼吸作用放出的能量,都用于形成 ATP,供生命需要。(　　)

2. 植物的根、叶发生萎蔫时,呼吸反而加强。(　　)

3. 二氧化碳是光合作用的主要原料,增加二氧化碳对多数植物都有增产效果。(　　)

4. 呼吸作用是有机物降解作用,光合作用是有机物合成作用。(　　)

5. 光反应必须在有光条件下才能进行,暗反应必须在黑暗中进行。(　　)

6. 所有生活细胞都会进行呼吸作用,绿色细胞可以进行光合作用。(　　)

7. 曙暮光持续时间的长短以夏季最长,且高纬度要长于低纬度。(　　)

8. 红光和绿光的连续照射能促进黄瓜种子的萌发。(　　)

9. 昙花白天遮去阳光,夜晚照射灯光,则能改变其夜间开花的习性,使之在白天盛开,并可延长开花时间。(　　)

10. 绝大多数的落叶果树均属于阳性植物,秋海棠、兰科、蕨类均属于中性植物。(　　)

四、问答题

1. 什么是光合作用? 它的生理意义是什么?

2. 什么是呼吸作用? 它有何生理意义?

3. 试述呼吸作用与光合作用的区别与联系。

4. 植物光能利用率不高的原因是什么?

5. 农业生长中应如何提高光能利用率及产量?

五、解释下列现象或措施的生理原因

1. 种子收获后长期堆放会发热并产生酒味。

2. 新鲜果品贮藏要保持低温和一定湿度。

项目链接

光配方：植物的"芯光大道"

太阳光为万物共享，不会偏爱任何一种植物，只有植物去适应它。然而，人工光的出现，尤其是 LED 的诞生，让我们可以精准设计、量身定制植物的光配方，从而在植物工厂里，利用人工光配方，可以不依靠太阳光来获取光源了。

LED 芯片具有单色性好、光谱较窄、光束集中稳定等特点，波长类型丰富的芯片发出的"芯光"可以覆盖 380~780 nm 的波长范围，是实现植物人工光环境的不二之选。那么，LED 技术在植物工厂中是如何应用的呢？这就需要科研人员在充分了解不同植物、同一植物的不同生长阶段对光需求的基础上，运用 LED"芯光"技术，对红、橙、黄、绿、青、蓝、紫等不同颜色的光进行不同比例和强度的组合，既能满足植物光合作用的能量需求，又适合其生长发育的精确控制，同时在生产中节约能源和成本，从而定制出最合适的光配方（图 5-8）。

图 5-8   LED 芯片的应用

合适的光配方不仅能够保证植物光合作用的高效进行，同时也能像调味品一样，调控植物的生长，让蔬菜更美味营养、鲜花更鲜艳、果实更香甜并更富营养。

实际应用中，我们首先要探究植物之间的差异性。不同植物类型或者收获的植物器官不同，如白菜和罗勒的叶、番茄和蓝莓的果、石竹和角堇的花、霍山石斛的茎干、党参和人参的块茎、小麦和玉米的种子，甚至全株都是宝的金线莲，对光配方的要求也存在很大的差异。通过光配方的实施，可以精准调控植物或这些目标器官的产量和品质，提高植物的经济效益。有一种叫"优雅"的生菜,在其生长的光环境中,如果绿光太多,生长会变慢,但是绿光太少,蔬菜下层的叶片容易发黄,这是因为绿光较强的穿透特性让下层叶片也接触到光照并保持了光合活性;远红光也有很高的透过率,适量的远红光可以增加叶菜的产量,但远红光易使叶菜、茄果类蔬菜的种苗产生徒长现象,影响后期的产量;对于石竹、角堇和黄瓜来说,增加远红光有利于提早开花或果实膨大、着色,以便提前上市。

通过精准的光配方,植物还可以作为生物反应器,生产我们所需的目标化合物。例如,增加一些蓝紫光,可促进紫色或红色蔬菜中花青苷的积累,使蔬菜更加艳丽多彩,并有抗氧化功效;而对于金线莲和石斛等药用植物,可控的光质和配比更有利于多糖、生物碱等次生代谢物质或者一些蛋白的积累,使植物工厂生产保健原料和医用蛋白或中间体成为可能。

未来,专用的光配方将广泛应用于科学研究、现代农业和特殊领域的植物生产。高效的光配方不仅能给植物带来更好的生长环境,产生的经济效益和社会效益更让人耳目一新。"芯光"与"植物"的故事才刚刚开始,作为植物工厂产业化最关键的技术之一,寻找植物最佳光配方任重而道远。

(引自李阳,林荣呈.光配方:植物的"芯光大道".生命世界,2019 年第 10 期)

考 证 提 示

获得农业技术员、农作物植保员等中级资格证书,需具备以下知识和能力:

◆ 知识点:光合作用、呼吸作用及两者关系;光对植物生长的影响;植物对光的适应。

◆ 技能点:光合作用的调控;呼吸强度的简易测定;光照度的测定;植物生长光照环境的调控。

项目 **6**

植物生产与温度调控

项目导入

经过一段时间的学习,多数同学对专业产生了浓厚兴趣。周五下午,老师给同学们提出了课外实践课题——调查家乡栽培植物的播种季和开花季。

周一汇报课上,积极的倩倩同学首先起立:"麦子、油菜、豌豆都是秋天播种,冬天也很耐冻,待到春天就开花了;玉米、大豆、谷子、棉花都是春天播种,再晚点也能种,只要不是太晚……"

"我家的花生和糯玉米每年都盖地膜,种得早,卖得也早;我叔叔家的草莓种在大棚里,熟得早,价钱高……"国强同学一脸自豪。

"黄瓜、豆角、西红柿春天种,夏天就结果了……"腼腆的孙杨也开了口。

"我家承包了两个温室,冬天也能吃到黄瓜和苦瓜……爸爸说准备种樱桃。"佳佳晒出了她家的种植计划。

…………

"孩子们! 你们的调查和记录都很仔细。植物的播种、开花、收获时间实际上都要考虑一个问题,那就是温度是否适宜;大棚、温室的设置都是为了解决温度不够的问题。"老师引导大家寻找丰收背后的高产优质因素。

通过本项目的学习,我们将掌握植物生产的温度条件,并能进行植物温度环境的调控。同时培养具体问题具体分析的能力,提高动手能力和合作意识。

本项目将要学习 2 个任务:(1) 植物生产的温度条件;(2) 植物生产的温度调控。

任务 6.1　植物生产的温度条件

任务目标

知识目标:1. 了解土壤热性质。

2. 熟悉土壤温度、空气温度的变化规律。

3. 熟悉植物生长的三基点温度、农业界限温度、积温等温度指标。

能力目标：1. 能正确进行土壤温度的测定。

2. 能正确进行气温的测定。

 知识学习

一、土壤热性质

土壤温度的高低，主要取决于单位时间内土壤接受热量和损失热量的差值，同时受土壤热性质影响，土壤热性质包括土壤热容量、导热率和导温率三个方面。

1. 土壤热容量

土壤热容量是指单位质量或容积的土壤，温度每升高 1 ℃ 或降低 1 ℃ 时所吸收或释放的热量。

不同土壤成分的热容量相差很大（表 6-1）。热容量大，则土温变化慢；热容量小，则土温易随环境温度的变化而变化。

表 6-1　不同土壤成分的热容量

土壤成分	土壤空气	土壤水分	沙粒和黏粒	土壤有机质
质量热容量/[J/(g·℃)]	1.004 8	4.186 8	0.75~0.96	2.01
容积热容量/[J/(cm³·℃)]	0.001 3	4.186 8	2.05~2.43	2.51

2. 土壤导热率

土壤导热率指土层厚度 1 cm，两端温度相差 1 ℃ 时，单位时间内通过单位面积土壤断面的热量。不同土壤成分的导热率相差很大（表 6-2）。土壤导热率越高，土壤温度变化越迅速。

表 6-2　不同土壤成分的导热率

土壤成分	导热率/[J/(cm²·s·℃)]
土壤空气	0.000 21~0.000 25
土壤水分	0.005 4~0.005 9
矿质土粒	0.016 7~0.020 9
土壤有机质	0.008 4~0.012 6

3. 土壤导温率

土壤导温率是指单位体积的土壤，通过热传导获得一定热量时，所能引起的温度变化量。

其与土壤导热率成正比。

二、土壤温度

温度日、年变化的特征常用"较差"和"极值"出现时刻来描述。"较差"即最高温度和最低温度之差,"极值"出现时刻是指最高温度和最低温度出现的时刻。

1. 土壤温度的日变化

在正常条件下,一日内土壤表面最高温度出现在 13 时左右,最低温度出现在日出之前。

土壤温度一日之中最高温度与最低温度之差称为**日较差**。一般土表白天接受太阳辐射增热,夜间冷却,因而引起温度的昼夜变化。土壤温度受太阳照射、土壤热性质、土壤颜色、地形、天气等因素影响。

2. 土壤温度的年变化

在北半球中、高纬度地区,土壤表面温度年变化的特点是:最高温度在 7 月份或 8 月份,最低温度在 1 月份或 2 月份。

土壤温度的年变化主要取决于太阳辐射的年变化、土壤的自然覆盖、土壤热性质、地形、天气等。凡是有利于表层土壤增温和冷却的因素,如土壤干燥、无植被、无积雪,都能使最低温度与最高温度出现的月份提早或推迟。

3. 土壤温度的垂直变化

由于土壤中各层热量昼夜不断地进行交换,使得一日中土壤温度的垂直分布有一定的特点。一般土壤温度垂直变化分为 4 种类型,即辐射型(放热型或夜型)、日射型(受热型或昼型)、清晨转变型和傍晚转变型。

如图 6-1 所示,辐射型以 1 时为代表,土壤温度随深度增加而升高,热量由下向上输导。日射型以 13 时为代表,土壤温度随深度增加而降低,热量从上向下输导。清晨转变型以 9 时为代表,此时 5 cm 深度以上是日射型,5 cm 以下是辐射型。傍晚转变型以 19 时为代表,即上层为放热型,下层为受热型。

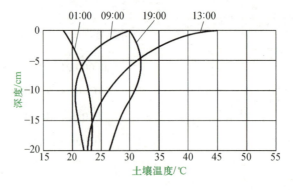

图 6-1　一日中土层垂直温度的变化

一年中土壤温度的垂直变化可分为放热型（冬季，相当于辐射型）、受热型（夏季，相当于日射型）和过渡型（春季和秋季，相当于上午转变型和傍晚转变型。）

4. 影响土壤温度变化的因素

影响土壤温度变化的主要因素是太阳辐射，除此之外，土壤湿度等因素也影响着土壤温度变化。

（1）土壤湿度。土壤湿度一方面改变土壤的热容量和导热率，另一方面影响地面辐射收支和热量收支。因此，潮湿土壤与干燥土壤相比，地面土壤温度的日变化和年变化较小，最高、最低温度出现时间较迟。

（2）土壤颜色。土壤颜色可改变地面辐射差值，故深色土壤白天温度高，日较差大；浅色土壤白天温度较低，日较差较小。

（3）土壤质地。土壤温度的变化幅度以砂土最大，壤土次之，黏土最小。

（4）覆盖。植被、积雪或其他地面覆盖物，可截留一部分太阳辐射能，土温不易升高；还可防止土壤热量散失，起保温作用。

（5）地形和天气条件。坡向、坡度等地形因素及阴、晴、干、湿、风力大小等天气条件，可使到达地面的太阳辐射量发生改变，或者影响地面热量吸收，从而影响土壤温度变化。

（6）纬度和海拔高度。土壤温度随着纬度增加、海拔增高而逐渐降低。

三、空气温度

植物生长发育不仅需要提供适宜的土壤温度，也需要适宜的空气温度给予保证。空气温度简称气温，**气温**一般是指距地面 1.5 m 高的空气温度。

1. 气温的非周期性变化

气温除具有与土壤温度相似的周期性日、年变化规律外，还会产生非周期性变化。气温非周期性变化对植物生产危害较大，如冬末春初出现的"倒春寒"天气，夏末秋初出现的"秋老虎"天气，便是气温非周期性变化的结果。气温非周期性变化能够加强或减弱原有的气温日、年变化的周期性规律。

2. 气温的垂直变化

在一定条件下，气温随高度的增加而增加的现象称为逆温，出现逆温的气层称为逆温层。

（1）辐射逆温。是指夜间由地面、雪面或冰面、云层顶等辐射冷却形成的逆温。辐射逆温通常在日落以前开始出现，半夜以后形成，夜间加强，黎明前强度最大。日出以后地面及其邻近空气增温后，逆温便自下而上逐渐消失。辐射逆温在大陆常年都可出现，中纬度地区秋、冬季节尤为常见，涉及高度可达 200～300 m。

（2）平流逆温。是指当暖空气平流到冷的下垫面时，使下层空气冷却而形成的逆温。冬季从海洋上来的暖气团流到冷却的大陆上，或秋季空气由低纬度流向高纬度时，容易产生平流逆温。平流逆温在一天中任何时间都可出现。白天因太阳辐射,逆温不明显,但夜间可由地面有效辐射而使逆温加强。

逆温现象在农业生产上应用很广泛。有霜冻的夜晚往往有逆温层存在,此时燃烧柴草、烟雾剂可起到较好的**防霜**效果;在清晨逆温较强时药剂喷施防治病虫害,可使药剂不致向上挥发,而是均匀地洒落在植株上,有效防治病虫害;**寒冷季节晾晒**农副产品时,常将晾晒的产品置于一定高度(2 m左右),以免近地面温度过低而产生冻害;在果树栽培中,可使**嫁接部位**恰好处于气温较高的范围内,避开低温层,使果树在冻害严重的年份能安全越冬。

四、植物生长的温度指标

1. 植物生命活动的基本温度

通常把植物生长的最低温度、最高温度、最适温度及最高与最低受害或致死温度称为5个基本温度指标。

(1)三基点温度。植物生命活动都有三个基本温度,即最低温度、最适温度和最高温度,称为**三基点温度**。在最适温度范围内,植物生命活动最强,生长发育最快;在最低温度以下或最高温度以上,植物生长发育停止。不同植物的三基点温度是不同的(表6-3)。三基点温度是最基本的温度指标,用途很广。在确定温度的有效性、作物的种植季节和分布区域,计算作物生长发育速度,计算生产潜力等方面都必须考虑三基点温度。

表6-3　几种作物的三基点温度　　　　单位:℃

作物种类	最低温度	最适温度	最高温度
小麦	3~4.5	20~22	30~32
玉米	8~10	30~32	40~44
水稻	10~12	30~32	36~38
棉花	13~14	28	35
油菜	4~5	20~25	30~32

(2)受害、致死温度。植物遇低温而导致的受害或致死称为**冷害**和**冻害**,此时的温度为最低受害、致死温度。植物因温度过高而造成的危害称为**热害**,此时的温度为最高受害、致死温度。对植物进行抗逆锻炼(如炼苗)是防止高、低温危害的重要方法。

2. 农业界限温度

对农业生产有指标或临界意义的温度称为农业指标温度或界限温度。

(1)常见的农业界限温度。重要的农业界限温度有0 ℃、5 ℃、10 ℃、15 ℃、20 ℃(表6-4)。

表 6-4　重要的农业界限温度的含义

界限温度	含义
0 ℃	土壤冻结或解冻,农事活动终止或开始,越冬植物停止生长;早春土壤开始解冻,早春植物开始播种。从早春日平均气温通过 0 ℃ 为农耕期,到初冬通过 0 ℃ 低于 0 ℃ 的时期为农闲期
5 ℃	春季通过 5 ℃ 的初日,华北的冻土基本化冻,喜凉植物开始生长。多数树木开始生长。深秋通过 5 ℃ 时越冬植物进行抗寒锻炼,土壤开始日消夜冻,多数树木落叶。5 ℃ 以上持续的日数称生长期或生长季
10 ℃	春季喜温植物开始播种,喜凉植物开始迅速生长。秋季喜温谷物基本停止灌浆,其他喜温植物也停止生长。大于 10 ℃ 期间为喜温植物生长期,与无霜期大体吻合
15 ℃	春季通过 15 ℃ 初日,适宜喜温作物生长,是水稻适宜移栽期和棉花开始生长期。秋季通过 15 ℃ 为冬小麦适宜播种期的下限。大于 15 ℃ 期间为喜温植物的活跃生长期
20 ℃	春季通过 20 ℃ 初日,是水稻安全抽穗、开花的指标,也是热带作物橡胶正常生长、产胶的界限温度;秋季低于 20 ℃ 对水稻抽穗开花不利,易形成冷害导致空壳。初终日之间为热带植物的生长期

（2）农业界限温度的用途。**一是**分析与对比年代间与地区间稳定通过某界限温度日期的早晚,以比较其回暖、变冷对作物的影响。**二是**分析与对比年代间与地区间稳定通过相邻界限温度日期的间隔日数,用来比较升温与降温的快慢对作物的危害。**三是**分析与对比年代间与地区间春季到秋季稳定通过某界限温度日期之间的持续日数,可作为判断生长季长短的指标之一。

3. 积温

植物生长发育不仅要有一定的温度,而且通过各生育期或全生育期间需要一定的积累温度。一定时期的积累温度,即温度总和,称为**积温**。

（1）积温类型。常见的积温有:活动积温、有效积温、负积温、地积温、净效积温和危害积温。应用较多的是活动积温和有效积温。

高于生物学下限温度的日平均温度称为**活动温度**;一段时间内活动温度的总和称为**活动积温**。活动温度与生物学下限温度之差称为**有效温度**;一段时间内有效温度的总和称为**有效积温**。

（2）积温的应用。积温作为一个重要的热量指标,在植物生产中有着广泛的用途,主要体现在:

一是用来分析农业气候热量资源。通过分析某地的积温大小、季节分配及保证率,可以判断该地区热量资源状况,作为规划种植制度和发展优质、高产、高效作物的重要依据。

　　二是作为植物引种的科学依据。依据植物品种所需的积温,对照当地可提供的热量条件,进行引种或推广,可避免盲目性。

　　三是为农业气象预报服务。可作为物候期、收获期、病虫害发生期等预报的重要依据,也可根据杂交育种、制种工作中父母本花期相遇的要求,或农产品上市、交货期的要求,利用积温来推算适宜的播种期。

　　四是作为农业气候专题分析与区划的重要依据之一。为确定某作物在某地种植能否正常成熟,确定各地种植制度(如复种指数、前后茬作物的搭配)提供依据。

能力培养

一、土壤温度的测定

　　(1)训练准备。根据班级人数,按 2 人一组,分为若干组,每组准备以下材料和用具:地面温度表、地面最高温度表、地面最低温度表、曲管地温表、计时表、铁锹、记录纸和笔。并熟悉测温仪器:一套地温表包含 1 支地面温度表、1 支地面最高温度表、1 支地面最低温度表和 4 支不同的曲管地温表。

　　(2)操作规程。选取当地以种植作物为主的田块,准备测定地温的工具和仪器,完成如表 6-5 的操作。

表 6-5　土壤温度的测定

操作环节	操作规程	操作要求
熟悉各种温度表及安装	(1)地面温度表:是一套管式玻璃水银温度表,温度刻度范围较大,为-20~80 ℃,每摄氏度间有一短格,表示半摄氏度;在观测前 30 min,将温度表感应部分和表身的一半水平埋入土中;另一半露出地面,以便观测 (2)地面最高温度表:是一套管式玻璃水银温度表,外形和刻度与地面温度表相似;它的构造特点是在水银球内有一玻璃针,深入毛细管,使球部和毛细管之间形成一窄道(图 6-2);其安装方法与地面温度表相同 (3)地面最低温度表:是一套管式酒精温度表;它的构造特点是毛细管较粗,在透明的酒精柱中有一蓝色哑铃形游标(图 6-3);其安装方法与地面温度表相同	(1)地表要疏松、平整、无草,与观测场整个地面相平 (2)3 支地面温度表须水平放在观测地段的中央偏东的地面上,按地面温度表、地面最低温度表和地面最高温度表的顺序自北向南平行排列,球部向东,表间相距 5 cm,球部和表身一半埋入土里,一半露出地面,埋入土中的部分一定要与土壤密贴,露出地面部分保持表身清洁 (3)曲管温度表应安置在观测场内南部地面上,面积为 2 m×4 m

续表

操作环节	操作规程	操作要求
熟悉各种温度表及安装	（4）曲管地温表：共 4 支，是套管式水银温度表，分别用于测定土深 5、10、15、20 cm 的温度；每度间有一短格，表示半度，因球部与表身弯曲成 135°夹角，玻璃套管下部用石棉和灰填充，以防止套管内空气对流；安装前先挖一条与东西方向成 30°角、宽 25～40 cm、长 40 cm 的直角三角形沟，北壁垂直，东西壁向斜边倾斜，在斜边上垂直量出要测地温的深度，即可安装曲管温度表，安装时，从东至西依次安好土深 5、10、15、20 cm 曲管地温表，呈直线放置，相距 10 cm（图 6-4）	（4）曲管温度表的安置按 5、10、15、20 cm 顺序排列，表间相隔 10 cm。5 cm 曲管温度表距三支地面温度表 20 cm。安置时，感应部分向北，表身与地面成 45°角
地温的观测	（1）观测时间和顺序：按照先地面后地中，由浅而深的顺序进行观测，其中 0、5、10、15、20、40 cm 地温表于每天北京时间 2 时、8 时、14 时、20 时进行 4 次或 8 时、14 时、20 时 3 次观测；最高、最低温度表只在 8 时、20 时各观测 1 次，夏季最低温度可在 8 时观测 （2）读数和记录：先读小数，后读整数，并应复读，以免发生误读 （3）地面最低和最高温度表在每次读数后必须进行调整 （4）最高温度表调整方法：用手握住表身中部，球部向下，手臂向外伸出约 30°角，用大臂将表前后甩动，使毛细管内的水银落到球部，使示度接近于当时的干球温度；调整时动作应迅速，调整后放回原处时，先放球部，后放表身 （5）最低温度表调整方法：将球部抬高，表身倾斜，使游标滑动到酒精的顶端为止，放回时应先放表身，后放球部，以免游标滑向球部一端	（1）注意地温的观测顺序为：地面温度→最低温度→最高温度→曲管地温 （2）观测地温表时应俯视读数，不应把地温表取离地面，各种温度表读数时，要迅速、准确，避免视觉误差，视线须和水银柱顶端齐平；观测最低温度时，视线应平直对准游标，远离球部的一端；观测酒精柱顶时，视线应与酒精柱的凹液面最低处齐平 （3）读数精确到小数点后一位，小数位数是"0"时，不得将"0"省略，若计数在零下，数值前应加上"-"号 （4）最高温度表和最低温度表的调整和放置应注意顺序
仪器和观测地段的维护	（1）各种地温表及其观测地段应经常检查，保持干净和完好状态，发现异常应立即纠正 （2）在可能降雹之前，为防止损坏地面和曲管温度表，应罩上防雹网罩，雹停以后立即去掉	当冬季地面温度降至-36.0 ℃以下时，停止观测地面和最高温度表，并将温度表取回

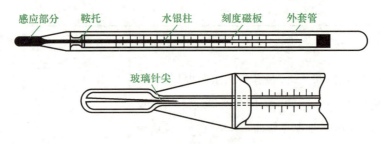

图 6-2　地面最高温度表

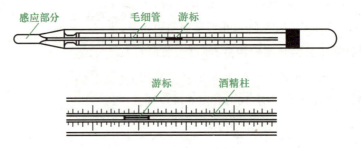

图 6-3　地面最低温度表

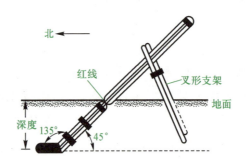

图 6-4　曲管地温表安装示意图

（3）问题处理。训练结束后，完成以下问题：

① 依照顺序读取温度表读数（保留小数点后 1 位数字），并记入表 6-6。

表 6-6　土壤温度测定记录表

测量	地面温度/℃			浅层地温/℃			
项目	0 cm	最低	最高	5 cm	10 cm	15 cm	20 cm
读数							

② 根据观测资料，画出定时观测的地温和时间的变化图，以了解土壤温度的变化情况，并求出日平均地温：

$$日平均地温 = （2 时地温 + 8 时地温 + 14 时地温 + 20 时地温）÷ 4$$

一日测三次时，可用下式求算出，再求日平均地温：

$$2 时的温度 = （前一日 20 时的地温 + 当日 8 时的地温）÷ 2$$

二、空气温度的测定

（1）训练准备。根据班级人数，按 2 人一组，分为若干组，每组准备以下材料和用具：干湿球温度表、最高温度表、最低温度表、温度计、百叶箱。气温的观测包括定时气温、日最高温度、日最低温度及用温度计作气温的连续记录。

（2）操作规程。选取当地以种植作物为主的田块，准备测定气温的工具和仪器，完成如表 6-7 的操作。

表 6-7　气温的测定

操作环节	操作规程	操作要求
仪器的安置	（1）在小型百叶箱的底板中心，安装一个温度表支架，干球温度表和湿球温度表垂直悬挂在支架两侧，球部向下，干球在东，湿球在西，感应球部距地面 1.5 m 左右，如图 6-5 所示 （2）在湿度表支架的下端有两对弧形钩，分别放置最高温度表和最低温度表，感应部分向东	（1）湿球下部的下侧方是一个带盖的水杯，杯口离湿球约 3 cm，湿球纱布穿过水杯盖上的狭缝浸入杯内的蒸馏水中 （2）要注意干、湿球的位置，干球在东，湿球在西 （3）要注意最高、最低温度计的感应部分应向东
气温的观测	按干球、湿球、最高、最低温度表、自记温度计、自记湿度计的顺序，在每天 2、8、14、20 时进行四次干、湿球温度的观测，在每天 20 时观测最高温度和最低温度各一次	读数记录的要点和要求同土壤温度观测
最高和最低温度表调整	最高、最低温度表的调整方法与地温观测相同	调整的要求同土壤温度观测
仪器的维护	应经常检查各种气温表，保持其干净和完好状态，发现异常应立即纠正	要求同土壤温度观测

图 6-5　小型百叶箱内仪器的安置

（3）问题处理。训练结束后,完成以下问题:

① 先分组练习,再选代表上台观测,并将测量结果(保留小数点后一位数字)记入表6-8。

表6-8　气温测定记录表　　　　　　　　　　　　　　　　　　　　单位:℃

项目	干球温度	最高温度	最低温度
读数			

② 根据观测资料,画出定时观测空气温度和时间变化图。从图中可以了解空气温度的变化情况和求出日平均气温值。其计算方法同地温测定。

随堂练习

1. 请解释:土壤热容量;土壤导热率;气温日较差;土温年较差;积温;逆温。
2. 土壤热性质通常怎样表示? 当地土壤热性质是如何变化的?
3. 通过查阅当地气象站有关资料,描述当地土壤温度和空气温度的变化规律。
4. 植物生长的温度指标有哪些?
5. 试描述农业界限温度的生产意义。
6. 积温的类型有哪些? 生产上有何应用?

任务 6.2　植物生产的温度调控

任务目标

知识目标:1. 理解土壤温度对植物生长的影响。
　　　　　2. 理解气温对植物生长的影响。
　　　　　3. 了解植物的感温性和植物的温周期现象。
能力目标:1. 能进行一般条件下温度的科学调控。
　　　　　2. 能进行设施环境中温度的科学调控。

知识学习

一、温度与植物生长发育

1. 植物的周期性变温

植物生长环境中的温度是不断变化的,大多数有规律可循,有的无规律。植物会对其所生长的环境温度变化产生一定的适应性或抗性。

（1）植物的感温性。植物的感温性是指植物长期适应环境温度的规律性变化,其生长发育对温度形成感应的特性。不同植物在不同发育阶段,对温度的要求不同,大多数植物生长发育过程中需要一定的较高温度。在一定的温度范围内,随温度升高,生长发育速度加快。有些植物或品种在较高温度的刺激下发育加快,即感温性较强。如水稻的感温性,晚稻强于中稻,中稻强于早稻。

春化作用是植物感温性的另一表现。根据其对低温范围和时间的要求不同,可将其分为冬性、半冬性和春性三种类型（参见任务 1.1）。

（2）植物的温周期现象。植物的温周期现象是指在自然条件下气温呈周期性变化,许多植物适应温度的这种节律性变化,并通过遗传成为其生物学特性的现象。植物温周期现象主要是指日温周期现象。如热带植物适应于昼夜温度均高、变幅小的日温周期,而温带植物则适应于昼温较高,夜温较低,变幅大的日温周期。

2. 土壤温度与植物生长发育

土壤温度（土温）对植物生长发育的影响主要表现在：

（1）对植物水分吸收的影响。在一定温度范围,土壤温度升高可促进根系吸水量增加。

（2）对植物养分吸收的影响。对植株在 30 ℃和 10 ℃下分别进行 48 h 短期处理,比较结果,可知低温减少了植物对多数养分的吸收。如低温影响水稻对矿物质吸收的顺序是磷、氮、硫、钾、镁、钙,但长期冷水灌溉降低土温 3~5 ℃,则影响顺序为镁、锰、钙、氮、磷。

（3）对植物块茎块根形成的影响。马铃薯苗期如果土温高,虽生长旺盛,但并不增产,中期如土壤温度高于 29 ℃则不能形成块茎,15.6~22.9 ℃最适于块茎形成。土温低,则块茎个数多而小。

（4）对植物生长发育的影响。土温对植物整个生育期都有一定影响,而且前期影响大于气温。如种子发芽对土壤温度有一定要求,小麦、油菜种子发芽所要求的最低温度为 3~5 ℃,玉米、大豆为 8~10 ℃,水稻则为 10~12 ℃。土温变化还直接影响植物的营养生长和生殖生长,间接影响微生物活性、土壤有机质转化等,最终影响植物的生长发育和产量形成。

（5）影响昆虫的发生、发展。土温对昆虫,特别是地下害虫的发生发展有很大影响。如金针虫,当 10 cm 土温达到 6 ℃左右时开始活动,当达到 17 ℃左右时活动旺盛,并危害种子和幼苗。

3. 空气温度变化与植物生长发育

空气温度变化对植物生长发育有着重要的影响。

（1）气温日变化与植物生长发育。气温日变化对植物的生长发育、有机质积累、产量和品质的形成有重要意义。植物生长发育在最适温度范围内随温度升高而加快,超过有效温度范围会对植物产生危害。昼夜变温对植物生长有明显的促进作用,大量实践表明番茄生长与结实在昼夜变温条件下要比恒温下长势好得多。

植物生长发育期间,气温常处于下限温度与最适温度之间,这时日较差大是有利的,白天适当高温有利于增强光合作用,夜间适当低温有利于减小呼吸消耗,如我国西北地区的瓜果含糖量高、品质好,与气温日较差大有密切关系。

温度的日变化影响还与高低温的配合有关。高纬度温差大的地区,在较低温度下,日较差大有利于种子发芽;在较高温度下,日较差小有利于种子发芽。

(2)气温年变化与植物生长发育。气温的年变化对植物生长也有很大影响。高温对喜凉植物生长不利,而喜温植物却需一段相对高温期。如四季如春的云南高原,由于缺少夏季高温,有些水稻品种不能充分成熟,但在年平均气温相近的湖北却生长良好。

气温的非周期性变化对植物生长发育易产生低温灾害和高温热害。

二、植物温度环境的调控技术

1. 一般条件下温度的调控技术

一般条件下温度的调控技术主要是调控土壤温度和空气温度。

(1)土壤温度的调控技术。

一是合理耕作。通过耕翻松土、镇压、垄作等措施,改变土壤水、热状况,适当提高或降低地温,满足植物生长需要。耕翻松土的作用主要有通气散温、调节水气、保肥保墒等。镇压与松土作用相反,可以增温、稳温和提墒。垄作的目的在于增大受光面积、提高土温、排除渍水、松土通气。

二是地面覆盖。农业生产中常用的覆盖方式有:地膜覆盖、秸秆覆盖、有机肥覆盖、草木灰覆盖、地面铺沙等。地面覆盖的目的在于保温增温、抑制杂草、减少蒸发、保墒等。

三是灌溉排水。一般中纬度地区在小雪前后水面"日化夜冻"时对越冬植物进行灌溉,是防止冻害发生的有效措施。水分灌溉对植物生产有重要意义,除了补充植物需水外,还可以改善农田小气候环境。春季灌水可以抗御干旱,防止低温冷害;夏季灌水可以缓解干旱,降温,减轻干热风危害;秋季灌水可以缓解秋旱,防止寒露风的危害;冬季灌水可保持土温,为越冬植物的安全越冬创造条件。水分过多地区,采用排水,可以提高地温。

四是设施增温。设施增温是指在不适宜植物生长的寒冷季节,利用增温或防寒设施,人为地创造适于植物生长发育的气候条件进行生产的一种方式。设施增温的主要方式有:智能化温室、加温温室、日光温室和塑料大棚等。

五是增温剂和降温剂的使用。寒冷季节使用增温剂提高地温,高温季节使用降温剂降低地温。

(2)空气温度的调控技术。生产上在高温季节常常需要降温:

一是采用先进灌溉技术。在植物茎叶生长高温期间,可通过喷灌、滴灌、雾灌等灌溉技术,进行叶面喷洒降温,调节茎叶环境湿度。注意灌水量和时间,并且要注意喷洒均匀。

二是遮阳处理。遮阳处理主要用于花卉、食用菌等的生产。对于需要遮阳的植物,可采取:搭建遮阳网;在荫棚四周搭架种植藤蔓作物,如南瓜、莆瓜,提高遮阳效果;在棚顶安装自动旋转自来水喷头或喷雾管,在每天 10 时至 16 时喷水降温。

2. 设施环境中温度的调控技术

设施环境中温度的调控技术包括地温调控、设施保温、设施降温和设施增温等(表 6-9)。

表 6-9　设施环境中温度的调控技术

调控项目	调控措施
设施环境中的地温调控技术	(1)保温。在设施周围设置防寒沟,一般宽 30 cm、深 50 cm,沟内填充稻壳、蒿草等材料;冬季减少灌水量,进行地面覆盖 (2)加温。加温的方法主要有热风采暖、蒸汽采暖、电热采暖、辐射采暖和火炉采暖等。热风采暖要注意通风,防止缺氧和有害气体积累
设施环境中的保温技术	(1)减少放热和通风换气量。近年来主要采用外盖膜、内铺膜、起垄种植再加盖草席、草毡子、纸被或棉被,以及建挡风墙等方法来保温。在选用覆盖物时,要注意尽量选用导热率低的材料 (2)增强昼夜温度的稳定。适当降低设施的高度,缩小夜间保护设施的散热面积,有利于提高设施内昼夜的气温和地温 (3)增加地表热流量。通过增大保护设施的透光率、减少土壤蒸发及设置防寒沟等,增加地表热流量
设施环境中的加温技术	加温的方法有生物酿热加温、电热加温、水暖加温、汽暖加温、暖风加温、太阳能储存系统加温等,根据作物种类和设施规模、类型选用
设施环境中的降温技术	当外界气温升高时,为缓和设施内气温的继续升高对植物生长产生不利影响,需采取降温措施: (1)换气降温:打开通风换气口或开启换气扇进行排气降温 (2)遮光降温:夏季光照太强时,可以用旧薄膜或旧薄膜加草帘、遮阳网等遮盖降温 (3)屋面洒水降温:在设备顶部设有有孔管道,水分通过管道小孔喷于屋面,使得室内降温 (4)屋内喷雾降温:一种是由设施侧底部向上喷雾,另一种是由大棚上部向下喷雾,应根据植物的种类来选用

 能力培养

一、土壤温度调控

（1）训练准备。了解当地土壤温度和气温的基本变化规律；查阅当地近五年三基点温度的有关资料。

（2）操作规程。选择当地种植农作物、蔬菜、果树、花卉等土质均匀的地块，将其均匀划分成五个小块，对其中四块分别进行耕翻松土（5~7 cm）、镇压、垄作（5~7 cm）、灌溉（约 10 cm）操作，第五块不做处理，做对比用。在各地块的相同位置分别安置地面三支温度表和 5 cm、10 cm 曲管地温表，分别观测 8 时、14 时、20 时的温度，填入表 6-10。

表 6-10 耕作措施对土壤温度的影响 _____时

耕作措施	温度/℃				
	地面	最高	最低	5 cm	10 cm
耕翻松土					
镇压					
垄作					
灌溉					
不做处理					

（3）问题处理。训练结束后，完成以下问题：

根据表 6-10 数据记录情况，分析四种农作方式对土壤温度有何影响。

二、设施环境中的温度调控

（1）训练准备。了解当地设施基本情况，调查或查阅当地有关设施温度调控技术等基本知识。

（2）操作规程。选一个中型温室，在温室的中部、两侧距地面 10 cm、50 cm、150 cm 处分别安置干球温度表，次日 8 时、14 时、20 时分别测量，填入表 6-11。

表 6-11 温室内不同位置温度观测 单位：℃

时间	左侧			中部			右侧		
	10 cm	50 cm	150 cm	10 cm	50 cm	150 cm	10 cm	50 cm	150 cm
8 时									
14 时									
20 时									

（3）问题处理。训练结束后,完成以下问题:

根据表6-11数据记录情况,分析温室不同位置的空气温度有何变化,对植物生长有何影响。

随堂练习

1. 请解释:植物的感温性;植物温周期现象。
2. 土壤温度对植物生长发育的影响表现在哪些方面?
3. 空气温度对植物生长发育的影响表现在哪些方面?
4. 调控土壤温度的措施有哪些?
5. 生产实际中怎样调控空气温度?

项 目 小 结

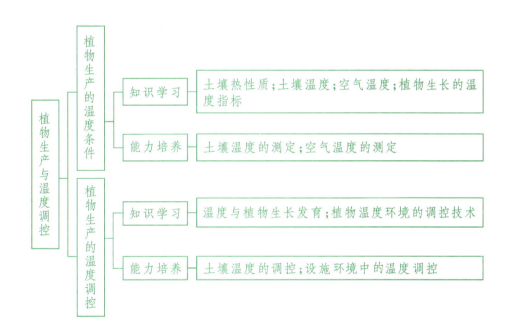

项 目 测 试

一、名词解释:

土壤热容量;气温日较差;气温年较差;农业界限温度;三基点温度;活动温度;有效积温;植物的温周期现象;设施增温。

二、单项选择题(请将正确选项填在括号内)

1. 13 时土壤温度随土层的加深而降低,称为(　　)。

A. 辐射型　　　　　　　B. 日射型　　　　　　　C. 清晨转变型　　　　　D. 傍晚转变型

2. 对农业生产有指标和临界意义的温度称为（　　　）。

A. 最适温度　　　　　　B. 农业界限温度　　　　C. 三基点温度　　　　　D. 有效温度

3. 水稻的感温性顺序为（　　　）。

A. 早稻>中稻>晚稻　　　　　　　　　　　　　B. 中稻>晚稻>早稻

C. 晚稻>中稻>早稻　　　　　　　　　　　　　D. 晚稻>早稻>中稻

4. 观测土壤温度时,地面三支温度表由北向南的排列顺序为（　　　）。

A. 最低、最高、地面温度表　　　　　　　　　B. 最高、最低、地面温度表

C. 地面、最低、最高温度表　　　　　　　　　D. 最低、地面、最高温度表

5. 气温一般指距离地面（　　　）cm 处的空气温度。

A. 10　　　　　　　　　B. 50　　　　　　　　　C. 150　　　　　　　　　D. 200

6. 夜间由地面、雪面或冰面、云层顶等辐射冷却形成的逆温称为（　　　）。

A. 平流逆温　　　　　　B. 辐射逆温　　　　　　C. 湍流逆温　　　　　　D. 下沉逆温

7. 一年中土壤表面月平均温度最高值出现在（　　　）。

A. 5 月和 6 月　　　　　B. 7 月和 8 月　　　　　C. 9 月和 10 月　　　　D. 1 月和 2 月

8. （　　　）的构造特点是毛细管较粗,在透明的酒精柱中有一蓝色哑铃形游标。

A. 地面最低温度表　　　　　　　　　　　　　B. 地面最高温度表

C. 地面温度表　　　　　　　　　　　　　　　D. 曲管温度表

9. 下列措施中,不能起到土壤温度调控作用的是（　　　）。

A. 翻耕松土　　　　　　B. 镇压　　　　　　　　C. 灌溉　　　　　　　　D. 修剪枝叶

10. 一年之中日平均气温 0~5 ℃的时期称为（　　　）。

A. 农耕期　　　　　　　　　　　　　　　　　B. 喜凉植物生长期

C. 喜温植物活跃生长期　　　　　　　　　　　D. 热带植物生长期

11. 我国 3 月份出现的"倒春寒"天气,秋季出现的"秋老虎"天气,便是气温（　　　）的结果。

A. 非周期性变化　　　B. 周期性日变化　　　C. 周期性年变化　　　　D. 逆温

12. 在中纬度地区,辐射逆温的厚度可达（　　　）。

A. 50~100 m　　　　　B. 100~150 m　　　　　C. 150~200 m　　　　　D. 200~300 m

13. （　　　）是最基本的温度指标。

A. 最适温度　　　　　　B. 农业界限温度　　　　C. 三基点温度　　　　　D. 有效温度

14. 影响土温变化的主要因素是（　　　）。

A. 太阳辐射　　　　　　B. 土壤湿度　　　　　　C. 土壤质地　　　　　　D. 植被覆盖

15. 马铃薯以地温在（　　　）℃最适于块茎形成。

A. 29　　　　　　　B. 15.6~22.9　　　　　C. 18~28　　　　　　D. 12~15

16. 我国西北地区的瓜果含糖量高、品质好,与(　　　)有密切关系。

A. 气温日较差小　　　B. 气温日较差大　　　C. 空气质量好　　　D. 土地肥沃

17. 温带植物适应(　　　)的日温周期。

A. 昼温较高,夜温较低,振幅大　　　　　　B. 昼温较低,夜温较高,振幅小

C. 昼夜温度高,振幅小　　　　　　　　　　D. 昼夜温度低,振幅小

18. 水稻、玉米生长的最适温度为(　　　)℃。

A. 20~22　　　　　　B. 30~32　　　　　　C. 20~25　　　　　　D. 28

19. 关于积温在植物生产中的应用,下列描述错误的是(　　　)。

A. 用来分析农业气候热量资源　　　　　　B. 作为植物引种的科学依据

C. 为农业气象预报提供服务　　　　　　　D. 为选择合理灌溉时间提供保障

20. 冬季增温设施,操作不当的措施是(　　　)。

A. 周围设置防寒沟　　　　　　　　　　　B. 地面覆盖

C. 覆盖棉被　　　　　　　　　　　　　　D. 提高设施的高度

三、判断题(正确的在题后括号内打"√",错误的打"×")

1. 热容量大,则土温变化慢;热容量小,则土温易随环境温度的变化而变化。　(　　)

2. 正常条件下一日内土壤表面最高温出现在 13 时左右,最低温出现在日出之前。

　　　　　　　　　　　　　　　　　　　　　　　　　　　　　　　　　(　　)

3. 5 ℃以上持续的日数称"生长期"或"生长季",与无霜期大体吻合。　　(　　)

4. 晴天气温日较差大于阴天,沙漠地区气温日变化最大。　　　　　　　　(　　)

5. 果树嫁接时,嫁接部位应避开气温较低的逆温层。　　　　　　　　　　(　　)

6. 白天,平流逆温因太阳辐射逆温不明显,夜间可由地面有效辐射而加强。(　　)

7. 最低温度表调整放回时应先放球部,后放表身,以免游标滑向球部一端。(　　)

8. 土壤温度随着纬度增加、海拔增高而逐渐增加。　　　　　　　　　　　(　　)

9. 土温对植物整个生育期都有一定影响,而且前期影响大于气温。　　　　(　　)

10. 在植物生长发育过程中,随着土壤温度的增加,根系吸水量逐渐减少。　(　　)

四、简答题

1. 土壤温度对生长发育的影响主要表现在哪些方面?

2. 为什么新疆地区的瓜果产量高、品质好?

3. 列举土壤温度调控技术措施并加以说明。

4. 设施环境中保温技术措施有哪些?

五、能力应用

1. 某棉花品种,从播种到出苗的生物学下限温度为 12.0 ℃,所需的有效积温为 40 ℃,播

种后 10 d 的日平均气温分别为 12.8 ℃、11.0 ℃、13.5 ℃、14.0 ℃、14.5 ℃、15.5 ℃、16.0 ℃、17.6 ℃、17.5 ℃、20 ℃，请问播种 10 d 后该棉花是否出苗？为什么？

2. 某气象观测站 3 月 8 日 20 时的气温为 16.4 ℃，3 月 9 日 8 时、14 时、20 时的气温分别为 14.2 ℃、20.5 ℃、17.5 ℃，最低气温为 10.4 ℃，求出 3 月 9 日 2 时的气温和当日的日平均气温。

项目链接

太阳能的农业利用新技术

我国幅员辽阔，纬度适中，太阳能资源十分丰富，平均每年日照时间超过 2 000 h，太阳能辐射年总量大于 5 018 kJ/m² 的地区占全国总面积的 2/3 以上，太阳能利用技术有着广阔的发展前景。

太阳能—热能转换利用技术和太阳能—电能转换利用技术是常见的太阳能利用方式。其中太阳能—热能转换利用技术是太阳能利用技术中效率最高、技术最成熟、经济效益最好的一种，主要包括太阳房、太阳能热水器、阳光温室大棚、太阳灶等。而太阳能—电能转换利用技术主要是太阳能光伏发电技术。

常见的利用太阳能设施、技术有以下几种：

(1) 太阳房。太阳房是一种利用太阳能采暖或降温的房子，用于冬季采暖目的的称为"太阳暖房"，用于夏季降温或制冷目的的称为"太阳冷房"，两者通称"太阳房"。常用的是"太阳暖房"。按目前国际上的惯用名称，太阳房分为主动式和被动式两大类。主动式太阳房的一次性投入大，设备利用率低，维修管理工作量大，而且需要耗费一定量的常规能源。因此，居住建筑和中小型公共建筑目前常用被动式太阳房。被动式太阳房作为节能建筑的一种形式，集隔热、集热、蓄热为一体，具有构造简单、造价低、不需特殊维护管理、节约常规能源和减少空气污染等许多独特的优点，成为节能建筑中具有广泛推广价值的一种建筑形式。

(2) 太阳能热水器(或系统)。太阳能热水器(或系统)是利用太阳的辐射能将冷水加热的一种装置。人们习惯上将太阳能热水系统称为太阳能热水器。目前使用的太阳能热水器绝大部分采用平板集热器或真空管集热器。

(3) 太阳灶。能够把太阳辐射直接转换为热能、供人们从事炊事活动的炉灶称为太阳灶。太阳灶对缓解我国农村生活燃料短缺的状况具有重要意义。目前我国农村普遍使用的太阳灶基本可以分为热箱式太阳灶和聚光式太阳灶。由于聚光式太阳灶具有温度高、热流量大、容易制作、成本低、烹饪时间短、便于使用等特点，能满足人们丰富多样的烹饪习惯，因而得到广泛应用。

（4）**阳光温室大棚**。通常是指利用玻璃、透明塑料或其他透明材料作为盖板（或围护结构）建成的密闭建筑物。温室大棚是一种密闭的建筑物，由此产生"温室效应"，即将温室大棚内气温和地温提高，并通过对温室大棚内温度、湿度、光、热、水分及气体等条件进行人工或自动调节，可满足植物（或禽、畜、鱼、虾等）生长发育所必需的各种生态条件。阳光温室大棚已经成为现代农牧业的重要生产手段，同时也是农村能源综合利用技术中（如北方"四位一体"模式和西北"五配套"模式）的重要技术组成部分。阳光温室大棚一般在东、西、北三面堆砌具有较高热阻的墙体，上面覆盖透明塑料薄膜或平板玻璃，夜间用草帘子覆盖保温，必要时可采取辅助加热措施。在一些地区也有不少仅以塑料薄膜为覆盖材料的轻型太阳能温室，也称塑料大棚。

（5）**太阳能干燥**。利用太阳能干燥设备对物料进行干燥，称为太阳能干燥。其特点是：能充分利用太阳辐射能，提高干燥温度，缩短干燥时间，防止干燥物品被污染，提高产品质量，对于干燥各种农副产品和一些工业产品尤为适宜。目前，国内的太阳能干燥装置大致分为四类：温室型、集热器型、集热器温室型、聚焦型。

（6）**户用光伏发电**。光伏发电是利用太阳电池有效地吸收太阳辐射能，并使之转变为电能的直接发电方式，人们通常说的太阳光发电一般就是指太阳能光伏发电。在我国户用光伏发电系统主要是解决无电地区居民照明、听广播和看电视等的用电问题。户用光伏发电系统可选用商品化定型产品。该产品的光电池可照明 8～20 h，又可看电视，最大供电时间可达 12 h。根据目前无电地区的经济条件和承受能力，考虑到目前太阳光伏发电系统的一次性投入相对较大，用电器的选择应在满足日常所需的情况下，尽可能地减少用电量，以便使整个系统发电和贮电能的成本降到最低。

考证提示

获得农业技术员、农作物植保员等中级资格证书，需具备以下知识和能力：

◆ 知识点：土壤热性质；土壤温度及其变化规律；空气温度及其变化规律；植物生长的主要温度指标；温度对植物生长的影响。

◆ 技能点：土壤温度的测定；空气温度的测定；植物生长温度环境的调控。

項目 **7**

植物生产与农业气象

项目导入

农艺班的崔毅对专业实训特别感兴趣。活动课上,他随学长来到专业实训基地,看学长熟练地观测,记下光照度、温度、湿度、风力等一系列数据。

"学长!你观察和记录得这么仔细,这些数据在生产中有啥意义?"

"先说风吧,是农业生产的主要气象要素之一。风速分为不同等级,风可以促进空气流动,但风力太大会造成落花落果、庄稼倒伏、树木折断……"

"崔毅同学!继续努力,一定能学会农业气象的观测和气象灾害的防御。"

通过本项目的学习,我们将了解植物生产的气象条件,认识气候与农业小气候,并能进行主要气象灾害的有效防控。同时,学会尊重自然、顺应自然、保护自然,牢固树立和践行绿水青山就是金山银山的理念。

本项目将要学习2个任务:(1) 植物生产的气象条件;(2) 气候与农业小气候。

任务 7.1　植物生产的气象条件

任务目标

知识目标：1. 了解影响植物生产的气象要素:气压和风。

2. 了解极端温度灾害、干旱、雨灾、风灾的特点与危害。

能力目标：1. 能进行主要气象要素的资料收集。

2. 熟悉极端温度灾害、干旱、雨灾、风灾等灾害的防御措施。

知识学习

一、主要农业气象要素

气象要素是指描述大气中所发生的各种物理现象和物理过程常用的定性和定量的特征。与农业关系最密切的气象要素主要有气压、风、云、太阳辐射、空气温度、空气湿度、降水等。这里主要讲述气压和风。

1. 气压

气压是指作用在单位面积上的大气压力,即单位面积上所承受的空气柱重,全称大气压强。气压实质上是空气分子运动与地球引力综合作用的结果,气压的大小等于从观测点高度以上到大气上界单位面积上垂直空气柱的重量。气压的国际单位是百帕(hPa)。

（1）气压的变化。气压随高度升高而减小。当温度一定时,地面气压随海拔高度的升高而降低的速度是不等的。在低空随高度增加气压很快降低,而高空的递减较缓慢（表 7-1）。

表 7-1　气压与海拔的关系

海拔/m	0	150	300	550	1 200	1 600	2 000	3 100
气压/hPa	1 000	850	700	500	200	100	50	10

一日中,夜间气压高于白天,上午气压高于下午;一年中,冬季气压高于夏季。当暖空气来临时,会引起气压减小;当冷空气来临时,会使气压增大。

（2）气压的水平分布。通常用等压线或等压面来表示,**等压线**是在海拔高度相同的平面上,气压相等的各点的连线;**等压面**是指空间气压相等的各点组成的面。气压分布形式有低压、高压、低压槽、高压脊和鞍形场五种。低压由一系列闭合等压线构成,中心气压低,四周气压高,等压面的形状类似于凹陷的盆地。高压由一系列闭合等压线构成,中心气压高,四周气压低,等压面形状类似凸起的山丘。低压槽,是指从低压向外伸出的狭长区域,或一组未闭合的等压线向气压较高的一方突出的部分。槽线中的气压低于两侧,在空间形如山谷。高压脊,是指从高压向外伸出的狭长区域,或一组未闭合的等压线向气压较低的一方突出的部分。脊中气压高于两侧,在空间形如山脊。鞍形场,是指由两个高压和两个低压交错相对而形成的中间区域,其空间分布形如马鞍。

2. 风

空气时刻处于运动状态,空气在水平方向上的运动称为**风**,常用风向和风速表示。**风向**是指风的来向;**风速**是指单位时间内空气水平移动的距离,风速的国际单位为 m/s。

（1）风力等级。气象预报中常用风力等级来表示风速的大小。通常用 13 个等级表示,如表 7-2 所示。

表 7-2　风力等级表

等级	名称	海面和渔船征象	陆上地面物征象	相当风速/(m/s)	
				范围	中数
0	无风	静	静,烟直上	0~0.2	0.1
1	软风	有微波,寻常渔船略觉摇动	烟能表示风向,树叶略有摇动	0.3~1.5	0.9
2	轻风	有小波纹,渔船摇动	人面感觉有风,树叶有微响,旌旗开始飘动	1.6~3.3	2.5
3	微风	有小波,渔船渐觉簸动	树叶及小枝摇动不息,旌旗展开	3.4~5.4	4.4
4	和风	浪顶有些白色泡沫,渔船满帆时,可使船身倾于一侧	能吹起地面灰尘和纸张,树枝摇动	5.5~7.9	6.7
5	清风	浪顶白色泡沫较多,渔船缩帆	有叶的小树摇摆,内陆水面有小波纹	8.0~10.7	9.4
6	强风	白色泡沫开始被风吹离浪顶,渔船加倍缩帆	大树枝摇动,电线呼呼有声,撑伞困难	10.8~13.8	12.3
7	劲风	白色泡沫离开浪顶被吹成条纹状,渔船停泊港中,在海面下锚	全树摇动,大树枝弯下来,迎风步行感觉不便	13.9~17.1	15.5
8	大风	白色泡沫被吹成明显的条纹状,进港的渔船停留不出	可折毁小树枝,人迎风前行感觉阻力甚大	17.2~20.7	19.0
9	烈风	被风吹起的浪花使水平能见度减小,机帆船航行困难	烟囱及瓦屋屋顶受损,大树枝可折断	20.8~24.4	22.6
10	狂风	被风吹起的浪花使水平能见度明显减小,机帆船航行颇危险	陆地少见,树木可被吹倒,一般建筑物遭破坏	24.5~28.4	26.5
11	暴风	吹起的浪花使水平能见度显著减小,机帆船遇之极危险	陆上很少,大树可被吹倒,一般建筑物遭严重破坏	28.5~32.6	30.6
12	飓风	海浪滔天	陆上绝少,其摧毁力极大	>32.6	>30.6

（2）风的类型。风的类型主要有季风和地方性风。

季风是指以一年为周期,随季节的改变而改变风向的风。通常指的是冬季风和夏季风。冬季大陆气温低于海洋气温,温度下降使气压升高,风从大陆吹向海洋;夏季则相反,风从海洋吹向大陆。我国的季风很明显,夏季吹东南风或西南风;冬季吹偏北风,北方多数为西北风,南方多数为东北风。

地方性风是由于局部地区空气受热不均,产生气压的差异而形成小规模的风。**地方性风常见的有三种:海陆风、山谷风和焚风。**

海陆风是指海岸地区由于海陆受热不同而形成的、以一天为周期随昼夜交替而改变风向的风。白天大陆气温高于海洋,大陆受热,空气上升,地面形成低压;海上温度低,海面形成高压,因此吹海风;夜间则相反,吹陆风。如图 7-1 所示。

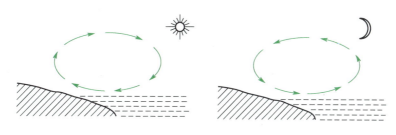

图 7-1 海陆风

山谷风是指山区、山坡和周围空气受热不同而形成的、以一天为周期随昼夜交替而改变风向的风。白天的山坡上空气增热比周围空气快,山坡上空气膨胀,周围空气下沉,形成谷风;夜间则相反,形成山风。如图 7-2 所示。

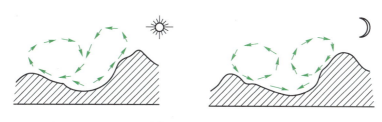

图 7-2 山谷风

焚风是指由于空气下沉,使空气温度升高、湿度下降而形成的又干又热的风。如图 7-3 所示。强大的焚风易引起植物的高温害或干旱害,但初春的焚风可促使积雪融化,有利于蓄水,夏末可加速谷物和果实成熟。

(3) 风与农业生产。风与农业生产有着密切关系,主要表现在:

一是风对植物光合作用的影响。风可使作物冠层附近的 CO_2 浓度保持在接近正常的水平上;风还可以引起茎叶摇动,从而改善了植物群体下部光照的质量。

二是风对蒸腾与叶温的影响。通常风速增加能加快叶面蒸腾,从而吸收潜热,使叶温降低。

三是风对植物花粉、种子及病虫害传播的影响。风是植

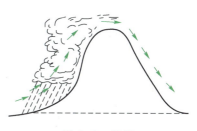

图 7-3 焚风

物的天然传粉媒介,植物的授粉效率以及空气中花粉孢子被传送的方向和距离,主要取决于风速大小与风向。风还可以帮助植物散播芬芳气味,招引昆虫为虫媒花传播花粉。但是,风也能传播病原体,引起作物病害蔓延。

四是风对植物生长及产量的影响。适宜的风力使空气乱流加强,有利于作物的生长和发育。风速增大,能使光合作用积累的有机物质减少。单向风使植物迎风方向的生长受抑制。长期大风可以引起植物矮化、倒伏、折枝、落花、落果等,对作物造成危害。

二、主要农业气象灾害及防御

农业气象灾害是农业体系运行(包括农业生产过程)中所发生的各种不利天气或不利气候条件的总称。我国的农业气象灾害有如下特点:普遍性、区域性、季节性、持续性、交替性和阶段性。**东北地区**以雨涝、干旱、夏季低温、秋季霜冻等为主;**西北地区**以干旱、冷冻害、干热风等危害为主;**华北及黄淮地区**以旱、涝为主,干热风、霜冻等也较常见;**西南地区**常见的有干旱、雨涝、秋季连阴雨、霜冻和冰雹;**长江中下游地区**主要有洪涝、伏夏和秋季的干旱、春季低温连阴雨、秋季寒露风、台风、冰雹等;**华南地区**主要是台风、雨涝、秋季低温连阴雨、寒露风、冰雹等。

1. 极端温度灾害及其防御

在农业生产中,影响较大的极端温度灾害主要有寒潮、霜冻、冻害、冷害、热害等。

(1)寒潮。寒潮是在冬半年由于强冷空气活动引起的、大范围剧烈降温的天气过程。我国规定的寒潮降温标准是:受冷空气侵袭,24 h 内降温 10 ℃以上或 48 h 内降温 12 ℃以上,同时最低气温降至 5 ℃以下。寒潮来临时常伴有雨、雪或冰冻、霜。冬季寒潮引起的剧烈降温,造成北方越冬作物和果树发生大范围冻害,也使江南一带作物遭受严重冻害。春季寒潮常使作物和果树遭受霜冻危害。秋季寒潮虽然不如冬春季节猛烈,但能引起霜冻,使作物不能正常成熟而减产。

防御寒潮灾害,必须在寒潮来临前,根据不同情况采取相应的防御措施。牧区可采取定居、半定居的放牧方式,在定居点内发展种植业,搭建塑料棚,以便在寒潮天气引起的暴风雪和严寒来临时,保证牲畜有充足的饲草饲料和温暖的生活场所,达到抗御寒潮的目的。

农业区可采用露天增温、加覆盖物、设风障、搭拱棚等方法保护菜畦、育苗地和葡萄园。对越冬作物,除选择优良抗冻品种外,还应加强冬前管理,提高植株抗冻能力。此外还应改善农田生态条件,如冬小麦越冬期间可采用冬灌、搂麦、松土、镇压、盖粪(或盖土)等措施,达到防御寒潮的目的。

(2)霜冻。霜冻指因气温降至 0 ℃或以下时,植物遭到伤害乃至死亡的现象。出现霜冻时不一定出现白霜。不伴白霜的霜冻俗称"黑霜""暗霜"或"杀霜"。春霜冻对春播作物和蔬菜,秋霜冻对棉花、玉米、水稻结实的不良影响都很大。

霜冻的防御：

第一，采取避霜措施。根据当地无霜期长短选用与之熟期相当的品种和适宜的播（栽）期，做到"霜前播种，霜后出苗"；用化学药剂处理作物或果树，使其推迟开花或萌芽，以避开春霜冻。如用生长抑制剂处理油菜，能推迟抽薹开花；用 2,4-D 或马来酰肼喷洒茶树、桑树，能推迟萌芽；涂白树干可反射阳光、降低体温，推迟萌芽；在地面逆温很强的地区，把葡萄枝条放在高架位上，使花芽远离地面；果树修剪时去掉下部枝条，植株成高大形，从而避开霜冻。

第二，减慢植株体温下降速度。覆盖：利用芦苇、草帘、秸秆、草木灰、树叶及塑料薄膜等覆盖物保温防霜冻。果树则采用不传热的材料（如稻草）包裹树干；根部堆草或培土 10~15 cm，也可以起到防霜冻的作用。加热：霜冻来临前在植株间燃烧草、煤等燃料，直接加热近地气温，一般用于小面积的果园和菜园。烟雾：利用秸秆、谷壳、杂草、枯枝落叶，按一定距离堆放，上风方向分布要密些，当温度下降到霜冻指标 1 ℃时点火熏烟，直至日出后 1~2 h 气温回升时为止。灌溉：在霜冻来临前 1~2 d 灌水，也可喷水，霜冻前利用喷灌设备把约 10 ℃ 的水喷洒到作物或果树的叶面上，喷水不能间断，霜冻轻时 15~30 min 喷一次，霜冻较重时 7~8 min 喷一次。防护：在平流辐射型霜冻比较重的地区，采取建立防护林带、设置风障等措施都可以起到防霜冻的作用。

第三，提高作物自身的抗霜冻能力。选择抗霜冻能力较强的品种：科学栽培管理：北方大田作物多施磷肥，生育后期喷施磷酸二氢钾；霜冻前 1~2 d 在果园喷施磷、钾肥；秋季喷施多效唑，翌年 11 月份采收时果实抗冻能力会大大提高。

（3）冻害。冻害是指植物在冬季或早春处于 0 ℃ 以下低温下，引起体内结冰，影响正常生理活动，甚至造成死亡的现象。根据冻害发生的时间，可将冻害分为初冬冻害、严冬冻害和早春冻害三类。不论何种植物都可用 50% 植株死亡的临界致死温度作为其冻害温度。

冻害的防御：

第一，确定合理的冬小麦种植北界和上限。目前一般以年绝对最低气温 -24~-22 ℃ 为北界或上限指标；冬春麦兼种地区可根据当地冻害、干热风等灾害的发生频率和经济损失确定合理的冬春麦种植比例；根据当地越冬条件选用抗寒品种，采用适合当地条件的防冻保苗措施。

第二，适时播种，提高植株抗性。强冬性品种以日平均气温降到 17~18 ℃，或冬前 0 ℃ 以上的积温 500~600 ℃ 时播种为宜；弱冬性品种则应在日平均气温 15~16 ℃ 时播种。此外可采用矮壮素浸种，播种深度以使分蘖节达到安全深度为宜，用有机肥、磷肥和适量氮肥作种肥，以利于壮苗，提高抗寒力。

第三，改善农田生态条件。提高播前整地质量，冬前及时松土，冬季耱麦、反复进行镇压，尽量使土达到上虚下实。在日消夜冻初期适时浇上冻水，以稳定地温。植物停止生长前后适当覆土，加深分蘖节，稳定地温，返青时注意清土。在冬麦种植北界地区，黄土高原旱地、华北平原低产麦田和盐碱地上可采用沟播，不但有利于苗全、苗壮，越冬期间还可以起到代替覆土、加深分蘖节的作用。

（4）冷害。冷害是指在作物生长期间因气温明显偏低而影响生长，或有碍生殖过程导致显著减产的现象。根据低温对植物危害的特点及植物受害症状，可将冷害分为：障碍性冷害，作物孕穗、抽穗开花期内，冷害使作物难以受精结实而减产；延迟性冷害，作物生长期内因长期低温而导致热量不足，使作物生育期延长、粒重降低而减产；混合型冷害，即以上两者同时出现。

冷害具有明显的地域性，如春季发生在长江流域的低温烂秧死苗，称为**春季冷害**；秋季，长江流域及华南地区双季晚稻抽穗扬花期遇到的低温冷害，称为**秋季冷害**；东北地区6—8月出现的低温冷害，称为**夏季冷害**；而在热带、亚热带作物在冬季生育期间0 ℃以上低温时，因气温降低引起作物生理机能障碍，导致植株枯萎、腐烂或感病，直至死亡，称为**寒害**。一般气温降至10 ℃左右轻微受害，降至4~5 ℃则严重受害。

冷害在我国相当普遍，各地可以根据当地的低温气候规律，因地制宜安排品种搭配和播栽期，以期避过低温的影响，可以利用低温冷害长期趋势预报调整作物布局；通过选择避寒的小气候生态环境，如采用地膜覆盖、以水增温等方法来增强植物抗低温能力；可针对本地区冷害特点，运用科学方法找出作物适宜的复种指数和最优种植方案；选择耐寒品种促进早发，合理施肥促进早熟；加强田间管理，提高栽培技术水平，增强根系活力和叶片的同化能力，使植株健壮，提高冷害防御能力。

（5）热害。热害是指作物生长期内遭遇高温天气，影响作物的生殖生长，逼熟催黄，导致空瘪粒增多而减产的现象。热害包括高温逼熟和日灼。

高温逼熟是高温天气对成熟期作物产生的热害，华北地区的小麦、马铃薯，长江以南的水稻，北方和长江中下游地区的棉花常受其害。高温逼熟的防御，可以采用改善田间小气候，加强田间管理，改革耕作制度，合理布局，选择抗高温品种等措施。

日灼是因强烈太阳辐射所引起的树木枝干、果实受伤，亦称日烧或灼伤。日灼主要危害果实和枝条的皮层。日灼的防御，夏季可采取灌溉和果园保墒等措施，增加果树的水分供应，满足果树生育所需要的水分；在果面上喷洒波尔多液或石灰水，可减少日灼病的发生；冬季可采用树干涂白以缓和树皮温度骤变；修剪时在向阳方向应多留些枝条，以减轻冬季日灼的危害。林木灼伤可采取合理的造林方式，阴性树种与阳性树种混交搭配；对苗木可采取喷水、盖草、搭遮阳棚等办法来防御。

2. 旱灾及其防御

旱灾主要包括干旱和干热风。

（1）干旱。因长期无雨或少雨，空气和土壤极度干燥，植物体内水分平衡受到破坏，影响正常生长发育，造成损害或枯萎死亡的现象称为干旱。干旱是气象、地形、土壤条件和人类活动等多种因素综合影响的结果。

根据干旱的成因分类,可将干旱分为土壤干旱、大气干旱和生理干旱。根据干旱发生季节分类,可分为春旱、夏旱、秋旱和冬旱。春旱是春季移动性冷高压常自西北经华北、东北东移入海,在其经过地区,晴朗少云缺雨,升温迅速而又多风,蒸发强烈,而产生干旱。夏旱是夏季副热带太平洋高压向北推进,长江流域常在它的控制下,7、8 月份有时甚至一个多月,天晴酷热无雨,蒸发很强,造成干旱。秋旱是秋季副热带太平洋高压南退,西伯利亚高压增强南伸,形成秋高气爽天气,而产生干旱。冬旱是冬季副热带太平洋高压减弱,使得我国华南地区有时被冬季风控制,造成降水稀少,易出现冬旱。

干旱的防御措施有:

一是建设高产稳产农田。农田基本建设的中心是平整土地,保土、保水;修建各种形式的沟坝地;进行小流域综合治理。小流域综合治理要以小流域为单位,工程措施与生物措施相结合,实行缓坡修梯田,种耐旱作物,陡坡种草种树,坡下筑沟坝地,以起到增加降水入渗、遏止地表径流、控制土壤冲刷、集水蓄墒的作用。

二是合理耕作蓄水保墒。在我国北方运用耕作措施防御干旱,其中心是伏雨春用、春旱秋防。耕作保墒的要点是要适时耕作,必须要讲究耕作方法的质量,注意耕、耙、耱、压、锄等技术环节的巧妙配合。

三是兴修水利、节水灌溉。要根据当地条件实行节水灌溉,即根据作物的需水规律和适宜的土壤水分指标进行科学灌溉。采用先进的喷灌、滴灌和渗灌技术。

四是地面覆盖栽培,抑制蒸发。利用沙砾、地膜、秸秆等材料覆盖在农田表面,可有效地抑制土壤蒸发,起到很好的蓄水保墒效果。

五是选育抗旱品种和抗旱播种。选用抗旱性强、生育期短和产量相对稳定的作物和品种。抗旱播种的方法有:抢墒早播、适当深播、垄沟种植、镇压提墒播种、"三湿(湿种、湿粪、湿地)播种"等。

六是人工降雨。人工降雨是利用火箭、高炮和飞机等工具把冷却剂(干冰、液氮等)或吸湿性凝结核(碘化银、硫化铜、盐粉、尿素等)送入对流层云中,促使云滴增大而形成降水的过程。

(2) 干热风。干热风易对植物生产造成灾害,主要影响小麦和水稻。北方麦区一般出现在 5—7 月份。我国北方麦区干热风主要有三种类型:高温低湿型、雨后枯熟型和旱风型。高温低湿型的特点是:高温、干旱,地面吹偏南或西南风而加剧干、热对植物的影响,是北方麦区干热风的主要类型。这种天气易使小麦干尖、炸芒、植株枯黄、麦粒干秕而影响产量。雨后枯熟型的特点是:雨后高温或猛晴,日晒强烈,热风劲吹,造成小麦青枯或枯熟。多发生在华北和西北地区。旱风型的特点是:湿度低、风速大(多在 3~4 级以上),但日最高气温不一定高于30 ℃。常见于苏北、皖北地区。

防御干热风的根本途径是改变局部地区气候条件,如植树造林、营造护田林网、改土治水;

综合运用农业技术措施,改变种植方式和作物布局:一是浇麦黄水,在小麦乳熟中、后期至蜡熟初期,适时灌溉,可以改善麦田小气候条件,降低麦田气温和土壤温度,对抵御干热风有良好的作用;二是药剂浸种,播种前用氯化钙溶液浸种或闷种,能增加小麦植株细胞内钙离子含量,提高小麦抗高温和抗旱的能力;三是调整播期,根据当地干热风发生的规律,适当调整播种期,使最易受害的生育时期与当地干热风发生期错开;四是选用抗干热风或耐干热风品种;五是根外追肥,在小麦拔节期喷洒草木灰溶液、磷酸二氢钾溶液等;六是营造防护林带,改善农田小气候,削弱风速,降低气温,提高相对湿度,减少土壤水分蒸发,减轻或防止干热风的危害。

3. 雨灾及其防御

雨灾主要包括湿害、洪涝等。

（1）湿害。湿害是指土壤水分长期处于饱和状态使作物遭受的损害,又称渍害。雨水过多,地下水位升高,或水涝发生后排水不良,都会使土壤水分处于饱和状态。土壤水分饱和时,土中缺氧,作物生理活动受到抑制,影响水、肥的吸收,导致根系衰亡。缺氧又会使嫌气过程加强,产生硫化氢,恶化环境。

湿害的防御,主要是开沟排水,田内所挖深沟与田外排水渠要配套,以降低土壤湿度。在低洼地和土质黏重地块采取深松耕法,使水分向犁底层以下传导,减轻耕层积水。也可采取深耕和大量施用有机肥、调整作物布局等措施进行改善。

（2）洪涝。洪涝是指由长期阴雨和暴雨、短期的雨量过于集中、河流泛滥、山洪暴发或地表径流大、低洼地积水、农田被淹没所造成的灾害。洪涝是我国农业生产中仅次于干旱的一种主要自然灾害。每年都有不同程度的危害。1998年6、7月间,我国长江、嫩江、松花江流域出现了罕见的特大洪涝灾害,直接经济损失达1 660亿元。

根据洪涝发生的季节和危害特点,将洪涝分为春涝、春夏涝、夏涝、夏秋涝和秋涝等几种类型。春涝及春夏涝主要发生在华南及长江中下游一带。夏涝主要发生在黄淮海平原、长江中下游、华南、西南和东北。夏秋涝或秋涝主要发生在西南地区,其次是华南沿海、长江中下游地区及江淮地区。

洪涝灾害重在防御:一是治理江河,修筑水库。采取疏通河道、加筑河堤、修筑水库等措施,治水与治旱相结合是防御洪涝的根本措施。二是加强农田基本建设。在易涝地区田间合理开沟,修筑排水渠,搞好垄、腰、围三沟配套,使地表水、潜层水和地下水能迅速排出。三是改良土壤结构,降低涝灾危害程度。实行深耕打破犁底层,消除或减弱犁底层的滞水作用,降低耕层水分;增加有机肥,使土壤疏松;采用秸秆还田或与绿肥作物轮作等措施,减轻洪涝灾害的影响。四是调整种植结构,实行防涝栽培。在洪涝灾害多发地区,适当安排种植旱生与水生作物的比例,选种抗涝作物种类和品种;根据当地条件合理布局,适当调整播栽期,使作物易受害时期躲过灾害多发期;实行垄作,有利于排水、提高地温、散表墒。五是封山育林,增加植被覆盖。植树造林能减少地表径流和水土流失,从而起到防御洪涝灾害的作用。

洪灾过后,应加强涝后管理,减轻涝灾危害。要及时清除植株表面的泥沙,扶正植株。如农田中大部分植株已死亡,则应补种其他作物。此外,要进行中耕松土,施速效肥,注意防止病虫害,促进作物生长。

4. 风灾及其防御

风力大到足以危害人们的生产活动和经济建设,则称为大风。我国气象部门以平均风力达到或超过 6 级或瞬间风力达到或超过 8 级,作为发布大风预报的标准。在我国冬春季节,随着冷空气的暴发,大范围的大风常出现在北方各省,以偏北大风为主。夏秋季节大范围的大风主要由台风造成,常出现在沿海地区。此外,局部强烈对流形成的雷暴大风在夏季也经常出现。

(1) 大风的危害。大风是一种常见的灾害性天气,对农业生产的危害很大。主要表现在:一是机械损伤,大风造成作物和林木倒伏、折断、拔根或造成落花、落果、落粒;二是生理危害,干燥的大风能加速植被蒸腾失水,致使林木枯顶,作物萎蔫直至枯萎;三是风蚀沙化,在常年多风的干旱半干旱地区,大风使土壤蒸发加剧,吹走地表土壤,形成风蚀,在强烈的风蚀作用下,可造成土壤沙化,沙丘迁移,埋没附近的农田、水源和草场;四是影响农牧业生产,在牧区大风会破坏牧业设施,造成交通中断,农用能源供应不足,影响牧区畜群采食或吹散牧群,可造成牧区大量牲畜受冻饿死。

(2) 大风的类型。按大风的成因,将影响我国的大风分为下列四种类型:

一是冷锋后偏北大风,即寒潮大风。一般风力可达 6~8 级,最大可达 10 级以上。可持续 2~3 d。春季最多,冬季次之,夏季最少,影响范围几乎遍及全国。

二是低压大风,风力一般 6~8 级。如果低压稳定少动,大风常可持续几天,以春季最多。在东北及内蒙古东部、河北北部、长江中下游地区常见。

三是高压后偏南大风,多出现在春季。在我国东北、华北、华东地区常见。

四是雷暴大风,阵风可达 8 级以上,破坏力极大。多出现在炎热的夏季,在我国长江流域以北地区常见。其中内蒙古、河南、河北、江苏等地每年均有出现。

(3) 风灾的防御。一是植树造林,营造防风林、防沙林、固沙林、海防林等,扩大绿色覆盖面积,防止风蚀;二是建造小型防风工程,设防风障、筑防风墙、挖防风坑等,减弱风力,阻拦风沙;三是保护植被,调整农林牧结构,进行合理开发,在山区实行轮牧养草,禁止陡坡开荒和滥砍滥伐森林、破坏草原植被;四是营造完整的农田防护林网,农田防护林网可防风固沙,改善农田的生态环境,从而防止大风对作物的危害;五是采取各种农业技术措施,选育抗风品种,播种后及时培土镇压,高秆作物及时培土,将抗风力强的作物或果树种在迎风坡上,并用卵石压土等。此外,防御风灾还要加强田间管理、合理施肥等。

能力培养

一、主要农业气象要素资料的收集

（1）训练准备。了解当地主要气象要素基本变化规律；查阅当地有关气象要素资料等。

（2）操作规程。将班级按学生 3~5 人一组分成若干组，到学校气象站或当地气象站进行资料查阅或收集。

① 收集并整理资料。收集气温、湿度、风向、风速、降水、日照时间等资料，然后设计表格，进行资料整理（表 7-3）。

表 7-3 当地主要农业气象要素资料整理

气象要素	月份												
	1	2	3	4	5	6	7	8	9	10	11	12	年均
平均气温/℃													
最高温度/℃													
最低温度/℃													
相对湿度/%													
降水量/mm													
日照时间/h													
风速													
风向													
有效积温/℃													

② 分析资料。对整理后的资料进行分析，根据所收集到的资料，分析温度、湿度、日照等对农业生产的利弊。

（3）问题处理。训练结束后，完成以下问题：

根据收集的当地各月主要农业气象要素资料，分析对农业生产的影响。

二、主要农业气象灾害防御经验调查

（1）训练准备。了解当地主要气象灾害变化规律；查阅当地有关气象要素资料等。

（2）操作规程。将班级按学生 3~5 人一组分成若干组，到学校气象站或当地气象站进行资料查阅或收集、通过有关网站进行查阅，也可到图书馆借阅图书、期刊进行查阅，并填写表 7-4。

表 7-4　主要农业气象灾害的防御经验调查

类型	特点	防御措施
寒潮		
霜害		
冻害		
冷害		
热害		
干旱		
干热风		
湿害		
洪涝灾害		
风灾		

（3）问题处理。训练结束后，完成以下问题：

写一篇不少于 600 字的当地主要气象灾害防御调查报告。

随堂练习

1. 请解释：气压；农业气象灾害；霜冻；冻害；冷害；干热风；湿害。
2. 当地气压是如何变化的？其水平分布有哪些？
3. 当地风的类型有哪些？容易发生哪些风灾？对农业生产有何影响？
4. 当地有哪些极端温度灾害？如何进行防御？
5. 当地有旱灾和雨灾吗？发生在哪些月份？如何进行防御？

任务 7.2   气候与农业小气候

任务目标

知识目标：1. 了解天气系统和气候的基本知识，熟悉我国气候特点。

2. 熟悉二十四节气，了解农业小气候特点及效应。

能力目标：1. 能根据当地气候特征指导当地农业生产。

2. 能利用二十四节气指导农业生产。

知识学习

一、天气系统

天气是指一定地区、一定时段的大气状况，如晴、阴、冷、暖、雨、雪、风、霜、雾和雷。**天气系统**是表示天气变化及其分布的独立系统。活动在大气里的天气系统种类很多。如气团、锋、气旋、反气旋、高压脊、低压槽。这些天气系统都与一定的天气相联系。

二、气候与小气候

气候是指一个地区多年平均或特有的天气状况，包括平均状态和极端状态，常用温度、湿度、风、降水等气象要素的统计量表示。气候在一定时期内具有相对稳定性。

1. 气候的形成

影响气候形成的基本因素主要有太阳辐射、大气环流和下垫面。不同地区间的气候差异和各地气候的季节交替，主要是太阳辐射在地球表面分布不匀及其随时间变化的结果。季风环流引导气团移动，使各地的热量、水分得以转移和调整，维持着地球的热量和水分平衡；季风环流常使太阳辐射的主导作用减弱，在气候的形成中起着重要作用。下垫面是指地球表面的状况，包括海陆分布、地形地势、植被及土壤等。它们的特性不同，因而影响辐射过程和空气的性质。

除上述三个自然因素对气候起重要作用外，人类活动对气候的形成也起着至关重要的作用。目前主要表现在：一是在工农业生产中排放至大气的温室气体和各种污染物，改变了大气的化学组成；二是在农牧业发展和其他活动中改变下垫面的性质，如城市化、破坏森林和草原植被、海洋石油污染。

2. 气候带和气候型

气候带是指围绕地球表面呈纬向带状分布、气候特征比较一致的地带。划分气候带的方法很多,通常把全球划分成 11 个气候带(图 7-4),即赤道气候带,南、北热带,南、北副热带,南、北暖温带,南、北寒温带,南、北极地气候带(寒带)。

在同一气候带内或在不同的气候带内,由于下垫面的性质和地理环境相似,往往出现一些气候特征相似的气候类型,称之为**气候型**。常见的气候型有:海洋性气候和大陆性气候;季风气候和地中海气候;高原气候和高山气候;草原气候和沙漠气候。

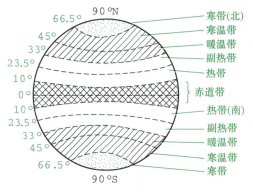

图 7-4　全球气候带示意图

3. 中国气候特征

我国地域辽阔,南北跨纬度 49°33′,相距约 5 400 km。地形极为复杂,气候类型复杂多样,气候资源丰富。我国气候的主要特点是:季风气候明显,大陆性气候强,气候类型多样,气象灾害频繁。

(1) 季风气候明显。我国处于欧亚大陆的东南部,东临辽阔的太平洋,南临印度洋,西部和西北部是欧亚大陆。在海陆之间常形成季风环流,因而出现季风气候。冬季盛行大陆季风,风从大陆吹向海洋,我国大部分地区天气寒冷干燥;夏季盛行海洋季风,我国多数地区为东南风到西南风,天气高温多雨。

(2) 大陆性气候强。由于我国背靠欧亚大陆,陆地面积大,因而气候受大陆的影响大于受海洋的影响,成为大陆性季风气候。气温年较差大,气温年较差分布的总趋势是北方大,南方小;冬季寒冷,南北温差大,夏季普遍高温,南北温差小,最冷月多出现在 1 月,最热月多出现在 7 月。降水季节分配不均匀,夏季降水量最多,冬季最少;年降水量分布的总趋势是东南多、西北少,从东南向西北递减。

(3) 气候类型多样。从气候带来看,自南到北有热带、亚热带、温带,还有高原寒冷气候。温带、亚热带、热带的面积占 87%,其中亚热带和暖温带面积占 41.5%。从干燥类型来说,从东到西有湿润、半湿润、半干旱、干旱、极干旱等类型,其中半干旱、干旱面积占 50%。

(4) 气象灾害频繁。表现为气象灾害种类多,范围广,发生频率高,持续时间长,群发性突出,连续效应显著,灾情严重,给农业生产造成巨大损失。

4. 农业小气候

小气候就是指在小范围的地表状况和性质不同的条件下,由于下垫面的辐射特征与空气交换过程的差异而形成的局部气候特点。小气候的特点主要是:范围小、差异大、很稳定。

植物生产中,由于自然和人类活动的结果,特别是一些农业技术措施的影响,各种下垫面的特征常有很大差异,光、热、水、气等要素有不同的分布和组合,形成小范围的性质不同的气候特征,叫作农业小气候。如农田小气候、果园小气候、防护林小气候。表 7-5 主要介绍了农业技术措施的小气候效应。

表 7-5　耕作、栽培措施的小气候效应

措施	小气候效应
耕翻	使土壤疏松,增加透水性和透气性,提高土壤蓄水能力,对下层土壤有保墒效应。使土壤热容量和导热率减小,削弱上下层间热交换,增加土壤表层温度的日较差。低温季节,上土层有降温效应,下土层有增温效应,高温季节,上土层有升温效应,下土层有降温效应
垄作	使土壤疏松,小气候效应同耕翻。增加了土表与大气的接触面积,白天增加对太阳辐射的吸收面,热量聚集在土壤表面,温度比平作高;夜间垄上有效辐射大,垄温比平作温度低。蒸发面大,上层土壤有效辐射大,下层土壤湿润;有利于排水防涝;有利于通风透光
间套作	间套作变平面受光为立体受光,增加光能利用率;同时可以延长光合作用时间,增加光合面积,延续、交替合理利用光能,增加复种指数,提高光能利用率。间套作可增加边行效应,改善通风条件,加强株间乱流交换,调节 CO_2 浓度,提高光合效率。上茬植物对下茬植物能起到一定的保护作用
调节种植行向	改善植物受光时间和辐射强度。若行向与植物生育关键期盛行的风向一致,可调节农田空气中 CO_2 浓度、温度和湿度
调节种植密度	适宜的种植密度可增加光合面积和光合能力;调节田间温度和湿度
灌溉	调节田间辐射平衡:由于灌溉的土壤湿润,颜色变暗,使反射率减小,同时也使地面温度下降,空气湿度增加,导致有效辐射减小,使辐射平衡增加。调节农田蒸散:在干旱条件下,灌溉使蒸发耗热急剧增大。影响土壤热交换和土壤的热学特性

三、二十四节气

1. 二十四节气的划分

二十四节气的划分是从地球公转所处的相对位置推算出来的。地球围绕太阳转动称为公转,公转轨道为一个椭圆形,太阳位于椭圆的一个焦点上。地球的自转轴称为地轴,由于地轴与地球公转轨道面不垂直,地球公转时,地轴方向保持不变,致使一年中太阳光线直射地球上的地理纬度是不同的,这是产生地球上寒暑季节变化和日照长短随纬度和季节而变化的根本原因。地球公转一周需时约 365.23 d,公转一周是 360°,将地球公转一周平均分为 24 份,每一份间隔 15°定一位置,并给一"节气"名称,全年共分二十四节气,每个节气为 15°,时间大约为 15 d(图 7-5)。

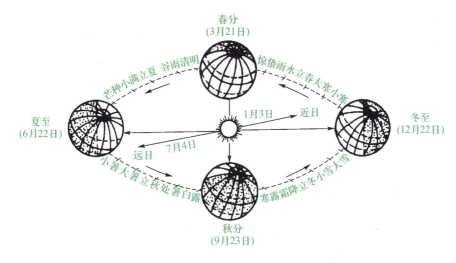

图 7-5 地球公转与二十四节气的划分

二十四节气是我国劳动人民几千年来从事农业生产,掌握气候变化规律的经验总结,为了便于记忆,总结出二十四节气歌:**春雨惊春清谷天,夏满芒夏暑相连;秋处露秋寒霜降,冬雪雪冬小大寒;上半年逢六二一,下半年逢八二三,每月两节日期定;最多相差一两天**。前四句是二十四节气的顺序,后四句是指每个节气出现的大体日期。按阳历计算,每月有两个节气,上半年一般出现在每月的 6 日和 21 日,下半年一般出现在 8 日和 23 日,年年如此,最多相差不过一两天(表 7-6)。

表 7-6 二十四节气的含义和农业意义

节气	月	日	含义和农业意义
立春	2	4 或 3	春季开始
雨水	2	19 或 18	天气回暖,降水开始以雨的形态出现,或雨量开始逐渐增加
惊蛰	3	6 或 5	开始打雷,土壤解冻,蛰伏的昆虫被惊醒,开始活动
春分	3	21 或 20	平分春季的节气,昼夜长短相等
清明	4	5 或 4	气候温和晴朗,草木开始繁茂生长
谷雨	4	20 或 19	春播开始,降雨增加,雨生百谷
立夏	5	5 前后	夏季开始
小满	5	21 或 20	麦类等夏熟作物的子粒开始饱满,但尚未成熟
芒种	6	6 或 5	麦类等有芒作物成熟,夏播作物播种
夏至	6	22 或 21	夏季热天来临,白昼最长,夜晚最短
小暑	7	7 或 8	炎热季节开始,尚未达到最热程度
大暑	7	23 或 22	一年中最热时节
立秋	8	8 或 7	秋季开始

续表

节气	月	日	含义和农业意义
处暑	8	23 或 24	炎热的暑天即将过去,渐渐转向凉爽
白露	9	8 或 7	气温降低较快,夜间很凉,露水较重
秋分	9	23 或 22	平分秋季的节气,昼夜长短相等
寒露	10	8 前后	气温已很低,露水发凉,将要结霜
霜降	10	24 或 23	气候渐冷,开始见霜
立冬	11	8 或 7	冬季开始
小雪	11	23 或 22	开始降雪,但降雪量不大,雪花不大
大雪	12	7 或 6	降雪较多,地面可以积雪
冬至	12	22 或 21	寒冷的冬季来临,白昼最短,夜晚最长
小寒	1	6 或 5	较寒冷的季节,但还未达到最冷程度
大寒	1	20 或 21	一年中最寒冷的节气

2. 二十四节气的含义和农业意义

从表7-6中每个节气的含义可以看出,二十四节气反映了一年中季节、气候、物候等自然现象的特征和变化。立春、立夏、立秋、立冬,这"四立"表示农历四季的开始;春分、夏至、秋分、冬至,这"两分、两至"表示昼夜长短的更换。雨水、谷雨、小雪、大雪,表示降水。小暑、大暑、处暑、小寒、大寒,反映温度。白露、寒露、霜降,既反映降水又反映温度。而惊蛰、清明、芒种和小满,则反映物候。应该注意的是,二十四节气起源于黄河流域地区,对于其他地区运用二十四节气时,不能生搬硬套,必须因地制宜地灵活运用。不仅要考虑本地区的特点,还要考虑气候的年际变化和生产发展的需求。

能力培养

一、有关二十四节气的农谚谚语收集

(1)训练准备。了解二十四节气基本知识;查阅当地有关气象要素资料等有关知识。

(2)操作规程。将班级按学生 3~5 人一组分成若干组,到村组分别拜访老年村民和农业技术员,收集农谚,并填写表7-7。

(3)问题处理。训练结束后,完成以下问题:

汇总当地有关二十四节气的农谚谚语,其如何指导当地农业生产?

表 7-7　当地二十四节气农谚

当地常见农谚	含 义	农业生产意义

二、当地天气与气候资料收集

（1）训练准备。了解天气与气候有关基本知识。

（2）操作规程。将班级按学生 3~5 人一组分成若干组，到学校气象站或当地气象站进行资料查阅或收集。或通过有关网站进行查阅，也可到图书馆借阅图书、期刊进行查阅。填写表 7-8。

表 7-8　当地天气与气候特征

类型	当地天气	当地气候
特征描述		
农业生产影响		

续表

类 型	当地天气	当地气候
农业小气候描述		

（3）问题处理。训练结束后，完成以下问题：

总结出当地常出现的天气以及当地的气候特征，并分析在这种气候条件下可采用的种植制度及适宜生长的树木和作物。

随堂练习

1．请解释：天气；气候；小气候；气候带；气候型。
2．当地天气系统主要有哪些类型？
3．当地属于哪种气候带和气候型？其特征是什么？
4．我国气候有什么特征？
5．熟练背出二十四节气歌。

项 目 小 结

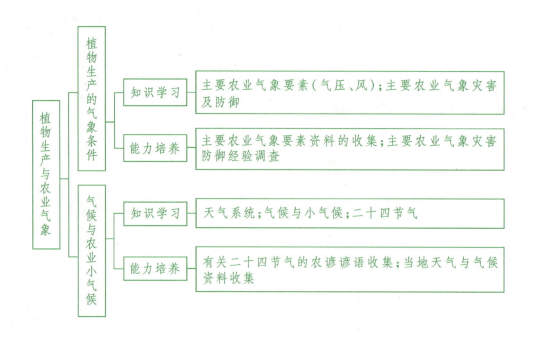

项 目 测 试

一、名词解释

气象要素;气压;季风;焚风;农业气象灾害;霜冻;湿害;天气;气候;小气候。

二、单项选择题(请将正确选项填在括号内)

1. 关于气压的说法正确的是(　　)。

A. 气压随高度升高而减小

B. 一年中,冬季气压低于夏季

C. 一日中,白天气压高于夜间,下午气压高于上午

D. 当冷空气来临,会使气压减少,暖气流来临时,会引起气压增高

2. 气象预报中,通常将风速用(　　)个等级来表示。

A. 12　　　　　　　B. 10　　　　　　　C. 13　　　　　　　D. 2

3. "能吹起地面灰尘、纸张,树的小枝摇动",这是(　　)级风的陆上地面物征象。

A. 3　　　　　　　　B. 4　　　　　　　　C. 5　　　　　　　　D. 6

4. 由于空气的下沉运动使空气温度升高、湿度下降而形成的一种热而干燥的风,称为
(　　)。

A. 海陆风　　　　　B. 山谷风　　　　　C. 焚风　　　　　　D. 季风

5. (　　)不属于地方性风。

A. 海陆风　　　　　B. 山谷风　　　　　C. 焚风　　　　　　D. 季风

6. 由一系列闭合等压线构成,中心气压高,四周气压低,等压面形状类似凸起的山丘的是
(　　)。

A. 低压　　　　　　B. 高压　　　　　　C. 低压槽　　　　　D. 高压脊

7. 暴风的风速是(　　)m/s。

A. 13.9~17.1　　　B. 17.2~20.7　　　C. 20.8~24.4　　　D. 28.5~32.6

8. 为防止干热风危害,可以用(　　)溶液浸种。

A. 氯化钙　　　　　B. 草木灰　　　　　C. 磷酸二氢钾　　　D. 尿素

9. (　　)是我国农业生产中仅次于干旱的一种自然灾害。

A. 霜冻　　　　　　B. 洪涝　　　　　　C. 湿害　　　　　　D. 大风

10. 冻害是指在冬季或早春,植物较长时间处于(　　)以下的强烈低温或剧烈降温条件
下,引起体内结冰,影响正常生理活动,甚至造成死亡的现象。

A. -10 ℃　　　　　B. -5 ℃　　　　　　C. 0 ℃　　　　　　D. 5 ℃

11. 一个地区多年平均或特有的天气情况称为(　　)。

A. 气候带　　　　　　B. 气候型　　　　　　C. 农业气候　　　　　　D. 气候

12. (　　)不属于气候形成的自然要素,但对气候的影响也起着至关重要的作用。

A. 太阳辐射　　　　　B. 大气环流　　　　　C. 下垫面性质　　　　　D. 人类活动

13. 我国干旱、半干旱面积占(　　)。

A. 87%　　　　　　　B. 41.5%　　　　　　C. 50%　　　　　　　　D. 100%

14. 二十四节气起源于(　　)流域地区。

A. 长江　　　　　　　B. 黄河　　　　　　　C. 淮河　　　　　　　　D. 松花江

15. 我国气候特点描述不正确的是(　　)。

A. 气温年较差北方大于南方

B. 全国各地最热月都出现在 7 月,最冷月都出现在 1 月

C. 冬季的南北温差大于夏季

D. 平均降雨量由西北向东南逐渐增加

16. 关于二十四节气的理解,以下正确的一项是(　　)。

A. 一年四季,自立春到立夏为春,立夏到立秋为夏

B. 麦类等夏熟作物的子粒开始饱满,但尚未成熟是夏至,要注意干热风对小麦的危害

C. 芒种的芒表示有芒的植物,种是指播种,表示这个季节应该种植麦类等有芒的作物

D. 立秋表示炎热的暑天即将过去,天气渐渐转向凉爽

17. 通常把全球划分为(　　)个气候带。

A. 6　　　　　　　　　B. 8　　　　　　　　　C. 10　　　　　　　　　D. 11

18. 二十四节气中既反映降水,又反映温度的节气有(　　)。

A. 清明、白露、霜降　　　　　　　　　B. 白露、寒露、霜降

C. 谷雨、寒露、霜降　　　　　　　　　D. 惊蛰、白露、寒露、

19. 一年中昼夜时长相差最大的是在(　　)。

A. 冬至与夏至　　　　　　　　　　　　B. 春分与秋分

C. 立春与立秋　　　　　　　　　　　　D. 立夏与立冬

20. 一年中将要结霜的节气是(　　)。

A. 白露　　　　　　　B. 寒露　　　　　　　C. 霜降　　　　　　　　D. 立冬

三、判断题(正确的在题后括号内打"√",错误的打"×")

1. 风从陆地吹向海洋叫作海风。　　　　　　　　　　　　　　　　　　　(　　)

2. 风力等级的最低级为 1 级,最高为 12 级。　　　　　　　　　　　　(　　)

3. 由于季风影响,我国大部分地区冬季寒冷干燥,夏季高温多雨。　　(　　)

4. 湿害防御的主要措施是深耕和大量使用有机肥。 （　　）

5. 北方大田作物多施氮肥,能提高植物抗霜冻能力。 （　　）

6. 防御寒潮灾害,必须在寒潮来临前,根据不同情况采取相应的防御措施。 （　　）

7. 气候是天气的统计状况,在一定时期内具有相对的稳定性。 （　　）

8. 不同地区间的气候差异和各地气候的季节交替,主要是太阳辐射在地球表面分布不匀及其随时间变化的结果。 （　　）

9. 适宜的种植密度可增加光合面积和光合能力;调节田间温度和湿度。 （　　）

10. 若行向与植物生育关键期盛行的风向垂直,可大幅度调节农田 CO_2、温度和湿度。

（　　）

四、问答题

1. 当地风的类型有哪些? 容易发生哪些风灾? 对农业生产有何影响?

2. 当地有哪些极端温度灾害? 如何进行防御?

3. 当地有哪些旱灾和雨灾? 如何进行防御?

4. 当地天气系统主要有哪些类型?

5. 当地属于哪种气候带和气候型? 其特征是什么?

6. 举例说明当地存在哪些农业小气候,有什么特点。

7. 你知道群众总结的二十四节气歌是什么吗?

五、能力应用

1. 调查当地易发生哪些气象灾害,有哪些有效防御措施。

2. 当地有哪些关于二十四节气的农谚谚语? 其含义是什么?

项 目 链 接

农村气象灾害防御及农业气象服务专项服务系统

中国气象局开发的农村气象灾害防御及农业气象服务专项服务系统(图 7-6)主要是面向县级农村和农业管理决策部门,建立农村气象灾害防御体系和农业气象服务体系两大体系,构建一个高效、稳定、安全的为农服务平台,实现传统农业气象业务服务向现代农业气象业务服务的转变,达到为农服务的减灾防灾的目的。

农村气象灾害防御及农业气象服务专项服务系统包含农村气象灾害防御体系和农业气象服务体系两大体系。农村气象灾害防御体系重在各级联动防御、灾害信息发布,灾害风险评估规划等;农业气象服务体系重在开展主要农作物的气象管理、主要农作物和设施或特色农业细化气候区划和主要农作物的灾害风险区划等多个模块。

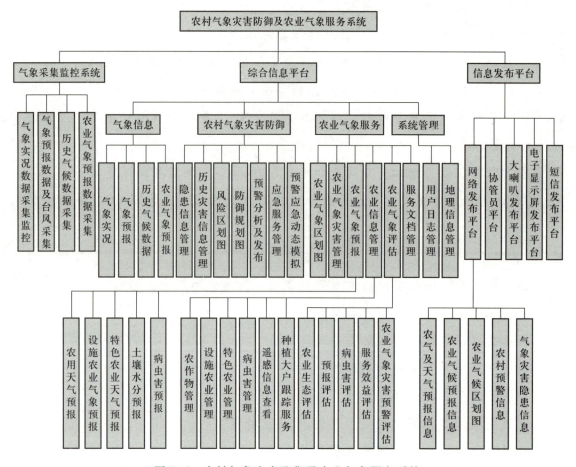

图 7-6　农村气象灾害防御及农业气象服务系统

（1）**农业气象服务**　农业气象服务系统是一个集综合管理、预报预测、区域特色农业气象服务、情报服务、种植区划、气候风险区划、灾害预警与预测及服务评估、数据处理、日常业务管理于一体的综合应用平台。该系统最突出的特点是，可随时进行资料、图片、文档、视频等项目的添加、删除操作，是动态系统而不是静态的，功能齐全，内容丰富，界面清晰，结构合理，可操作性强。系统由现代农业信息管理、预报、服务、评估、区划 5 个子系统组成。

（2）**农业气象灾害管理**　农业灾害管理类型为干旱、霜冻、连阴雨、冰雹和干热风、暴雪、暴雨等，可以根据各地具体情况调整。霜冻、连阴雨、冰雹灾害管理项目有：开始时间、结束时间、影响范围、受害作物、危害程度、防治措施、危害评估、对农业生产的影响、发生季节、最佳防治时间、影响因素、受害图片和文本材料等 14 个项目。

（3）**农村气象灾害防御**　农村气象灾害防御体系建设结合气象、地理、农业、人口等多种信息，开发重大的新一代农村气象灾害预测和防治系统。主要包括隐患点管理、风险区划图、防御规划、预警分析、应急服务、应急预警动态模拟等部分。

考 证 提 示

　　获得农业技术员、农作物植保员等中级资格证书,需具备以下知识和能力:

◆ 知识点:气压和风;主要农业现象灾害特点;天气系统;气候与小气候;二十四节气。

◆ 技能点:主要农业气象灾害防御;主要农业气象要素资料收集;二十四节气的农业生产应用。

参考文献

［1］宋志伟,王庆安.土壤肥料.5版.北京:中国农业出版社,2019.

［2］宋志伟,杨净云.植物生长与环境.2版.北京:中国农业出版社,2019.

［3］宋志伟,李艳珍.肥料高效安全使用手册.北京:中国农业出版社,2019.

［4］宋志伟,程道全.肥料质量鉴别.北京:机械工业出版社,2019.

［5］米志鹃,陈刚,张秀花.植物生长环境.北京:化学工业出版社,2018.

［6］宋志伟,张德君.粮经作物水肥一体化实用技术.北京:化学工业出版社,2018.

［7］张明丽.植物生长与环境.北京:机械工业出版社,2017.

［8］宋志伟.园林生态学.2版.北京:中国农业大学出版社,2017.

［9］宋志伟,杨首乐.无公害经济作物配方施肥.北京:化学工业出版社,2017.

［10］叶珍,张树生.植物生长与环境实训教程.2版.北京:化学工业出版社,2016.

［11］李晨程,李静.植物生长环境.武汉:华中科技大学出版社,2016.

［12］宋志伟.农业节肥节药技术.北京:中国农业出版社,2017.

［13］邹良栋.植物生长与环境.2版.北京:高等教育出版社,2015.

［14］宋志伟.植物生长环境.3版.北京:中国农业大学出版社,2015.

［15］包云轩.农业气象.2版.北京:中国农业出版社,2013.

［16］姜会飞.农业气象学.2版.北京:科学出版社,2013.

［17］李亚敏,杨凤书.农业气象.2版.北京:化学工业出版社,2013.

［18］张承林,邓兰生.水肥一体化技术.北京:中国农业出版社,2012.

［19］李有,任中兴,崔日鲜.农业气象学.北京:化学工业出版社,2012.

［20］黄凌云.植物生长环境.杭州:浙江大学出版社,2012.

［21］宋志伟.现代农艺基础.北京:高等教育出版社,2011.

［22］卓开荣,逯昀.园林植物生长环境.北京:化学工业出版社,2010.

［23］李建明.设施农业概论.北京:化学工业出版社,2010.

［24］张乃明.设施农业理论与实践.北京:化学工业出版社,2010.

［25］姚运生.农业气象.北京:高等教育出版社,2009.

读者意见反馈

为收集对教材的意见建议,进一步完善教材编写并做好服务工作,读者可将对本教材的意见建议通过如下渠道反馈至我社。

咨询电话　400-810-0598

反馈邮箱　zz_dzyj@pub.hep.cn

通信地址　北京市朝阳区惠新东街 4 号富盛大厦 1 座　高等教育出版社总
　　　　　编辑办公室

邮政编码　100029

防伪查询说明

用户购书后刮开封底防伪涂层,使用手机微信等软件扫描二维码,会跳转至防伪查询网页,获得所购图书详细信息。

防伪客服电话　(010)58582300

学习卡账号使用说明

一、注册/登录

访问 http://abook.hep.com.cn/sve,点击"注册",在注册页面输入用户名、密码及常用的邮箱进行注册。已注册的用户直接输入用户名和密码登录即可进入"我的课程"页面。

二、课程绑定

点击"我的课程"页面右上方"绑定课程",在"明码"框中正确输入教材封底防伪标签上的 20 位数字,点击"确定"完成课程绑定。

三、访问课程

在"正在学习"列表中选择已绑定的课程,点击"进入课程"即可浏览或下载与本书配套的课程资源。刚绑定的课程请在"申请学习"列表中选择相应课程并点击"进入课程"。

如有账号问题,请发邮件至:4a_admin_zz@pub.hep.cn。